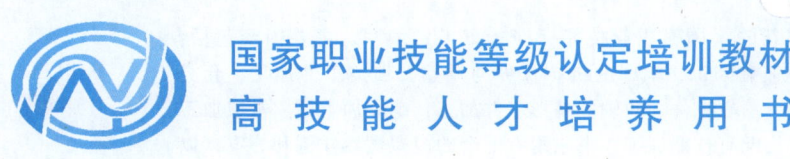

国家职业技能等级认定培训教材
高 技 能 人 才 培 养 用 书

车工（中级）

国家职业技能等级认定培训教材编审委员会　组编
主　　编　徐　彬
副主编　徐　斌
参　　编　袁　静　张　斌　葛嫣雯　张玉东
主　　审　金福昌

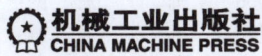

本书按照新的《国家职业技能标准　车工》编写，主要内容包括：车工（中级）基础知识，车床的维护保养与调整，轴类工件加工，套类薄壁工件加工，偏心工件、曲轴及畸形工件加工，螺纹加工等。机械加工部分每个项目均配有技能训练，书末附有配套的模拟试卷样例和答案，以便于企业培训和读者自测。本书配套多媒体资源，可通过封底"天工讲堂"刮刮卡获取。

本书既可作为各级职业技能鉴定培训机构、企业培训部门的考前培训教材，又可作为读者考前复习用书，还可作为职业技术院校、技工院校的专业课教材。

图书在版编目（CIP）数据

车工：中级/徐彬主编．—北京：机械工业出版社，2021.6
高技能人才培养用书
ISBN 978-7-111-67964-6

Ⅰ.①车⋯　Ⅱ.①徐⋯　Ⅲ.①车削-职业技能-鉴定-教材　Ⅳ.①TG51

中国版本图书馆 CIP 数据核字（2021）第 061521 号

机械工业出版社（北京市百万庄大街 22 号　邮政编码 100037）
策划编辑：王晓洁　责任编辑：王晓洁
责任校对：李　杉　责任印制：常天培
北京机工印刷厂印刷
2022 年 1 月第 1 版第 1 次印刷
184mm×260mm・13.25 印张・326 千字
0001—3000 册
标准书号：ISBN 978-7-111-67964-6
定价：49.80 元

电话服务　　　　　　　　　网络服务
客服电话：010-88361066　　机　工　官　网：www.cmpbook.com
　　　　　010-88379833　　机　工　官　博：weibo.com/cmp1952
　　　　　010-68326294　　金　书　网：www.golden-book.com
封底无防伪标均为盗版　机工教育服务网：www.cmpedu.com

国家职业技能等级认定培训教材编审委员会

主　任　李　奇　荣庆华

副主任　姚春生　林　松　苗长建　尹子文　周培植　贾恒旦
　　　　　孟祥忍　王　森　汪　俊　费维东　邵泽东　王琪冰
　　　　　李双琦　林　飞　林战国

委　员（按姓氏笔画排序）
　　　　　于传功　王　新　王兆晶　王宏鑫　王荣兰　卞良勇
　　　　　邓海平　卢志林　朱在勤　刘　涛　纪　玮　李祥睿
　　　　　李援瑛　吴　雷　宋传平　张婷婷　陈玉芝　陈志炎
　　　　　陈洪华　季　飞　周　润　周爱东　胡家富　施红星
　　　　　祖国海　费伯平　徐　彬　徐丕兵　唐建华　阎　伟
　　　　　董　魁　臧联防　薛党辰　鞠　刚

序

新中国成立以来,技术工人队伍建设一直得到了党和政府的高度重视。20世纪五六十年代,我们借鉴苏联经验建立了技能人才的"八级工"制,培养了一大批身怀绝技的"大师"与"大工匠"。"八级工"不仅待遇高,而且深受社会尊重,成为那个时代的骄傲,吸引与带动了一批批青年技能人才锲而不舍地钻研技术、攀登高峰。

进入新时期,高技能人才发展上升为兴企强国的国家战略。从2003年全国第一次人才工作会议,明确提出高技能人才是国家人才队伍的重要组成部分,到2010年颁布实施《国家中长期人才发展规划纲要(2010—2020年)》,加快高技能人才队伍建设与发展成为举国的意志与战略之一。

习近平总书记强调,劳动者素质对一个国家、一个民族发展至关重要。技术工人队伍是支撑中国制造、中国创造的重要基础,对推动经济高质量发展具有重要作用。党的十八大以来,党中央、国务院健全技能人才培养、使用、评价、激励制度,大力发展技工教育,大规模开展职业技能培训,加快培养大批高素质劳动者和技术技能人才,使更多社会需要的技能人才、大国工匠不断涌现,推动形成了广大劳动者学习技能、报效国家的浓厚氛围。

2019年国务院办公厅印发了《职业技能提升行动方案(2019—2021年)》,目标任务是2019年至2021年,持续开展职业技能提升行动,提高培训针对性实效性,全面提升劳动者职业技能水平和就业创业能力。三年共开展各类补贴性职业技能培训5000万人次以上,其中2019年培训1500万人次以上;经过努力,到2021年底技能劳动者占就业人员总量的比例达到25%以上,高技能人才占技能劳动者的比例达到30%以上。

目前,我国技术工人(技能劳动者)已超过2亿人,其中高技能人才超过5000万人,在全面建成小康社会、新兴战略产业不断发展的今天,建设高技能人才队伍的任务十分重要。

机械工业出版社一直致力于技能人才培训用书的出版,先后出版了一系列具有行业影响力、深受企业、读者欢迎的教材。欣闻配合新的《国家职业技能标准》又编写了"国家职业技能等级认定培训教材"。这套教材由全国各地技能培训和考评专家编写,具有权威性和代表性;将理论与技能有机结合,并紧紧围绕《国家职业技能标准》的知识要求和技能要求编写,实用性、针对性强,既有必备的理论知识和技能知识,又有考核鉴定的理论和技能题库及答案;而且这套教材根据需要为部分教材配备了二维码,扫描书中的二维码便可观看相应资源;这套教材还配合天工讲堂开设了在线课程、在线题库,配套齐全,编排科学,便于培训和检测。

这套教材的出版非常及时,为培养技能型人才做了一件大好事,我相信这套教材一定会为我国培养更多更好的高素质技术技能型人才做出贡献!

中华全国总工会副主席

高凤林

前　　言

目前，取得职业技能等级证书已经成为劳动者就业上岗的必备条件，也是对劳动者职业能力的客观评价。取得职业技能等级证书不仅是广大从业人员、待岗人员的迫切需要，而且已经成为各级各类普通教育院校、职业学院、技工院校毕业生追求的目标。

2019年1月，新的《国家职业技能标准　车工》实施，对车工提出了新的要求。为此，我们组织专家、学者、高级考评员，根据最新的国家职业技能标准，编写了车工培训教材，本书是中级工培训教材。本书有以下主要特点：

1) 以现行国家职业技能标准为依据，以职业技能等级认定要求为尺度，以满足本职业对从业人员的要求为目标，对国家职业技能标准中要求的技能和有关知识进行了详细的介绍。

2) 以岗位技能需求为出发点，按照"模块式"教材编写思路确定教材的核心技能模块，以此为基础，构建每一个技能训练项目所需掌握的相关知识、技能训练、模拟考试等结构体系。

本书由徐彬任主编，徐斌任副主编，袁静、张斌、葛嫣雯、张玉东参加编写，全书由金福昌主审。

由于编写时间有限，书中难免存在一些缺点和不足之处，恳请读者批评指正。

编　者

目 录
MU LU

序
前言

项目1 基础知识 1
- 1.1 机械制图基本知识 1
  - 1.1.1 投影 1
  - 1.1.2 机件形状的表达方法 3
  - 1.1.3 标注尺寸 14
- 1.2 公差与配合 17
  - 1.2.1 公差 17
  - 1.2.2 配合 19
- 1.3 金属材料与热处理 22
  - 1.3.1 金属材料的性能 22
  - 1.3.2 金属材料的热处理 25
- 1.4 液压气动知识 30
  - 1.4.1 液压传动及液压元件 30
  - 1.4.2 气压传动 35
- 1.5 工艺规程概述 36
  - 1.5.1 工艺过程的概念 36
  - 1.5.2 机械加工工艺过程 36
  - 1.5.3 生产类型及工艺特征 38
  - 1.5.4 工序的集中与分散 39
  - 1.5.5 机械加工工艺规程 40
  - 1.5.6 工艺路线的拟订 40
- 1.6 工件定位基准及夹紧 42
  - 1.6.1 基准种类及选择原则 42
  - 1.6.2 定位原理 45
  - 1.6.3 定位方法 48
  - 1.6.4 夹紧方法及夹紧装置 49
  - 1.6.5 加工时防止工件变形的方法 51
- 1.7 数控车床的编程 53
  - 1.7.1 典型数控车床系统介绍 53
  - 1.7.2 数控车床编程介绍 56

目 录

项目 2　车床的维护保养与调整 … 61
2.1　车床一级保养 … 61
2.1.1　车床一级保养内容 … 61
2.1.2　车床一级保养方法 … 62
2.2　数控车床的日常维护与保养 … 69
2.2.1　数控车床的结构及传动原理 … 69
2.2.2　数控车床定期保养的内容及方法 … 73

项目 3　轴类工件加工 … 74
3.1　细长轴加工 … 74
3.1.1　细长轴加工特点 … 74
3.1.2　细长轴加工定位与装夹 … 75
3.1.3　车削细长轴时减少热变形的措施 … 77
3.1.4　加工细长轴的车刀 … 78
3.1.5　加工细长轴的切削用量 … 80
3.1.6　百分表、杠杆百分表的使用和保养方法 … 80
3.1.7　细长轴车削方法的改进 … 82
3.1.8　加工细长轴时产生误差的原因及预防措施 … 83
3.2　细长轴工件加工实例 … 83
3.2.1　细长轴的加工工艺准备 … 83
3.2.2　细长轴工件加工 … 85
3.2.3　细长轴的精度检验及误差分析 … 86
3.3　数控车床车削台阶轴实例 … 86
3.3.1　数控车床车削台阶轴的编程 … 86
3.3.2　数控车床车削台阶轴 … 90
3.3.3　数控车床车削台阶轴的精度检验及误差分析 … 93
3.4　技能训练——材力架吊杆的加工 … 93

项目 4　套类薄壁工件加工 … 95
4.1　套类薄壁工件的加工工艺准备 … 95
4.1.1　套类薄壁工件的装夹特点 … 95
4.1.2　套类薄壁工件的刀具 … 96
4.1.3　减少套类薄壁工件变形的方法 … 96
4.1.4　套类薄壁工件加工时产生误差的原因及预防措施 … 97
4.2　薄壁工件加工实例 … 98
4.2.1　薄壁工件的加工工艺准备 … 98
4.2.2　薄壁工件加工 … 100
4.2.3　薄壁工件加工的精度检验及误差分析 … 101
4.3　衬套加工实例 … 102

4.3.1　衬套的加工工艺准备 …………………………………… 102
　4.3.2　衬套的加工 ……………………………………………… 103
　4.3.3　衬套加工的精度检验及误差分析 ……………………… 104
4.4　数控车床车削台阶孔实例 ……………………………………… 105
　4.4.1　数控车床车削台阶孔的加工工艺准备 ………………… 105
　4.4.2　数控车床车削台阶孔 …………………………………… 108
　4.4.3　数控车床车削台阶孔的精度检验及误差分析 ………… 111
4.5　技能训练——薄壁套的加工 …………………………………… 111

项目5　偏心工件、曲轴及畸形工件加工 ……………………… 113

5.1　偏心工件（轴、套）加工实例 ………………………………… 113
　5.1.1　偏心工件（轴、套）的加工工艺准备 ………………… 113
　5.1.2　偏心工件（轴、套）加工 ……………………………… 122
　5.1.3　偏心工件（轴、套）加工的精度检验及误差分析 …… 125
5.2　单拐曲轴加工实例 ……………………………………………… 126
　5.2.1　单拐曲轴的加工工艺准备 ……………………………… 126
　5.2.2　单拐曲轴加工 …………………………………………… 129
　5.2.3　单拐曲轴加工的精度检验及误差分析 ………………… 132
5.3　畸形工件加工实例 ……………………………………………… 132
　5.3.1　畸形工件的加工工艺准备 ……………………………… 132
　5.3.2　畸形工件加工 …………………………………………… 134
　5.3.3　畸形工件加工的精度检验及误差分析 ………………… 136
5.4　技能训练——交换齿轮板的加工 ……………………………… 137

项目6　螺纹加工 ……………………………………………………… 140

6.1　管螺纹 …………………………………………………………… 140
　6.1.1　55°密封管螺纹 ………………………………………… 141
　6.1.2　55°非密封管螺纹 ……………………………………… 143
　6.1.3　60°密封管螺纹 ………………………………………… 145
　6.1.4　米制密封管螺纹 ………………………………………… 148
6.2　梯形螺纹加工 …………………………………………………… 151
　6.2.1　梯形螺纹的加工工艺准备 ……………………………… 151
　6.2.2　梯形螺纹工件加工 ……………………………………… 158
　6.2.3　梯形螺纹的精度检验及误差分析 ……………………… 161
6.3　矩形螺纹加工 …………………………………………………… 162
　6.3.1　矩形螺纹的加工工艺准备 ……………………………… 162
　6.3.2　矩形螺纹工件加工 ……………………………………… 164
　6.3.3　矩形螺纹的精度检验及误差分析 ……………………… 167
6.4　锯齿形螺纹及双线螺纹 ………………………………………… 168

6.4.1　锯齿形螺纹的车削 …………………………………………………… 168
　　6.4.2　双线螺纹的分线方法 ………………………………………………… 170
6.5　蜗杆加工 …………………………………………………………………………… 171
　　6.5.1　蜗杆的加工工艺准备 ………………………………………………… 171
　　6.5.2　蜗杆工件加工 …………………………………………………………… 178
　　6.5.3　蜗杆的精度检验及误差分析 ………………………………………… 182
6.6　数控车床加工三角形螺纹 ………………………………………………………… 183
　　6.6.1　三角形螺纹的数控工艺准备 ………………………………………… 183
　　6.6.2　三角形螺纹工件数控加工 …………………………………………… 185
　　6.6.3　三角形螺纹的精度检验及误差分析 ………………………………… 189
6.7　技能训练——螺杆轴的加工 ……………………………………………………… 189

附录　车工（中级）理论知识模拟试卷样例 ………………………………………… 192

　　车工（中级）理论知识模拟试卷样例参考答案 ………………………………… 199

　　车工（中级）操作技能模拟试卷 ………………………………………………… 200

项目 1

基 础 知 识

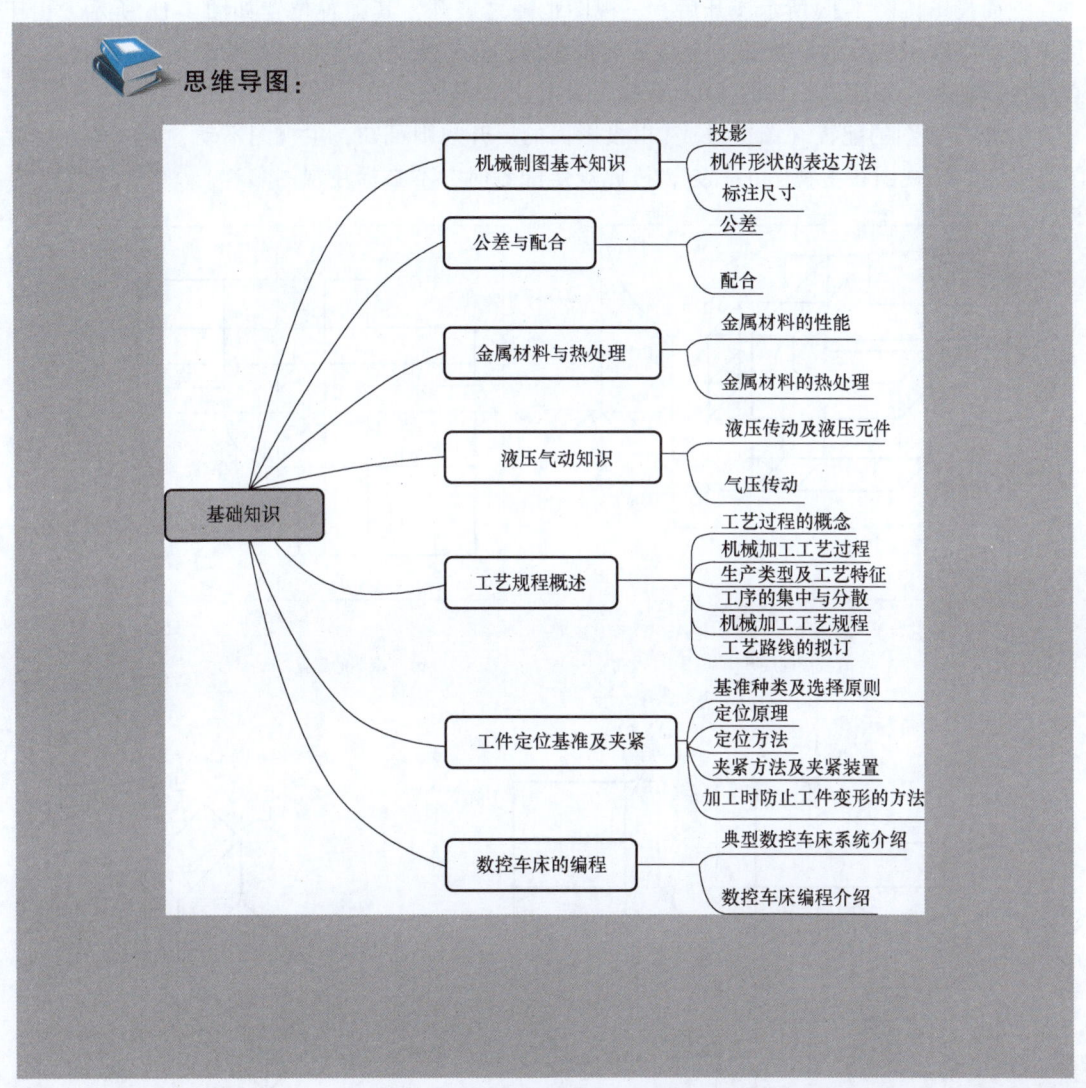

思维导图：

1.1　机械制图基本知识

1.1.1　投影

1. 三视图的投影规律

(1) 三视图的形成（GB/T 17451）　点、线、面、体等几何元素在三投影面体系中的投影，称为三面投影。将物体向投影面投射所得的图形，称为视图。

如图 1-1 所示，物体在三投影面（*V*、*H*、*W*）体系中的投影，称为三视图，即 *V* 面投影（主视图）、*H* 面投影（俯视图）、*W* 面投影（左视图）。

为了便于画图和看图，通常要将物体正放（即与投影面平行或垂直），尽量使物体的表面或对称平面或回转体轴相对于投影面处于特殊位置（正放），并将 *OX*、*OY* 和 *OZ* 轴的方向分别设为物体的长度方向、宽度方向和高度方向。

三面投影按图 1-1a 所示展开后，三视图也随之展开，其配置位置如图 1-1b 所示。由于用正投影图表示物体的形状和大小与其离投影面的远近无关，因此，画物体的三视图时，不必画投影轴和投影连线，如图 1-1c 所示。图 1-1d 为其立体图。

（2）三视图的配置（图 1-1b） 由投影面的展开规则可知，主视图不动，俯视图在主视图正下方，左视图在主视图正右方，按此规定配置时，不必标注视图名称。

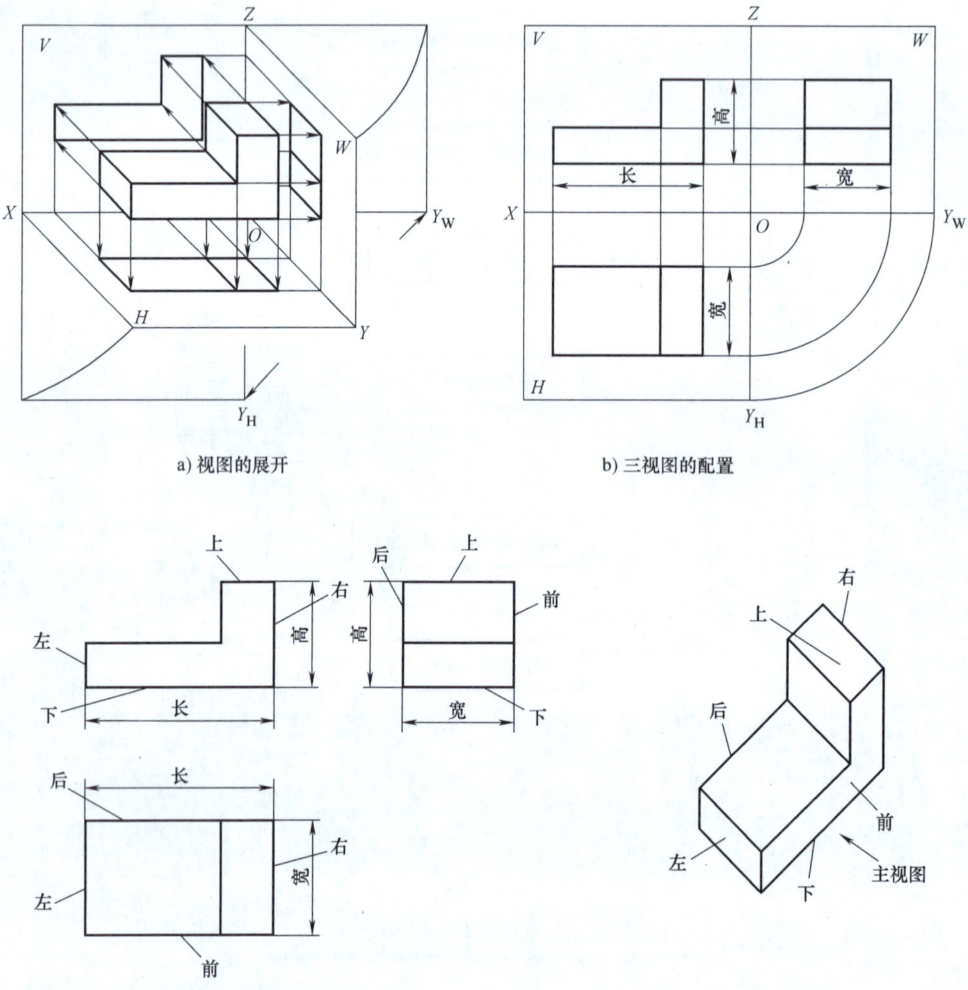

a) 视图的展开　　b) 三视图的配置

c) 三视图反映物体的大小和方向　　d) 确定主视方向

图 1-1　三视图的形成及投影规律

（3）三视图的投影规律　三视图的投影规律与三面投影的规律相同。

1）三视图反映物体大小的投影规律。物体有长、宽、高三个方向的大小，从图 1-1c 可以看到，每个视图只能反映物体两个方向的尺寸。主视图反映物体的长度和高度；俯视图反映物体的长度和宽度；左视图反映物体的高度和宽度。

三视图所反映物体的长、宽、高与其投影的关系，可以概括为：主、俯视图长对正；主、左视图高平齐；俯、左视图宽相等，即"长对正、高平齐、宽相等"。

应当指出，在画和看物体的三视图时，无论是物体的整体还是局部，都应遵守"长对正、高平齐、宽相等"这个投影规律。

2）三视图反映物体方位的投影规律。物体有上、下、左、右、前、后六个方位，左右为长，上下为高（或者说，长分左右、宽分前后、高分上下）。

从图 1-1c、d 可以看出，每个视图只能反映物体空间的四个方位：主视图反映物体的上、下和左、右方位；俯视图反映物体的左、右和前、后方位；左视图反映物体的上、下和前、后方位，且俯、左视图的外侧和内侧（对主视图而言的外、内）分别为物体的前、后方位。

3）三视图反映物体形状的投影规律。一般情况下，物体有六面（上、下，左、右，前、后）外形和三个方向（主视——长和高，俯视——宽和长，左视——高和宽）上的内形，每个视图只能反映物体的两面外形（正、背）和一个方向上的内形，主视图反映物体的前、后外形和主视方向的内形；俯视图反映物体的上、下外形和俯视图方向上的内形；左视图反映物体的左、右外形和左视方向上的内形。

由上面三视图的投影规律可知：物体的三个大小和六个方位由两个视图就能确定，而物体的形状，一般需要三个视图才能确定。

物体的内形和背面的外形都是不可见的，在三视图上，它们的轮廓线应以虚线表示。

1.1.2 机件形状的表达方法

1. 视图的表达方法

（1）基本视图　机件向基本投影面投影所得的视图，称为基本视图。国家标准中规定正六面体的六个面为基本投影面，将机件放在六面体中，然后向各基本投影面进行投射，即得到六个基本视图（图 1-2 和图 1-3）。但机件的结构形状不一定用六个视图来表示，一般优先

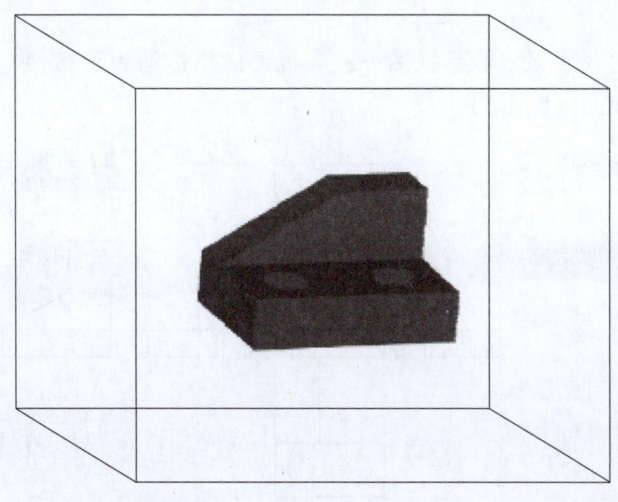

图 1-2　机件在正六面体中

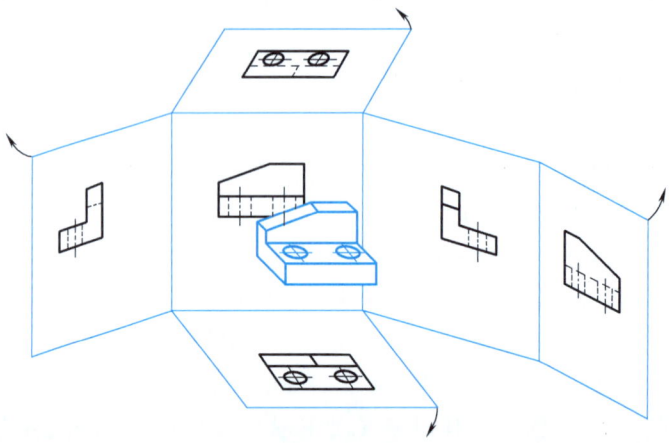

图1-3 基本投影面的展开方法

选用主、俯、左视图即可。但无论机件的形状结构是简单还是复杂,都必须有主视图。

(2) 基本视图的投影规律　基本视图的投影规律为:主、俯、后、仰四个视图"长对正",主、左、后、右四个视图"高平齐",俯、左、仰、后四个视图"宽相等"(图1-4)。

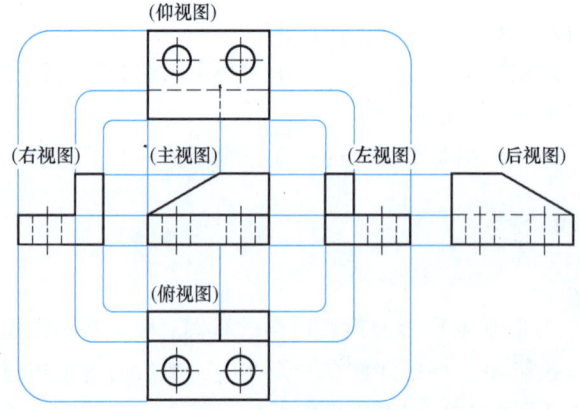

图1-4 基本视图的投影规律

(3) 基本视图方位关系　除后视图外,各视图的里边均表示机件的后面,而各视图的外面均表示机件的前面(图1-5)。

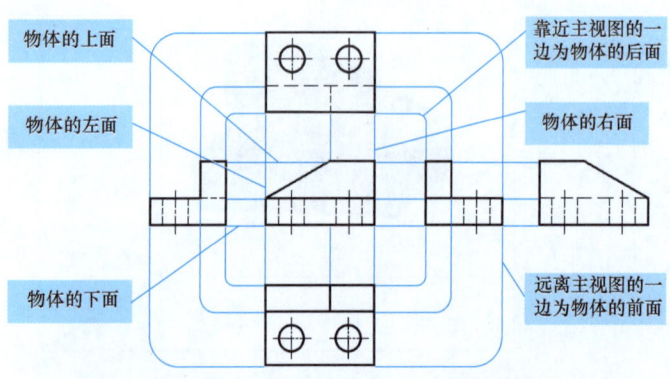

图1-5 六个基本视图之间的方位关系

(4) 基本视图的标注　基本视图按图1-6所示配置时，可不标注视图的名称。如果不能按图1-6所示配置视图，应在视图的上方标注大写的拉丁字母 "X"。在相应的视图附近用箭头指投射方向，并标注相同字母，便于识图时查找。

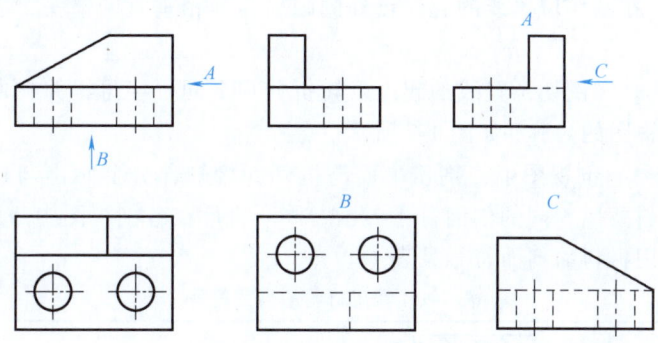

图1-6　基本视图的标注

2. 剖视图的表达方法

当工件的内部结构比较复杂时，在视图中就会出现较多的虚线，这些虚线往往会与外形的轮廓线画在一起而影响图样的清晰表达，如图1-7a所示。这样既不利于尺寸的标注，也不利于识图。为了解决这个问题，使原来不可见的部分转化为可见轮廓，可见轮廓是粗实线，所以在识图时需要采用假想的剖切方法。

(1) 剖视图的概念　假想用剖切平面把机件剖开，将处在观察者与剖切面之间的部分移去，而将其余部分向投影面投射，这种方法称为剖视（图1-7b），所得的图形称为剖视图（图1-7c）。

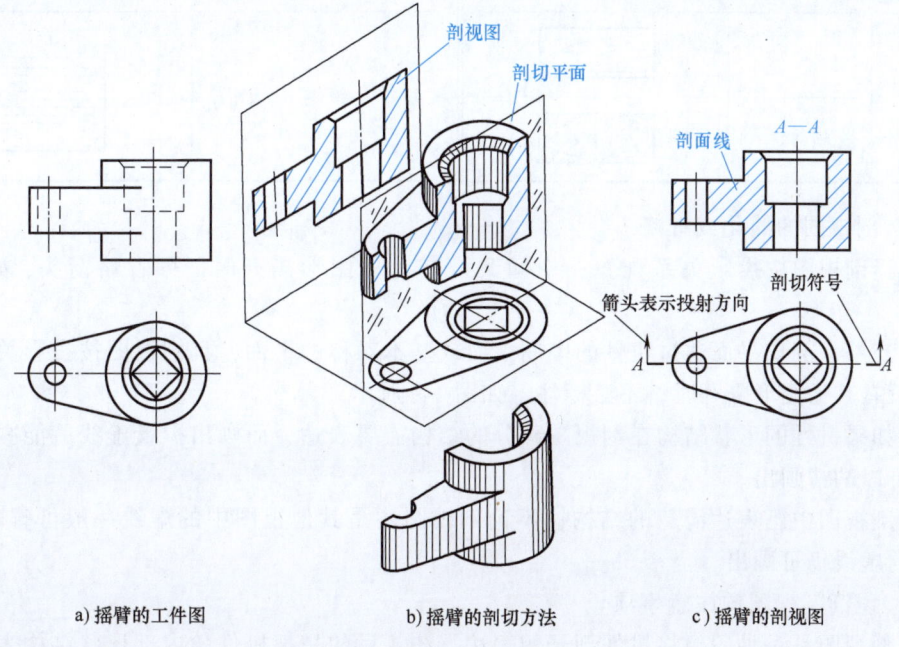

a) 摇臂的工件图　　　　b) 摇臂的剖切方法　　　　c) 摇臂的剖视图

图1-7　剖视图的形成

（2）剖视图的标注　为了便于视图的识读，剖视图一般都需要标注。剖视图的标注有剖切符号、箭头、字母三项内容，标注的内容如下：

1) 剖切符号。表示剖视图是在机件的某一部位进行剖切的，用短粗实线表示。

2) 投射方向。在剖切位置线的起讫点外侧画出与其相垂直的箭头，表示剖切后的投射方向。

3) 剖视图名称。在剖切位置线的起讫及转折处写上同一字母，并在所画剖视图上方用相同字母标注出剖视图的名称，如图 1-7 所示。

（3）画剖面符号　剖视图中，剖切平面与机件的接触部分要画出与材料相应的剖面符号，并且不同的材料要用不同的剖面符号表示。同一机件在各剖视图中的剖面符号应方向相同、间距相等。常用材料的剖面符号见表 1-1。

表 1-1　常用材料的剖面符号

金属材料 （已有规定剖面符号者除外）		胶合板 （不分层数）	
线圈绕组元件	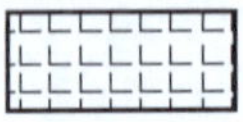	基础周围的混凝土	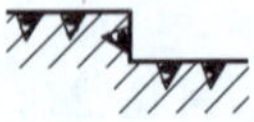
转子、电枢、变压器和电抗器等的叠钢片		混凝土	
非金属材料 （已有规定剖面符号者除外）		钢筋混凝土	
型砂、填砂、粉末冶金、砂轮、陶瓷刀片、硬质合金刀片等	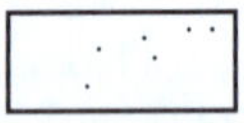	砖	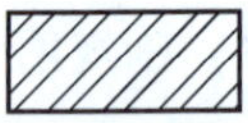
玻璃及供观察用的其他透明材料		格网 （筛网、过滤网等）	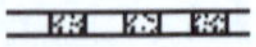
木材	纵剖面	液体	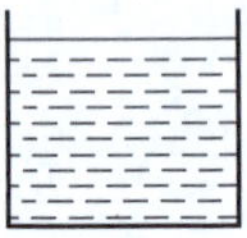
	横剖面		

（4）剖视图的简化或省略

1) 当剖视图按投影关系配置，中间又没有其他图形隔开时，可省略箭头，如图 1-8 所示。

2) 当单一剖切平面通过机件的中间平面或基本对称的平面，且剖视图按投影关系配置中间又没有其他图形隔开时，不必标注，如图 1-9 所示。

3) 如果机件的形状结构在剖视图部分的结构需要表达，而画出少量虚线就能减少视图数量，可以酌情画出。

4) 剖视图中已表达清楚的结构，不论剖视图还是其他视图中的虚线一般可省略不画，但必要的虚线仍可画出。

（5）识读剖视图的注意事项

1) 剖视图是一种假想将机件剖开的表达方法，目的是把机件的内部形状结构表达得更清晰，所以在其他视图中工件仍应按完整的形状画出。

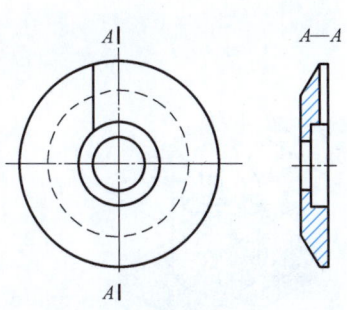

图 1-8 按投影关系配置的剖视图

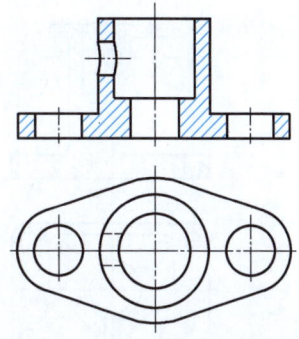

图 1-9 中间平面标注的剖视图

2）识读剖视图时，应首先找到剖切线的位置，再根据剖切符号旁和剖视图上方标注字母找到对应的剖视图（图 1-7c）。如果剖视图中没有作任何标注，那就说明该剖视图是通过工件的中间平面进行剖切后而画出的（图 1-9）。

3）剖视图可根据剖面符号来区分机件某一部分是实体的还是空心的。凡画有剖面符号的均为机件的实体部分，反之为空心部分（图 1-9 和图 1-10）。

4）剖视图中，凡机件在剖切平面之后的内外可见轮廓线应全部画出。

（6）剖视图的种类 按照剖切面剖开机件的范围不同，可以将剖视图分为全剖视图、半剖视图和局部剖视图三种。

1）全剖视图。用剖切平面完全地剖开机件所得的剖视图，称为全剖视图（图 1-10）。全剖视图主要用于表达内部结构比较复杂，外形相对简单的不对称机件，或者用于表达外形简单的回转体机件或对称机件。

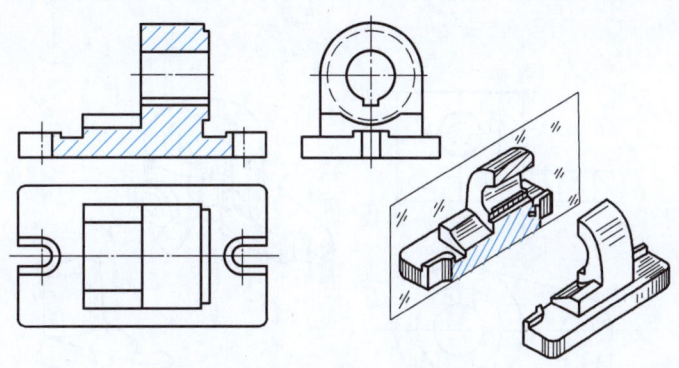

图 1-10 剖视图的画法

2）半剖视图。机件具有中间平面时，在垂直于中间平面的投影面上所得的图形，可以对称中心线为界，一半画成剖视图、一半画成视图，这种剖视图称为半剖视图（图 1-11）。

半剖视图主要适用于内、外结构形状均需表达的对称物体。

半剖视图中，视图部分与剖视部分的分界线是细点画线，不能画成实线。视图部分不画表达内部结构的虚线，剖视部分也不再画任何虚线。半剖视图的标注与全剖视图完全一样。

画半剖视图时还应注意：机件的结构形状接近于对称，而且不对称部分已另有图形表达清楚时，也可以画成半剖视图。

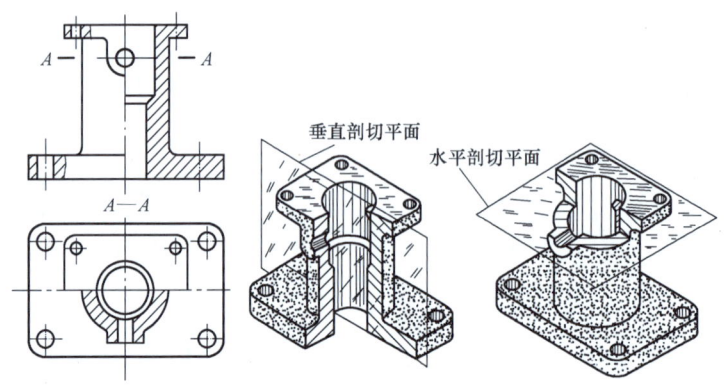

图 1-11 半剖视图

3）局部剖视图。用剖切平面局部地剖开机件所得的视图，称为局部剖视图（图 1-12）。

局部剖视图是一种灵活的表达方法，用剖视的部分表达机件的内部结构，不剖的部分表达机件的外部形状。对一个视图采用局部剖视图表达时，剖切的次数不宜过多，否则会使图形过于破碎，影响图形的整体性和清晰性。视图被局部剖切后，其断裂处用波浪线（或双折线）表示。局部剖视图中的波浪线（或双折线）作为视图与剖视图的分界线。

局部剖视图一般适用于下列几种情况：

① 机件的内外形均需表达，但因不对称而不能采用半剖视图时，常用局部剖视图。

② 外形较复杂，又要表达内形且不宜采用全剖视图时，常用局部剖视图。

③ 当机件的内外轮廓线与对称中心线重合，不宜采用半剖视表达时，常用局部剖视图。

④ 轴、连杆、手柄等实心工件上有小孔、槽、凹坑等局部结构需要表达内形时，常用局部视图。

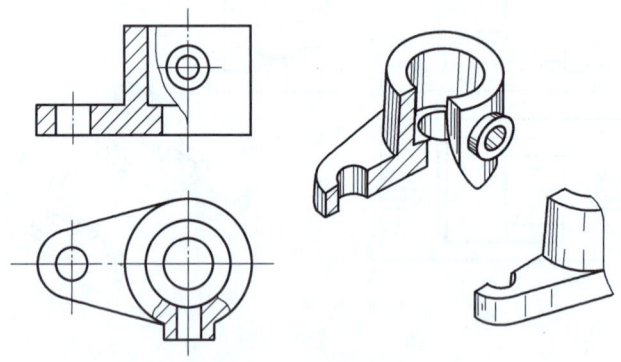

图 1-12 局部剖视图

3．断面图的表达方法

（1）断面图的概念　假想用剖切平面将机件的某处切断，仅画出剖切平面与机件接触部分的图形称为断面图，简称断面。

如图 1-13 所示，为了得到键槽的断面形状，假想用一个垂直于轴线的剖切平面在键槽处将轴切断，只画出它的断面形状，并画上剖面符号。

断面图与剖视图的区别是：断面图只画出机件的断面形状，而剖视图除了断面形状以外，还要画出机件剖切之后的投影。

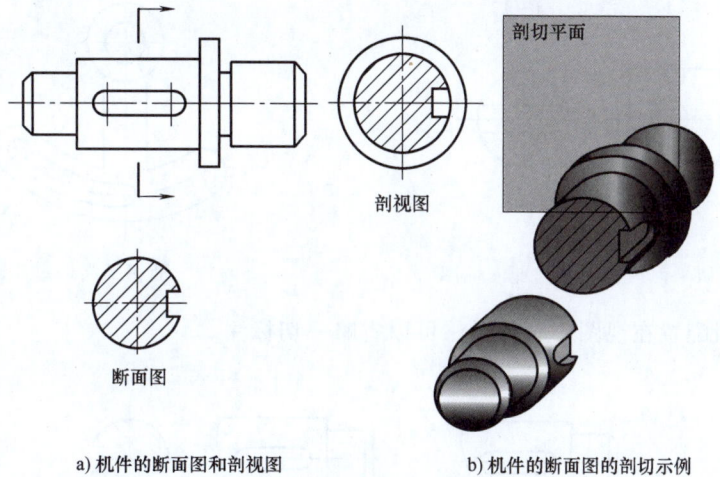

a) 机件的断面图和剖视图　　　　b) 机件的断面图的剖切示例

图 1-13　断面图

（2）断面图的种类　　断面图分移出断面图和重合断面图两种。

1）移出断面图。画在视图之外的断面图称为移出断面图（简称移出断面）。

① 移出断面图的轮廓线用粗实线绘制，在断面区域内一般要画剖面符号。移出断面图应尽量配置在剖切符号或剖切平面迹线的延长线上（图1-14）。如有必要时可将移出断面配置在其他适当位置。

② 断面图形对称时，也可画在视图的中断处（图1-15）。

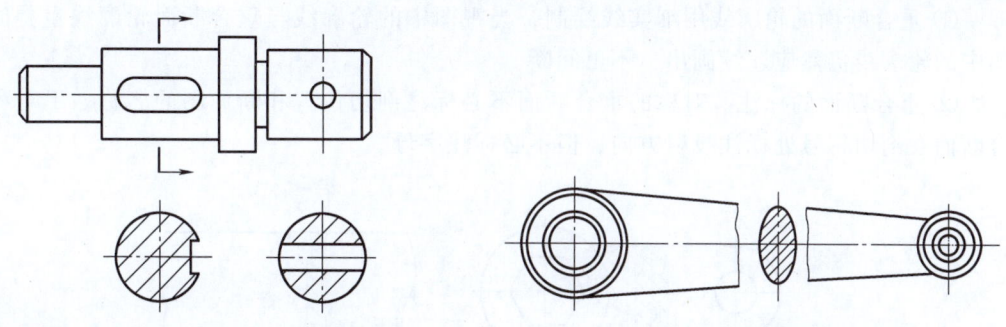

图 1-14　画在剖切线延长线上的移出断面　　　图 1-15　画在视图中断处的断面图

③ 当剖切平面通过回转面形成的孔或凹坑的轴线时，这些结构按剖视绘制（图1-16）。当剖切平面通过键槽时，只画出工件的断面形状（图1-14）。

④ 剖切平面通过非圆孔而导致出现完全分离的两个断面时，则这些结构应按剖视绘制，在不致引起误解时，允许将图形旋转（图1-17）。

⑤ 移出断面图的标注。移出断面一般应用粗短画表示剖切位置，用箭头表示投射方向并注上字母，在断面图的上方应用同样字母标出相应的名称，如图1-18所示。

移出断面图一般配置在剖切符号或剖切平面迹线的延长线上。如果断面图不对称，则可省略字母，但应标注投射方向；如果图形对称，则可省略一切标注。

移出断面图按投影关系配置时，可以省略箭头标注。

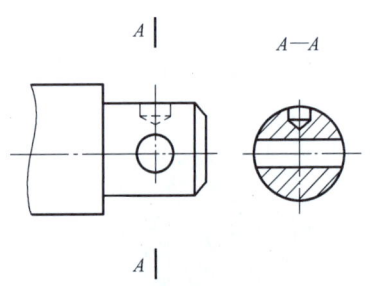

图1-16 剖切平面通过回转面的断面图

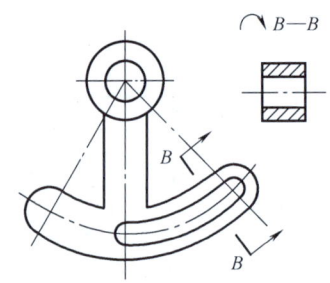

图1-17 剖切平面通过非圆孔断面图

移出断面图配置在视图中断处时，可以省略一切标注。

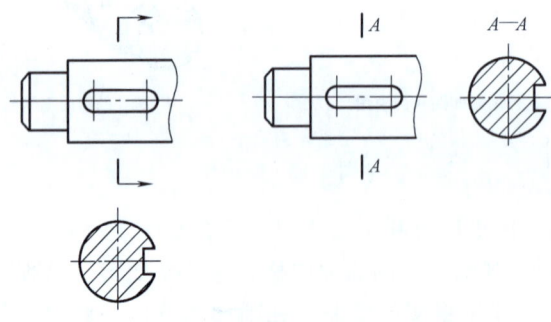

图1-18 移出断面图的标注

2) 重合断面图 在不影响图形清晰表达的条件下，断面也可按投影关系画在视图内，画在视图内的断面图称为重合断面图（简称重合断面）（图1-19）。

① 重合断面的轮廓线用细实线绘制，当视图中的轮廓线与重合断面轮廓线重叠时，视图中的轮廓线仍然应连续画出，不可间断。

② 重合断面的标注。对称的重合断面不必标注剖切位置和断面图的名称。不对称的重合断面在剖切符号处标注投射方向，但不必标注字母。

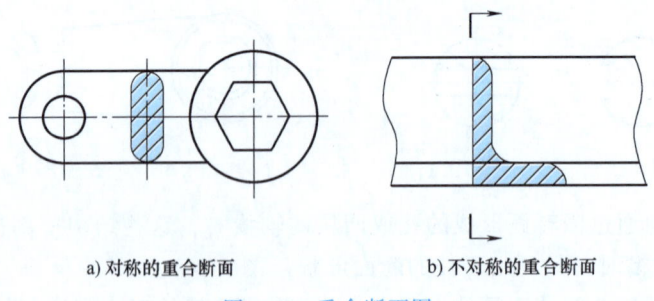

a) 对称的重合断面　　　　b) 不对称的重合断面

图1-19 重合断面图

4. 视图的其他表达方法

(1) 局部放大图

1) 局部放大图的概念。将机件的部分结构，用大于原图形所采用的比例画出的图形，称为局部放大图。局部放大图适用于机件上有某些细小的结构在已有的视图中存在不能表达清楚或不便于标注尺寸等情况。局部放大图可以画成视图、剖视图或剖面图，它与原图中的表达方式无关。局部放大图应尽量配置在被放大部位的附近。

2) 局部放大图的标注。绘制局部放大图时，应用细实线圈出被放大的部位。局部放大图在标注尺寸时，应按实际尺寸标注，与放大倍数无关。

当同一机件上有几个被放大的部分时，必须用罗马数字依次标明被放大的部位，并在局部放大图的上方标出相应的罗马数字和所采用的比例，罗马数字与比例之间的横线用细实线画出（图1-20）。

当机件上仅有一处需要放大的部位时，在局部放大图上只需标注出所采用的比例即可。

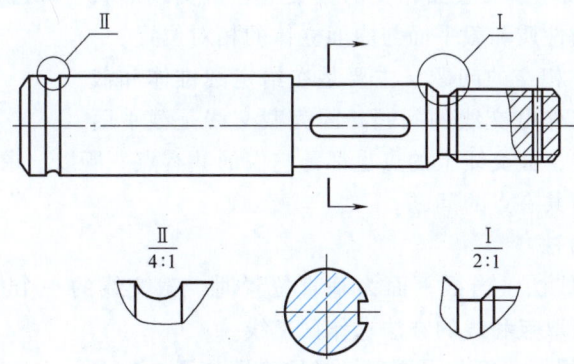

图 1-20　局部放大图的标注

（2）视图常用简化画法

1）回转体工件上的平面简化画法。当回转体工件上的平面在图形中不能充分表达时，可用两条相交的细实线表示这些平面（图1-21）。

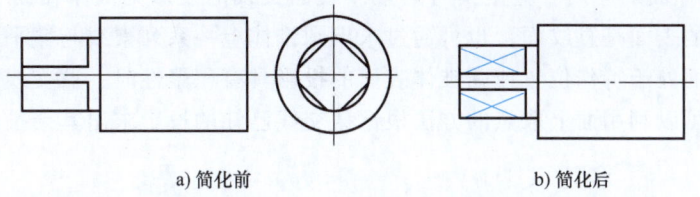

a) 简化前　　　　　　　　　b) 简化后

图 1-21　回转体工件上的平面简化画法

2）较长机件的折断画法。较长的机件（轴、杆等）沿长度方向的形状一致或按一定规律变化时，可断开后缩短绘制。但必须按原来的实长标注尺寸，折断处可用波浪线绘制（图1-22）。

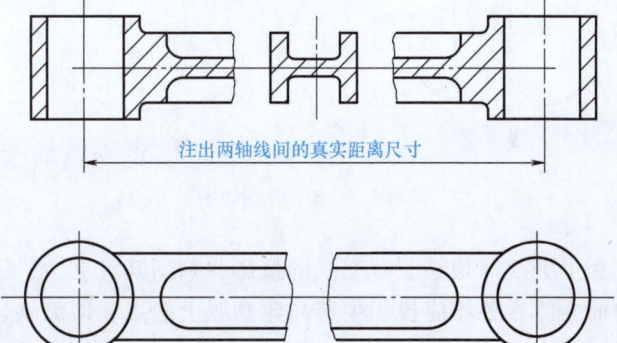

图 1-22　较长机件的折断画法

5. 圆锥体的截交线

（1）圆锥体截交线的概念 圆锥体表面由圆锥面和底面围成。圆锥面可看作由一条直母线围绕与它平行的轴线回转而成。在圆锥面上通过锥顶的任一条直线称为圆锥面的素线。

平面与圆锥体相交时，截交线通常是一条封闭的平面曲线，特殊情况也可能是由直线和曲线或完全由直线所围成的平面图形。图1-23所示为平面与顶尖表面相交的截交线。截交线形状取决于曲面立体表面的性质和截平面与曲面立体的相对位置。

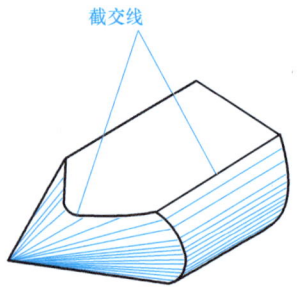

图1-23 平面与顶尖表面相交

研究平面与圆锥体相交的问题，主要是在给定圆锥体和截平面的情况下，如何求作截交线的问题。因为截交线是截平面和圆锥体表面的共有线，截交线上的点也都是它们的共有点。所以，求作截交线又可归结为求截平面与圆锥体表面共有点的问题。

（2）作截交线的方法

1）体表面取点、线法。当截平面为垂直位置时，截交线的一个投影就随截平面而积聚，可用在回转体表面取点和线的方法求作截交线。

2）辅助平面法。根据三面共点原理，具体步骤如图1-24所示。

① 作辅助面。可取过圆锥顶点的平面 Q，如图1-24a所示。取垂直于正圆锥轴的平面 R 为辅助面，如图1-24b所示。

② 求辅助平面与截平面 P 的交线 M-N 及其与圆锥体的交线（直线或圆）。因两组交线均在辅助平面内，故其相交的交点便是三面的共有点，即所求截交线上的点。

③ 选择辅助平面的原则。应使其与圆锥体表面交线的投影为简单而易于绘制的直线或圆。如果圆锥体的表面是直纹面，也可通过求出圆锥体上一系列素线与截平面的交点来确定截交线。当截平面处于特殊位置或圆锥体表面的投影具有积聚性时，截交线的一个或两个投影为已知时，还可以利用面上取点的方法根据截交线已知的投影求出其余投影。

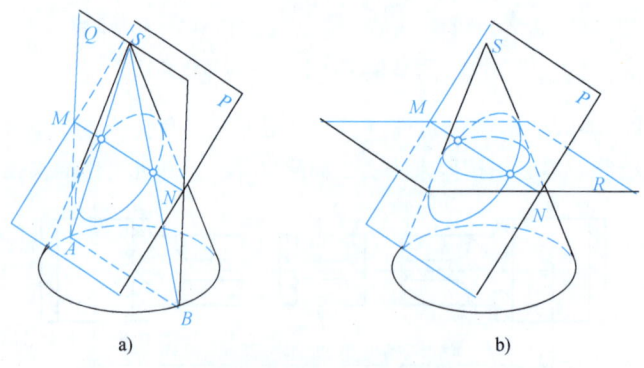

图1-24 用辅助平面求截交线上的共有点

在具体作图时，为了更准确地绘制截交线的投影并判别其可见性，还应求出截交线各投影中的特殊点，如曲面立体在各相应投影中转向轮廓线上的点，即最高、最低点，最左、最右点，以及最前、最后等点。

3）求曲面立体截交线的一般步骤：

① 根据给出截平面和曲面立体的特点分析截交线的形状，确定解题的方法。
② 按特殊点、一般点的次序求出属于截交线的足够多的点。
③ 依次连接所求各点，并判别截交线在各投影中的可见性。
④ 完整圆锥体被截后的转向轮廓线在相应投影面中的投影。

4）圆锥截交线的求法

例 1　求作如图 1-25 所示被正平面截切的圆锥体截交线。

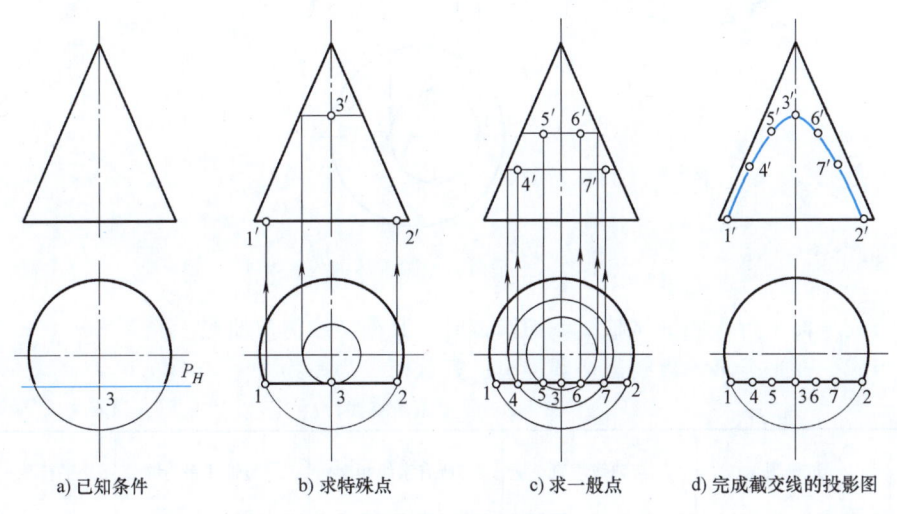

a) 已知条件　　b) 求特殊点　　c) 求一般点　　d) 完成截交线的投影图

图 1-25　正平面截切圆锥体的截交线求法

例 2　求作如图 1-26 所示被正垂面斜截的圆锥体截交线。

步骤 1：求特殊位置点。由图 1-27 可知，最低点 1、最高点 2 是此截交线椭圆上长轴的两端点，也是圆锥体对正面转向轮廓线上的点，可由正面投影 1′、2′求出水平投影 1、2 和侧面投影 1″、2″。圆锥体的最前素线和最后素线上的点 3、4，可由正面投影 3′、4′和侧面投影 3″、4″求出水平投影 3、4。椭圆短轴的两端点 5、6 也是特殊点，可通过 1′、2′的中点处作一辅助纬圆，求出水平投影 5、6，再由 5′、6′和 5、6 求得 5″、6″。

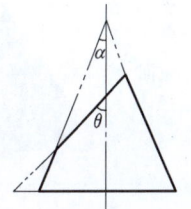

图 1-26　正垂面斜截圆锥体的截交线求法

步骤 2：求一般位置点。可利用辅助素线，在正面投影中由圆锥顶点过 7′、8′点作辅助素线，交于底圆，再由其底圆的水平投影求得 7、8，最后求得侧面投影 7″、8″。

步骤 3：依次光滑连接各点的水平投影和侧面投影即完成该截交线的投影。

由图 1-27 可知，该圆锥体被正垂面斜截后，其截交线为一椭圆，其正面投影积聚为一条直线，水平投影和侧面投影均为椭圆，截交线椭圆的长轴为正平线，短轴为正垂线。

（3）圆锥体截交线形状　下面分别就平面与圆锥体的相交问题来说明。当平面与圆锥体相交时，根据截平面与圆锥体的相对位置不同，与圆锥面的截交线有五种不同的形状（见表 1-2）。

1）当截平面过圆锥体锥顶截切圆锥时，其截交线为两相交直线。
2）当截平面垂直于圆锥体轴线截切圆锥时，其截交线为圆。
3）当截平面与所有素线相交截切圆锥时，其截交线为椭圆。

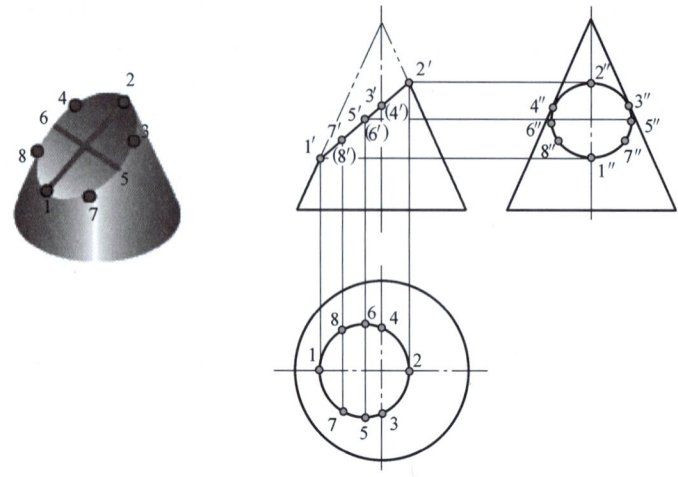

图 1-27 正垂面斜截圆锥体的投影

4）当截平面平行于圆锥体轴线截切圆锥时，其截交线为双曲线。

5）当截平面平行某一素线截切圆锥时，其截交线为抛物线。

表 1-2 圆锥面截交线

截平面的位置	过锥顶	与轴线垂直	与所有素线相交	与轴线平行	平行某一素线
截交线的形状	三角形	圆	椭圆	双曲线	抛物线
空间形体					
投影图					

1.1.3 标注尺寸

视图只能表示物体的结构形状，而物体大小、各种基本形体的大小和它们的相对位置都是由尺寸确定的，尺寸标注是机械图样中一项十分重要的内容。标注尺寸时，应做到以下四点：

- 正确：所标注的尺寸要符合国家标准的相关规定。

- **齐全**：所标注的各类尺寸应该齐全，做到不遗漏、不重复。
- **清晰**：所标注的尺寸应该安排清晰、恰当、不模糊，便于看懂。
- **合理**：所标注的尺寸应该既符合设计要求，又符合工艺要求。

1. **识读尺寸的注意事项**

1) 机件的真实大小，应以图样上所注的尺寸数值为依据，与图形的大小（即所采用的比例）和绘图的准确度无关。

2) 图样中（包括技术要求和其他说明文件中）的尺寸，以 mm 为单位时，不需标注计量单位的代号或名称。如果采用其他单位，则必须注明相应的计量单位的代号或名称。

3) 图样中所标注的尺寸，为该图样所示机件的最后完工尺寸，否则应另外说明。

4) 机件的每一个尺寸一般只标注一次，并应标注在反映该结构最清晰的图形上。

2. **尺寸注法**

(1) 尺寸标注三要素　尺寸一般应包括尺寸界线、尺寸线和尺寸数字三个部分（图 1-28）。

1) 尺寸界线。尺寸界线用来限定尺寸度量的范围。

2) 尺寸线。尺寸线用来表示所注尺寸的度量方向。尺寸线用细实线绘制，其终端有箭头和斜线两种形式。箭头终端适用于各种类型的图样。斜线终端必须在尺寸线与尺寸界线相互垂直时才能使用。

3) 尺寸数字。尺寸数字用来表示所注尺寸的数值，是图样中指令性最强的部分。

常见尺寸标注示例如图 1-29 所示。

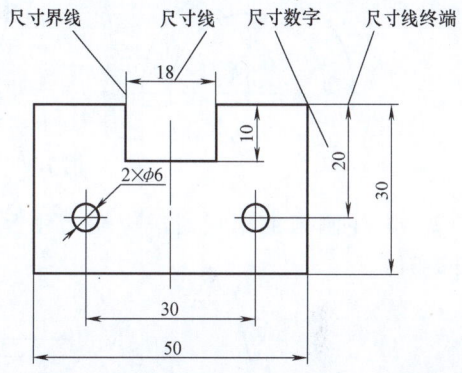

图 1-28　尺寸的组成

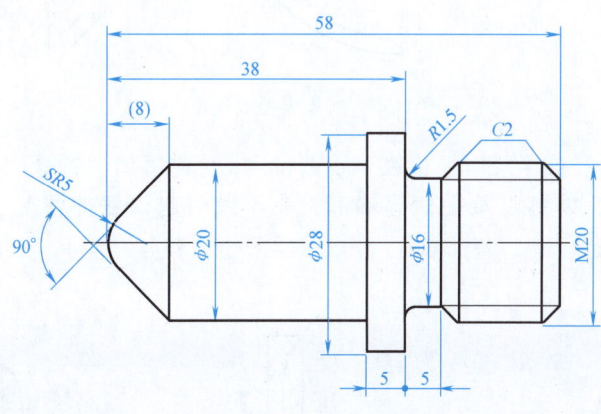

图 1-29　常见尺寸标注示例

(2) 标注尺寸符号和缩写词　标注尺寸时，应尽可能使用符号和缩写词。常用的符号和缩写词见表 1-3。

(3) 标注直径尺寸时的注意事项

1) 在标注圆的尺寸时，对小于或等于半圆的圆弧标注半径尺寸，对大于半圆的圆弧标注直径尺寸,并在标注圆的直径时,在尺寸数字前加注符号"φ",尺寸线的终端应画成箭头(图1-30)。

表1-3 常用符号或缩写词

名称	符号或缩写词	名称	符号或缩写词
直径	φ	正方形	□
半径	R	45°倒角	C
球直径	Sφ	深度	↧
球半径	SR	沉孔或锪平	⌴
厚度	t	埋头孔	∨
均布	EQS		

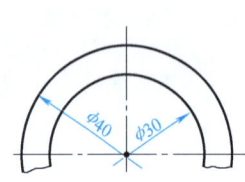
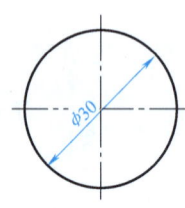
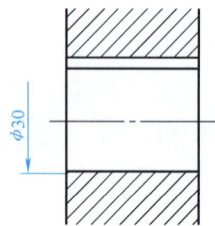

图1-30 圆的直径的注法

2)标注圆弧的半径时,应在尺寸数字前面加注符号"R",尺寸线终端应画成箭头(图1-31)。

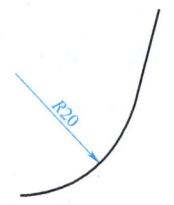
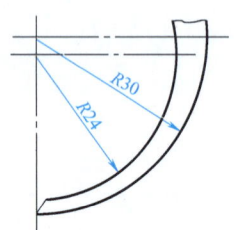
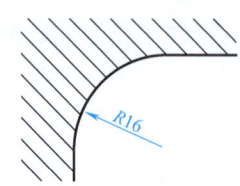

图1-31 圆弧半径的注法

3)标注球面的直径或半径时,应在"φ"和"R"前再加注符号"S"(图1-32a和图1-32b)。对轴、螺杆、铆钉以及手柄等端部,在不致引起误解的情况下可省略符号"S"(图1-32c)。

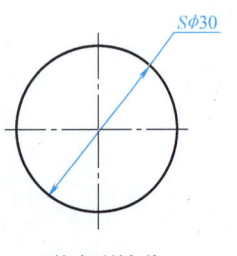
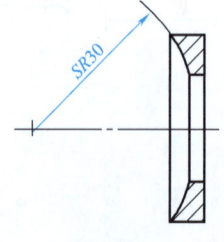
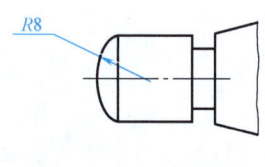

a) 外球面的标注   b) 内球面的标注   c) 手柄球面的标注

图1-32 球面的直径或半径的标注

4）在图样范围内无法标出圆心位置时，可按图 1-33a 所示标注，不需标出圆心，可按图 1-33b 所示标注。

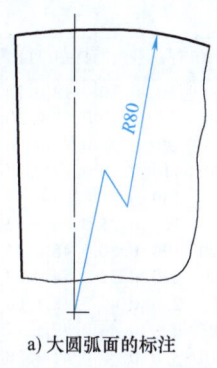
a）大圆弧面的标注

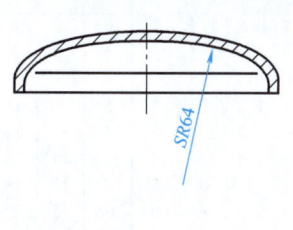
b）大球面的标注

图 1-33　圆弧半径较大时的注法

5）当对称机件的图形只画出一半或大于一半时，尺寸线应略超过对称中心线或断裂处的边界，此时仅在尺寸线的一端画出箭头（图 1-34）。

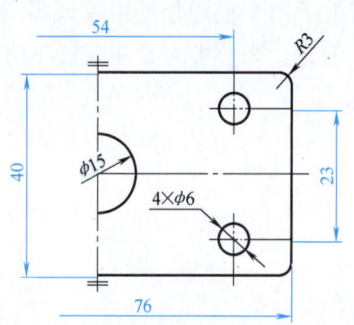

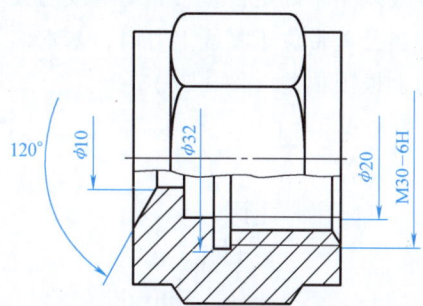

图 1-34　对称机件尺寸线的注法

1.2　公差与配合

1.2.1　公差

公差带由标准公差和基本偏差两个要素组成。标准公差确定公差带的大小，而基本偏差确定公差带的位置（图 1-35）。

1. 标准公差

标准公差的数值由公称尺寸和公差等级来决定。其中公差等级是确定尺寸精确程度的等级。标准公差分为 20 级，即 IT01，IT0，IT1，…，IT18。其尺寸精确程度从 IT01 到 IT18 依次降低。标准公差的具体数值见表 1-4。

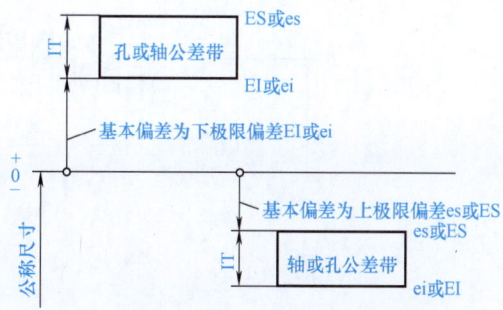

图 1-35　公差带大小及位置

表 1-4 标准公差数值

公称尺寸 /mm	公差等级																	
	μm											mm						
	IT01	IT0	IT1	IT2	IT3	IT4	IT5	IT6	IT7	IT8	IT9	IT10	IT11	IT12	IT13	IT14	IT15	IT16	IT17	IT18
≤3	0.3	0.5	0.8	1.2	2	3	4	6	10	14	25	40	60	0.10	0.14	0.25	0.40	0.60	1.0	1.4
>3~6	0.4	0.6	1	1.5	2.5	4	5	8	12	18	30	48	75	0.12	0.18	0.30	0.48	0.75	1.2	1.8
>6~10	0.4	0.6	1	1.5	2.5	4	6	9	15	22	36	58	90	0.15	0.22	0.36	0.58	0.90	1.5	2.2
>10~18	0.5	0.8	1.2	2	3	5	8	11	18	27	43	70	110	0.18	0.27	0.43	0.70	1.10	1.8	2.7
>18~30	0.6	1	1.5	2.5	4	6	9	13	21	33	52	84	130	0.21	0.33	0.52	0.84	1.30	2.1	3.3
>30~50	0.6	1	1.5	2.5	4	7	11	16	25	39	62	100	160	0.25	0.39	0.62	1.00	1.60	2.5	3.9
>50~80	0.8	1.2	2	3	5	8	13	19	30	46	74	120	190	0.30	0.46	0.74	1.20	1.90	3.0	4.6
>80~120	1	1.5	2.5	4	6	10	15	22	35	54	87	140	220	0.35	0.54	0.87	1.40	2.20	3.5	5.4
>120~180	1.2	2	3.5	5	8	12	18	25	40	63	100	160	250	0.40	0.63	1.00	1.60	2.50	4.0	6.3
>180~250	2	3	4.5	7	10	14	20	29	46	72	115	185	290	0.46	0.72	1.15	1.85	2.90	4.6	7.2
>250~315	2.5	4	6	8	12	16	23	32	52	81	130	210	320	0.52	0.81	1.30	2.10	3.20	5.2	8.1
>315~400	3	5	7	9	13	18	25	36	57	89	140	230	360	0.57	0.89	1.40	2.30	3.60	5.7	8.9
>400~500	4	6	8	10	15	20	27	40	63	97	155	250	400	0.63	0.97	1.55	2.50	4.00	6.3	9.7

注：1mm 以下无 IT14~IT18。

2. 基本偏差

基本偏差用来确定公差带相对零线的大小，也是指上下两个极限偏差中靠近零线的那个偏差。即当公差带位于零线上方时，基本偏差为下极限偏差；当公差带位于零线下方时，基本偏差为上极限偏差（图 1-36）。

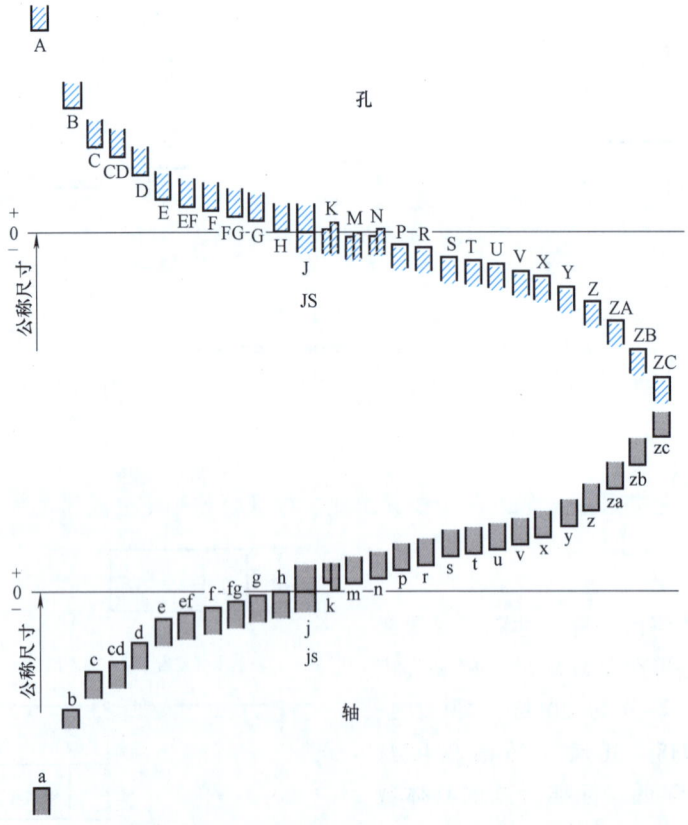

图 1-36 基本偏差系列

国家标准对孔和轴均规定了 28 个不同的基本偏差。基本偏差代号用拉丁字母表示，大写字母表示孔，小写字母表示轴。

从基本偏差系列图可知，轴的基本偏差从 a 到 h 为上极限偏差（es），且是负值，其绝对值依次减小；从 j 到 zc 为下极限偏差（ei），且是正值，其绝对值依次增大。

孔的基本偏差从 A 到 H 为下极限偏差（EI），且是正值，其绝对值依次减小，从 J 到 ZC 为上极限偏差（ES），且是负值，其绝对值依次增大；其中 H 和 h 的基本偏差为零。JS 和 js 对称于零线，没有基本偏差，其上、下极限偏差分别为 +IT/2 和 −IT/2。

基本偏差系列图只表示了公差带的各种位置，所以只画出属于基本偏差的一端，另一端则是开口的，即公差带的另一端取决于标准公差（IT）的大小。

1.2.2 配合

1. 配合的概念

公称尺寸相同的、相互结合的孔和轴公差带之间的关系，称为配合。根据使用的要求不同，孔和轴之间的配合有松有紧，因而国家标准规定配合分为三类：间隙配合、过盈配合、过渡配合（图 1-37）。

2. 配合的种类

（1）间隙配合　具有间隙（包括最小间隙等于零）的配合称为间隙配合。此时，孔的公差带在轴的公差带之上。由于孔、轴的实际尺寸允许在各自的公差带内变动，所以孔、轴配合的间隙也是变动的。当孔为上极限尺寸而轴为下极限尺寸时，装配后的孔、轴为最松的配合状态，称为最大间隙；当孔为下极限尺寸而轴为上极限尺寸时，装配后的孔、轴为最紧的配合状态，称为最小间隙（图 1-38）。

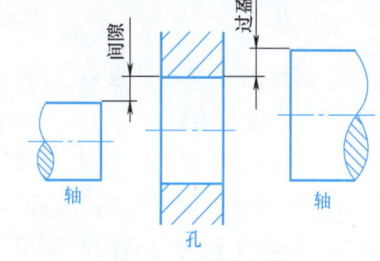

图 1-37　间隙与过盈

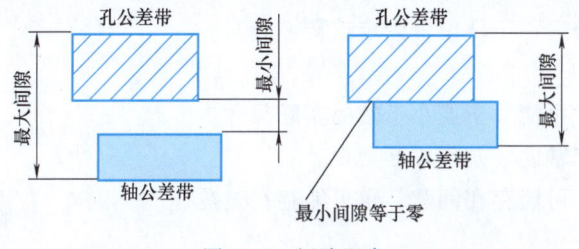

图 1-38　间隙配合

（2）过盈配合　具有过盈（包括最小过盈等于零）的配合称为过盈配合。此时，孔的公差带在轴的公差带之下。在过盈配合中，孔的上极限尺寸减轴的下极限尺寸所得的差值为最小过盈，是孔、轴配合的最松状态；孔的下极限尺寸减轴的上极限尺寸所得的差值为最大过盈，是孔、轴配合的最紧状态（图 1-39）。

（3）过渡配合　可能具有间隙或过盈的配合称为过渡配合。此时，孔的公差带与轴的公差带交叠，孔的上极限尺寸减轴的下极限尺寸所得的差值为最大间隙，是孔、轴配合的最松状态；孔的下极限尺寸减轴的上极限尺寸所得的差值为最大过盈，是孔、轴配合的最紧状态（图 1-40）。

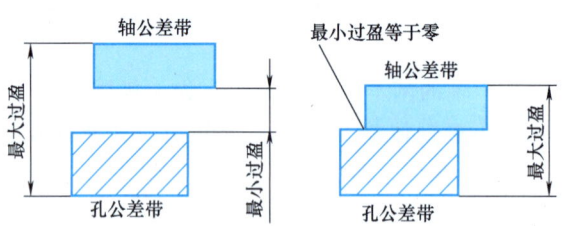

图 1-39　过盈配合

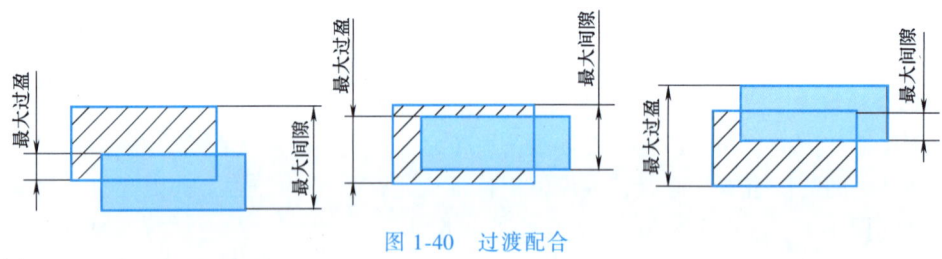

图 1-40　过渡配合

3．三种配合类别的区别

（1）间隙配合

1）孔的实际尺寸永远大于或等于轴的实际尺寸。

2）孔的公差带在轴的公差带的上方。

3）允许孔轴配合后能产生相对运动。

（2）过盈配合

1）孔的实际尺寸永远小于或等于轴的实际尺寸。

2）孔的公差带在轴的公差带的下方。

3）允许孔轴配合后，工件位置固定或传递载荷。

（3）过渡配合

1）孔的实际尺寸可能大于或小于轴的实际尺寸。

2）孔的公差带与轴的公差带相互交叠。

3）孔轴配合时，可能存在间隙，也可能存在过盈。

4．配合制

在制造相互配合的工件时，使其中一种工件作为基准件，其基本偏差固定，通过改变另一件的基本偏差来获得各种不同性质的配合制度称为配合制。根据实际生产的需要，国家标准规定了两种配合制（图 1-41）。

（1）基孔制　基本偏差为一定的孔的公差带，与不同基本偏差的轴的公差带形成各种配合的一种制度。基孔制的孔称为基准孔，其基本偏差代号为"H"，下极限偏差为零，即它的下极限尺寸等于公称尺寸。

（2）基轴制　基本偏差为一定的轴的公差带，与不同基本偏差的孔的公差带形成各种配合的一种制度。基轴制的轴称为基准轴，其基本偏差代号为"h"，上极限偏差为零，即它的上极限尺寸等于公称尺寸。

项目1 基础知识

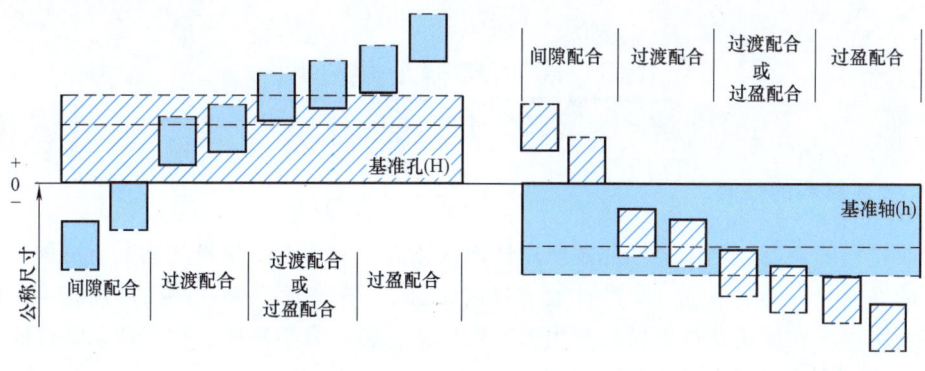

图 1-41 基孔制、基轴制的各种配合

分析图 1-36 和图 1-41 可知：基本偏差 a~h 的轴与 H 孔组成间隙配合，间隙从大变小至零；基本偏差 js、k、m、n 的轴与 H 孔组成过渡配合，间隙从大变小，过盈从小变大；基本偏差 p~zc 的轴与 H 孔组成过盈配合，过盈从（零）小变大；基本偏差 A~H 的孔与 h 轴组成间隙配合，间隙从大变小至零；基本偏差 JS、K、M、N 的孔与 h 轴组成过渡配合，间隙从大变小，过盈从小变大；基本偏差 P~ZC 的孔与 h 轴组成过盈配合，过盈从小变大。

5. 配合标准的选用

按配合一致性要求选用优先配合，在最后确定配合时，若无特殊需要和理由，可选取标准规定的优先配合（见表 1-5）。

当优先配合还不能满足使用要求时，则可按标准规定的标准公差与基本偏差组成孔和轴的公差带，从而组成所需要的各种配合。

表 1-5 优先配合选用表

优先配合		说　明	优先配合		说　明
基孔制	基轴制		基孔制	基轴制	
$\dfrac{H7}{k6}$	$\dfrac{K7}{h6}$	过渡配合，用于精密定位，相当于旧标准 D/g	$\dfrac{H11}{c11}$	$\dfrac{C11}{h11}$	间隙非常大，用于很松的、转动很慢的动配合；要求大公差与大间隙的外露组件；要求装配方便的很松的配合。相当于旧标准 D6/d6
$\dfrac{H7}{n6}$	$\dfrac{N7}{h6}$	过渡配合，允许有较大过盈的更精密定位，相当旧标准 D/ga	$\dfrac{H9}{d9}$	$\dfrac{D9}{h9}$	间隙很大的自由转动配合，用于精度非主要要求时，或有大的温度变动。高转速或大的轴颈压力时。相当于旧标准 D4/de4
$\dfrac{H7}{p6}$	$\dfrac{P7}{h6}$	过盈定位配合，即小过盈配合，用于定位精度特别重要时，能以最好的定位精度达到部件的刚性及对中的性能要求，而对内孔承受压力无特殊要求时，不依靠配合的紧固性传递摩擦负荷。H7/p6 相当于旧标准 D/ga~D/jf	$\dfrac{H8}{f7}$	$\dfrac{F8}{h7}$	间隙不大的转动配合，用于中等转速与中等轴颈压力的精确转动，也用于装配较易的中等定位配合。相当于旧标准 D/dc
			$\dfrac{H7}{g6}$	$\dfrac{G7}{h6}$	间隙很小的滑动配合，用于不希望自由转动，但可自由移动和滑动并精密定位时；也可用于要求明确的定位配合。相当于旧标准 D/db
$\dfrac{H7}{s6}$	$\dfrac{S7}{h6}$	中等压入配合，适用于一般钢件；或用于薄壁件的冷缩配合，用于铸铁件可得到最紧的配合，相当于旧标准 D/je	$\dfrac{H7}{h6}$ $\dfrac{H8}{h7}$ $\dfrac{H9}{h9}$ $\dfrac{H11}{h11}$	$\dfrac{H7}{h6}$ $\dfrac{H8}{h7}$ $\dfrac{H9}{h9}$ $\dfrac{H11}{h11}$	均为间隙定位配合，零件可自由装拆，而工作时一般相对静止不动。在最大实体条件下的间隙为零，在最小实体条件下的间隙由公差等级决定。H7/h6 相当于 D/d；H8/h7 相当于 D3/d3；H9/h9 相当于 D4/d4；H11/h11 相当于 D6/d6
$\dfrac{H7}{u6}$	$\dfrac{U7}{h6}$	压入配合，适用于可以受高压力的零件或不宜承受大压入力的冷缩配合			

1.3 金属材料与热处理

1.3.1 金属材料的性能

金属材料的性能包含工艺性能和使用性能两方面。工艺性能是指制造工艺过程中材料适应加工的性能，即铸造性能、可锻性能、焊接性能、切削加工性能和热处理性能等；使用性能是指金属材料在使用条件下所表现出来的性能，它包括力学性能、物理和化学性能等。

1. 金属材料的工艺性能

（1）铸造性能　金属材料通过铸造成形获得优良铸件的能力称为铸造性能，用流动性、收缩性和偏析来衡量。

1）流动性。熔融金属的流动能力称为流动性。流动性好的金属容易充满铸型，从而获得外形完整、尺寸精确、轮廓清晰的铸件。

2）收缩性。铸件在凝固和冷却过程中，其体积和尺寸减少的现象称为收缩。铸件收缩不仅影响尺寸，还会使铸件产生缩孔、疏松、内应力、变形和开裂等缺陷，故铸造用金属材料的断面收缩率越小越好。

3）偏析。金属凝固后，铸锭或铸件化学成分和组织的不均匀现象称为偏析。偏析大会使铸件各部分的力学性能有很大的差异，降低铸件的质量。

（2）可锻性能　金属材料用锻压加工方法成形的适应能力称为可锻性。可锻性能主要取决于金属材料的塑性和变形抗力。塑性越好，变形抗力越小，金属的可锻性能越好。

（3）焊接性能　金属材料对焊接加工的适应性称为焊接性。也就是在一定的焊接工艺条件下，获得优质焊接接头的难易程度。钢材的含碳量是决定焊接性好坏的主要因素。低碳钢和碳的质量分数低于 0.18% 的合金钢有较好的焊接性能。含碳量和合金元素含量越高，焊接性能越差。

（4）切削加工性能　切削加工性能一般用切削后的表面质量（以表面粗糙度高低衡量）和刀具寿命来表示。金属材料具有适当的硬度（170~230HBW）和足够的脆性时切削性良好。改变钢的化学成分（如加入少量铅、磷等元素）和进行适当的热处理（如低碳钢进行正火，高碳钢进行球化退火）可提高钢的切削加工性能。铜有良好的切削加工性能。

（5）热处理工艺性能　钢的热处理工艺性能主要考虑其淬透性，即钢接受淬火的能力。含 Mn、Cr、Ni 等合金元素的合金钢淬透性比较好，碳钢的淬透性较差。铝合金的热处理要求较高。只有几种铜合金可以用热处理强化。

2. 金属材料的力学性能

金属材料的力学性能，是指金属材料在外力（载荷）作用时（图 1-42）表现出来的性能，包括强度、塑性、硬度、韧度及疲劳强度等。

（1）强度　金属材料抵抗塑性变形或断裂的能力，材料的强度用拉伸试验测定。图 1-43 所示为圆形拉伸试样拉伸试验。

根据低碳钢应力-应变曲线图（图 1-44），金属材料的强度指标如下。

1）弹性极限（σ_e）表示材料保持弹性变形，不产生永久变形的最大应力，是弹性工件

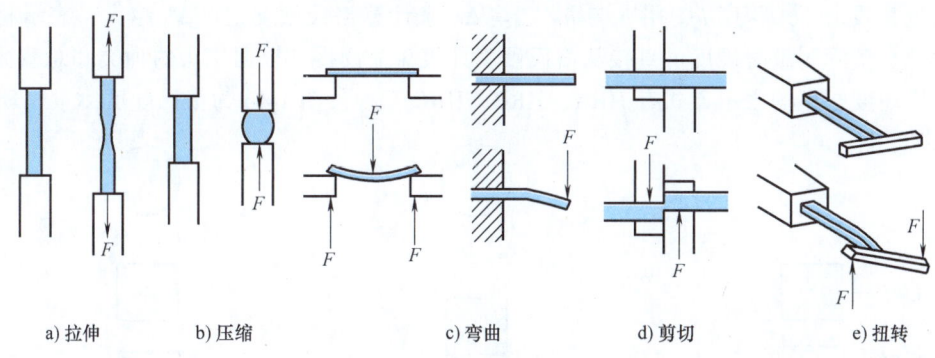

a) 拉伸　　　　b) 压缩　　　　c) 弯曲　　　　d) 剪切　　　　e) 扭转

图 1-42　载荷的形式

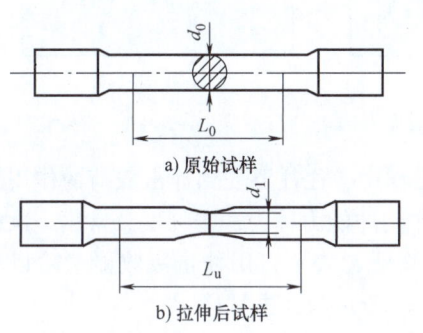

a) 原始试样

b) 拉伸后试样

图 1-43　圆形拉伸试样拉伸试验

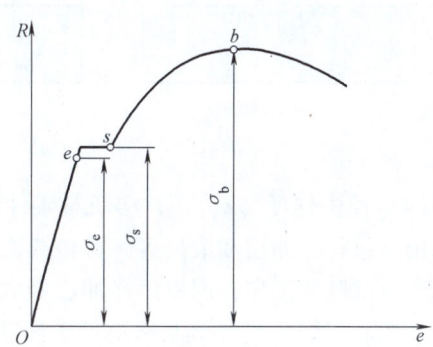

图 1-44　低碳钢应力-应变曲线图

的设计依据。

2）屈服强度（σ_s）表示金属开始发生明显塑性变形的抗力，铸铁等材料没有明显的屈服现象，则用条件屈服强度（$R_{p0.2}$）来表示：产生 0.2%残余应变时的应力值。

3）抗拉强度（R_m）表示金属受拉时所能承受的最大应力。

（2）塑性　断裂前材料产生永久变形的能力称为塑性，用断后伸长率和断面收缩率来表示。

1）断后伸长率（A）。在拉伸试验中，试样拉断后，标距的伸长与原始标距的百分比称为断后伸长率。

2）断面收缩率（Z）。试样拉断后，缩颈处截面积的最大缩减量与原横断面积的百分比称为断面收缩率。

（3）硬度　材料抵抗另一硬物体压入其内的能力叫作硬度，即受压时抵抗局部塑性变形的能力。

1）布氏硬度。一定直径的球体（硬质合金球）在一定载荷作用下压入试样表面，保持一定时间后卸除载荷，测量其压痕直径，并计算硬度值，用 HBW 来表示。图 1-45 为布氏硬度试验原理图。

2）洛氏硬度。将金刚石压头（或硬质合金球压头），在先后施加两个载荷（预载荷 F_0 和总载荷 F）的作用下压入金属表面。总载荷 F 为预载荷 F_0 和主载荷 F_1 之和。卸去主载荷 F_1

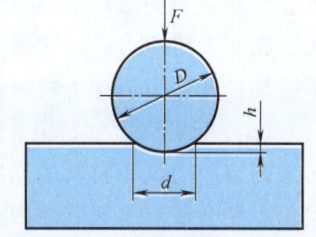

图 1-45　布氏硬度试验原理图

后，测量其残余压入深度 h，用 h 与 h_0 之差 Δh 来计算洛氏硬度值。Δh 越大，表示材料的硬度越低。实际测量时硬度可直接从洛氏硬度计表盘上读得。根据压头的种类和总载荷的大小，洛氏硬度常用的表示方式有 HRA、HRB、HRC 三种。图 1-46 为洛氏硬度测量原理图。

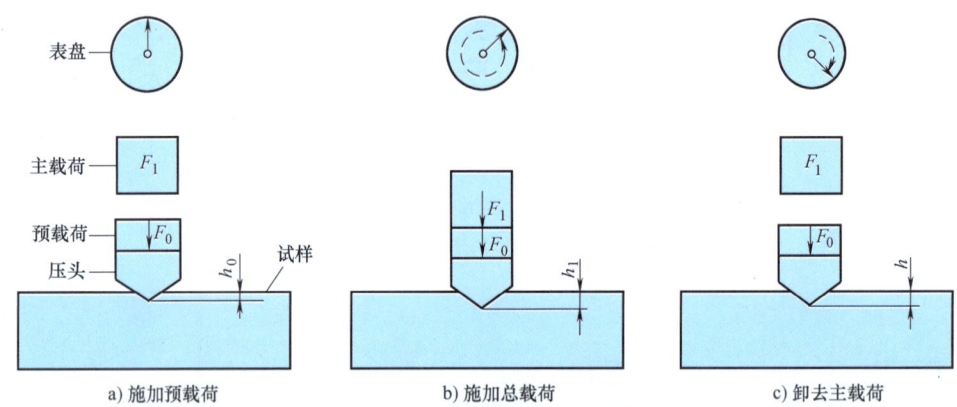

图 1-46　洛氏硬度测量原理图

（4）冲击韧度（α_k）　许多机械零件和工具在工作中，往往要受到冲击载荷的作用，如活塞销、锤杆、冲模和锻模等。材料抵抗冲击载荷作用的能力称为冲击韧度，常用一次摆锤冲击弯曲试验来测定，测得试样冲击吸收能量，用符号 K 表示，用冲击吸收能量除以试样缺口处截面积 S_0，即得到材料的冲击韧度 α_k。图 1-47 所示为冲击试样。

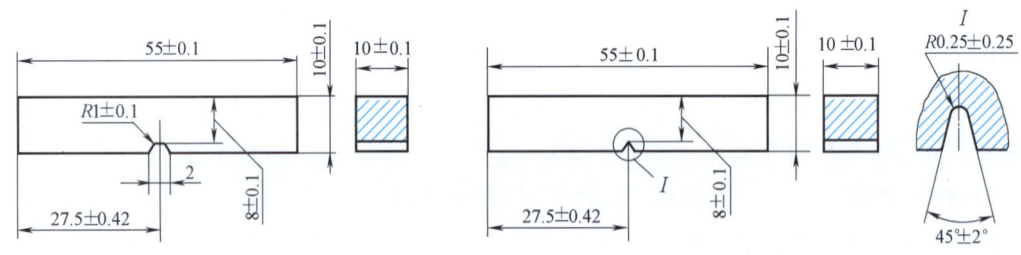

图 1-47　冲击试样

（5）疲劳强度　轴、齿轮、轴承、叶片、弹簧等零件，在工作过程中各点的应力随时间做周期性的变化，这种随时间做周期性变化的应力称为交变应力（也称循环应力）。在交变应力作用下，虽然零件所承受的应力低于材料的屈服强度，但经过较长时间的工作而产生裂纹或突然发生完全断裂的过程称为金属的疲劳。材料承受的交变应力（σ）与材料断裂前承受交变应力的循环次数（N）之间的关系可用疲劳曲线来表示。金属承受的交变应力越大，则断裂时应力循环次数 N 越小。当应力低于一定值时，试样可以经受无限周期循环而不破坏，此应力值称为材料的疲劳极限，用 σ_D 表示。

（6）断裂韧度　桥梁、船舶、大型轧辊、转子等有时会发生低应力脆断，这种断裂的名义断裂应力低于材料的屈服强度。尽管在设计时保证了足够的伸长率、韧性和屈服强度，但仍不免会破坏。究其原因是构件或工件内部存在着或大或小、或多或少的裂纹和类似裂纹的缺陷。裂纹在应力作用下会扩展，导致机件破断。材料抵抗裂纹扩展断裂的能力叫作断裂韧度。

3. 金属材料的理化性能

（1）金属的物理性能

1）密度。单位体积物质的质量称为该物质的密度。密度小于 $5×10^3 kg/m^3$ 的金属称为轻金属，如铝、镁、钛及它们的合金。密度大于 $5×10^3 kg/m^3$ 的金属称为重金属，如铁、铅、钨等。轻金属多用于航天航空器上。

2）熔点。金属从固态向液态转变时的温度称为熔点。纯金属都有固定的熔点。熔点高的金属称为难熔金属，如钨、钼、钒等，可以用来制造耐高温零件，如在火箭、导弹、燃气轮机和喷气飞机等方面得到广泛应用。熔点低的金属称为易熔金属，如锡、铅等，可用于制造熔丝和防火安全阀零件等。

3）导热性。导热性通常用热导率来衡量。热导率越大，导热性越好。金属的导热性以银为最好，铜、铝次之。合金的导热性比纯金属差。在热加工和热处理时，必须考虑金属材料的导热性，防止材料在加热或冷却过程中形成过大的内应力，以免零件变形或开裂。导热性好的金属散热性也好，在制造散热器、热交换器与活塞等零件时，要选用导热性好的金属材料。

4）导电性。传导电流的能力称导电性，用电阻率来衡量。电阻率越小，金属材料导电性越好，金属导电性以银为最好，铜、铝次之。合金的导电性比纯金属差。电阻率小的金属（纯铜、纯铝）适于制造导电元件和电线。电阻率大的金属或合金（如钨、钼、铁、铬、铝及其合金）适于制作电热元件。

5）热膨胀性。金属材料随着温度变化而膨胀、收缩的特性称为热膨胀性。由热胀系数大的材料制造的零件，在温度变化时，尺寸和形状变化较大。轴和轴瓦之间要根据其热胀系数来控制其间隙尺寸；在热加工和热处理时也要考虑材料热膨胀的影响，以减少零件的变形和开裂。

6）磁性。铁磁性材料在外磁场中能强烈地被磁化，如铁、钴等。顺磁性材料在外磁场中只能微弱地被磁化，如锰、铬等。抗磁性材料能抗拒或削弱外磁场对材料本身的磁化作用，如铜、锌等。

铁磁性材料可用于制造变压器、电动机、测量仪表等。抗磁性材料则用于要求避免电磁场干扰的工件和结构材料，如航海罗盘。

铁磁性材料的温度升高到一定数值时，磁畴被破坏，变为顺磁体，这个转变温度称为居里点，如铁的居里点是 770℃。

（2）金属的化学性能　主要指耐蚀性和抗氧化性。金属材料的耐蚀性和抗氧化性统称化学稳定性。在高温下的化学稳定性称为热稳定性。

1）耐蚀性。金属材料在常温下抵抗氧、水蒸气及其他化学介质腐蚀破坏作用的能力称为耐蚀性。碳钢、铸铁的耐蚀性较差；钛及其合金、不锈钢的耐蚀性好。铝合金和铜合金有较好的耐蚀性。

2）抗氧化性。金属材料在加热时抵抗氧化作用的能力称抗氧化性。加入 Cr、Si 等元素，可提高钢的抗氧化性，如 42Cr9Si2 可制造内燃机排气阀及加热炉炉底板、料盘等。

1.3.2　金属材料的热处理

热处理是通过金属材料在固态下的加热、保温和冷却，改变钢的内部组织，从而得到所需要性能的工艺方法。

热处理在机械制造中应用十分广泛,它不仅能提高材料的使用性能,以充分发挥其潜力,还能提高机械零件的寿命,并能提高产品质量,节约金属材料。此外,热处理还可用来改善零件的加工工艺性能,提高劳动生产率。

根据加热、保温和冷却的方式不同,热处理可分为退火、正火、淬火、回火及化学热处理等基本方法。热处理工艺过程中的加热、保温和冷却三个阶段,通常可用"温度-时间"坐标图形表示,称为热处理工艺曲线,如图 1-48 所示。由于加热温度、保温时间和冷却速度的不同,将使钢产生不同的组织转变。

1. 钢在加热时的组织转变

Fe-Fe$_3$C 相图(图 1-49)中的 PSK、GS、ES 线是钢在加热和冷却时相变的临界线。在热处理时,要经常使用这些特性线,并且把 PSK 线称为 A_1 线,GS 线称为 A_3 线,ES 线称为 A_{cm} 线。在实际生产中加热速度和冷却速度并不太缓慢,受"过热度"和"过冷度"的影响,加热时实际的相变临界线是 Ac_1、Ac_3 和 Ac_{cm},冷却时实际的相变临界线是 Ar_1、Ar_3 和 Ar_{cm}(图 1-50)。

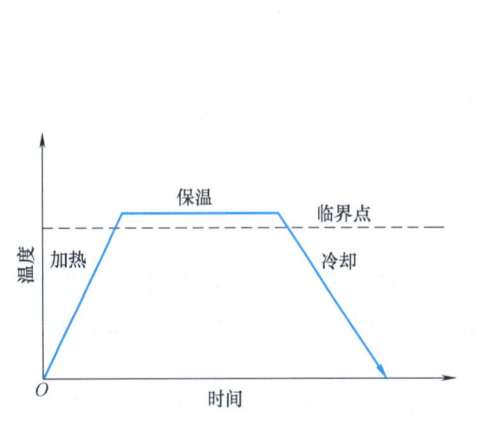

图 1-48 热处理工艺曲线

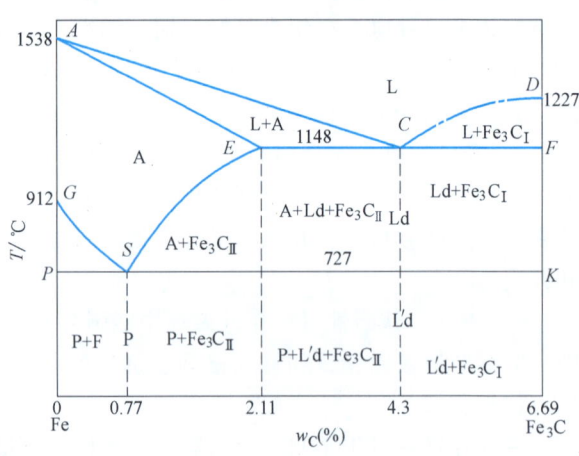

图 1-49 简化 Fe-Fe$_3$C 相图

从 Fe-Fe$_3$C 相图可知,共析在 A_1 以下的组织为珠光体,珠光体是由铁素体和渗碳体混合成的。加热至 Ac_1 或 Ac_1 以上时,珠光体向奥氏体转变。奥氏体形成过程如图 1-51 所示。

奥氏体晶核易于在铁素体和渗碳体的交界面上形成。奥氏体晶核形成后,它一面与含有极少量碳的铁素体相接,另一方面与碳的质量分数很高的渗碳体相接,奥氏体中的碳的质量分数是不均匀的。碳的扩散,促使铁素体向奥氏体转变以及渗碳体的溶解,这样促成奥氏体的长大。随着时间的增长,奥氏体晶核不断增多和逐渐长大,直至珠光体全部转变奥氏体。

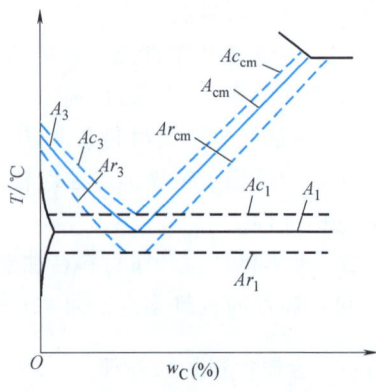

图 1-50 加热、冷却时钢的相变温度

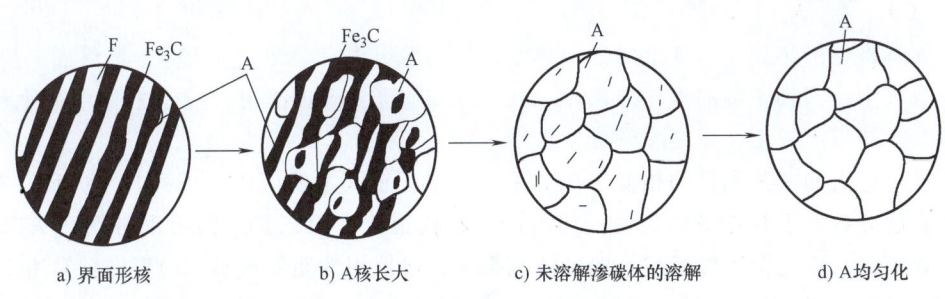

a) 界面形核　　b) A核长大　　c) 未溶解渗碳体的溶解　　d) A均匀化

图 1-51　共析钢的奥氏体形成过程

钢在加热后要有一定的保温时间，保温不仅是为了把工件热透，使其心部达到与表面同样的温度，还为了获得均匀一致的奥氏体组织，以便在冷却后得到良好的组织与性能。一般碳钢的保温时间比较短，合金钢的保温时间较长，其原因是合金元素充分溶解需要一定的时间。

冷却是钢热处理过程中，继加热、保温后的重要工序，它往往决定钢热处理后的组织和性能。

1) 冷却的目的。冷却是将加热到高温奥氏体状态的钢，冷却到低温，使钢中奥氏体发生转变的过程。冷却的目的是使奥氏体转变成人们预期的组织和性能，以满足加工和使用的要求。例如，工具钢退火时，需缓慢冷却，目的是降低硬度，便于切削加工。当加工成零件后淬火时，又需急剧冷却，目的是提高硬度和耐磨性，延长使用寿命。

2) 钢热处理的冷却方式。钢热处理的冷却方式有等温冷却和连续冷却两种。等温冷却是将钢加热到奥氏体状态后，以较快的速度冷却到727℃以下的某一温度，保持一段时间，促使奥氏体转变，然后再冷却到室温的冷却方式。连续冷却是将钢加热到奥氏体状态后，以一定的速度，连续地冷却到室温的冷却方式，其转变是在一个温度围内连续进行的。在生产中，因连续冷却方式比等温冷却方式操作简单，所以使用较广泛。

3) 在冷却时的转变。钢在冷却时所发生的转变以及转变后的组织和力学性能，主要取决于钢的冷却速度和转变温度。

2. 退火

退火是将钢加热到工艺预定的某一温度，经保温后缓慢冷却下来的热处理方法。常用的退火方法有完全退火、球化退火和去应力退火等。

(1) 完全退火　完全退火是指将钢完全奥氏体化，随之缓慢冷却，获得接近平衡组织的退火工艺。它主要用于亚共析钢件，目的是细化晶粒、改善组织和提高力学性能。例如，改善50钢毛坯的切削加工性能，以及消除内应力，选用完全退火较合适。

(2) 球化退火　球化退火是将钢加热到工艺预定的温度，经长时间保温，钢中片状渗碳体自发地转变为颗粒状（球状）渗碳体，然后以缓慢的速度冷却到室温的工艺方法。球化退火主要用于共析钢和过共析钢件，目的是降低硬度，改善切削加工性能，为淬火作好组织准备，防止淬火加热时产生变形和开裂。滚动轴承预备热处理也可采用球化退火。

(3) 去应力退火　去应力退火是将钢加热到600~650℃，保温一段时间，然后缓慢冷却到室温的工艺方法。它主要用于消除铸件、锻件、焊接结构的内应力，以稳定尺寸，减少变形。

3. 正火

正火是将钢加热到工艺规定的某一温度，使钢的组织完全转变奥氏体，经保温一段时间后，在空气中冷却到室温的工艺方法。正火的冷却速度比退火稍快，过冷度稍大。因此，正火后所获得的组织较细，强度、硬度较高。

正火与退火的工艺和目的相似，在实际生产中，正火主要应用于下列几个方面：第一，凡碳的质量分数低于0.45%的碳钢，都用正火替代退火；第二，过共析钢常用正火来消除网状渗碳体，给球化退火做组织上的准备；第三，对使用性能要求不高的零件，常用正火代替调质。

4. 淬火

淬火是将钢加热到临界温度 Ac_1 或 Ac_3 以上，保温一段时间，然后快速冷却下来的一种热处理方法。淬火的目的是提高钢的硬度和耐磨性，使结构工件获得良好的综合力学性能。

（1）淬火加热温度的选择　各种钢的淬火加热温度主要由其组织的类型及临界温度来确定。

亚共析钢的淬火加热温度一般为 $Ac_3+(30\sim50℃)$，淬火后的组织为均匀的马氏体。如果淬火加热温度不足（小于 Ac_3），则淬火后的组织中保留原始组织中的铁素体，造成淬火硬度不足；反之若加热温度过高，则又会使奥氏体的晶粒粗大。

过共析钢的淬火加热温度一般为 $Ac_1+(30\sim50℃)$，淬火后的组织为马氏体+渗碳体。由于渗碳体是硬度很高的小颗粒，它均匀分布在钢中，能进一步提高钢的硬度和耐磨性。如果过共析钢加热到 Ac_{cm} 以上，则得到单相奥氏体，淬火后只能得到单相马氏体组织，其硬度和耐磨性不如马氏体+渗碳体高。

（2）淬火加热的保温　淬火加热后保温的目的是热透工件，使组织转变一致，化学成分均匀。

（3）淬火冷却介质　淬火是使钢获得马氏体的过程，其冷却速度必须大于临界冷却速度。其方法一般是把工件放在淬火冷却介质中冷却。目前工厂中常用的淬火冷却介质有水、盐水和油类。

水是属于冷却能力较强的淬火冷却介质，适用于碳素结构钢、低合金工具钢和碳素工具钢的淬火。盐水和碱水是食盐和碱类的水溶液，其冷却能力比水更强，因此适用于低碳钢或中碳钢的淬火。油类属于冷却能力较弱的淬火冷却介质，适用于合金钢，以及小截面或形状复杂的碳钢工件的淬火。

（4）淬火方法及应用

1）单介质淬火，是指将钢件奥氏体化后，浸入一种淬火冷却介质中连续冷却至室温，如碳钢件在水中淬火，合金钢件在油中淬火等。单介质淬火操作简便，且容易产生淬火应力，引起变形甚至裂纹。

2）双介质淬火，是指将钢件奥氏体化后，先浸入一种冷却能力强的介质，在钢件还未到达该淬火冷却介质温度之前即取出，马上浸入另一种冷却能力弱的介质中冷却，如先水后油、先水后空气等。其适用于形状复杂钢件的淬火工艺。

3）马氏体分级淬火，是指将钢件奥氏体化后，随着浸入温度稍高或稍低于钢的上的液态介质（盐浴或碱浴）中，保持适当时间，待钢件的内外层都达到介质温度后取出空冷，以获得马氏体组织的淬火工艺。这种方法比双介质淬火容易控制，适用于尺寸较大、形状复杂钢件的淬火工艺。

4) 贝氏体等温淬火，是指将钢件加热到奥氏体化后，随之快冷到贝氏体转变温度区间（260~400℃）等温，使奥氏体转变为贝氏体的淬火工艺，有时也称等温淬火。等温淬火产生的淬火应力与变形极小，适于小型复杂钢件的淬火工艺。

5) 淬透性与淬硬性。淬透性是指钢淬火后所能获得淬硬层深度的能力。淬透性越好，淬硬层越深。淬透性是衡量钢材热处理工艺性能好坏的重要指标。淬硬性是指钢经过淬火后所能达到的最高硬度值。

5. 回火

钢件淬火后必须经过回火。回火就是将淬火钢重新加热到工艺预定的某一温度（低于临界温度），经保温后再冷却到室温的热处理工艺。淬火钢回火的目的在于消除淬火内应力，调整钢的力学性能，稳定钢件的组织和尺寸。根据零件的力学性能要求和回火温度不同，回火方法有以下三种：

(1) **低温回火** 低温回火的温度为 150~250℃，得到的组织为回火马氏体。目的是降低淬火钢的脆性及内应力，保持高硬度和高磨性。低温回火适用于量具、切削刀具、冲模等，以及滚动轴承和渗碳淬火零件。

(2) **中温回火** 中温回火的温度为 350~450℃，得到的组织为回火托氏体。这种组织不仅具有一定的韧性和硬度，而且具有高的弹性和屈服强度。中温回火常用于各种弹簧和锻模的回火。制作 T10A 钢刮刀，要求硬度为 60HRC，应采用淬火+中温回火方法。

(3) **高温回火** 高温回火的温度为 500~650℃，得到的组织为回火索氏体，它具有较高的强度和冲击韧度的力学性能。高温回火常用于传动件和重要的紧固件，如曲轴、连杆、气缸、螺栓等。在生产中常把淬火后进行高温回火的热处理，称为调质处理。

回火是热处理的最后一道工序，它直接影响成品的质量，因此回火温度必须严加控制。

6. 表面淬火

表面淬火是指使零件表面迅速加热到淬火温度，而不等热量传到中心就迅速冷却。表面淬火后，零件的表层获得硬而耐磨的马氏体组织，而心部仍保持原来的韧性较好的组织。为了使淬火零件的表面耐磨，钢中的碳的质量分数应大于 0.3%。表面淬火用钢一般是中碳钢或中碳合金钢。

加热工件的方法主要有感应加热和火焰加热两种。感应加热是利用感应线圈中的交变电磁场，使工件表面产生感应电流，依靠电热效应使表面金属温度迅速升高至淬火温度，然后进行喷水冷却。火焰加热是利用氧-乙炔焰直接加热零件，使其表面迅速升温至淬火温度，然后进行喷水冷却。表面淬火常应用于齿轮、曲轴轴颈、凸轮等工件的表面硬化处理。

7. 化学热处理

化学热处理是将工件置于化学介质中加热保温，使零件表面渗入某种元素以改变其化学成分组织和力学性能的热处理工艺。化学热处理包含分解（化学介质在一定温度下分解出活性原子）、吸收（活性原子被零件表面吸收并渗入零件表面）和扩散（渗入的活性原子由表及里地渗透形成扩散层）三个基本过程。最常用的化学热处理方法有渗碳和渗氮两种。

(1) **渗碳** 渗碳是使介质分解出的活性碳原子渗入零件表层，提高表层组织中的碳的质量分数，经淬火及低温回火使工件表层具有高的硬度和耐磨性，而心部仍保持原来的组织和性能的热处理工艺方法。

渗碳主要用于低碳钢和低碳合金钢，如使 20 钢齿轮的齿面获得高硬度和耐磨性，而齿根部和心部具有较好的韧性，采用渗碳表面热处理方法最合适。渗碳后零件表层碳的质量分数为 0.85%～1.05%，经淬火与低温回火后表面硬度为 56～64HRC，而心部仍保持良好的塑性、韧性。按所用的渗碳剂不同，渗碳的方法分为固体渗碳法和气体渗碳法等，目前生产中广泛应用的是气体渗碳法。

（2）渗氮　渗氮是使化学介质分解出的活性氮原子，渗入零件表层形成渗氮层的热处理工艺方法。渗氮后的零件表面生成的氮化物，由于结构致密，硬度高，所以能抵抗化学介质的侵蚀，并具有比渗碳更高的表面硬度、耐磨性、热硬性和疲劳强度，不再需要淬火强化。

目前，常用的渗氮方法是气体渗氮。气体渗氮用钢以中碳合金钢为主，使用最广泛的钢为 38CrMoAl。

1.4　液压气动知识

1.4.1　液压传动及液压元件

液压传动是靠封闭容器内的液体压力能，来进行能量转换、传递与控制的一种传动方式。

1. 液压传动的工作原理

液压千斤顶是一种常见的起重工具。它就是最简单的液压传动装置。图 1-52 为液压千斤顶的工作原理图。千斤顶的结构中有两只液压缸，其中小液压缸完成吸油压油动作，大液压缸则在液压油的压力作用下，把重物顶起。它的动作过程如下：当向上扳动手柄与小液压缸配合的小活塞就向上移动，活塞下腔密封容积增大形成局部真空，压力下降，产生抽吸作用。油就从油箱经吸油管进入右面单向阀（只准液压油单方向流动的阀），然后进入小液压缸下腔。当扳下手柄时，小活塞下移至其下腔密封容积减少，压力升高，就将吸入小液压缸下腔的油经左面单向阀 2 压入大液压缸下腔，此时右面单向阀关闭，就迫使大活塞向上顶起重物。这样不断地上下扳动手柄，就能将液压油间歇地压入大液压缸下腔，使重物缓慢地上升。左面单向阀 2 的存在，使进入大液压缸的液压油不可能倒流出来。而且由于液压油的不可压缩性，因此可以随时保持重物的上升位置。工作完毕，若要取出千斤顶，则可拧开放油塞，大液压缸的液压油就可经管道回到油箱，大活塞可以在外力和自重的作用下下移，脱离重物后即可取出千斤顶。

综上所述，小液压缸主要作用是不断地完成吸油和压油动作，将机械能转换成液压油压力能，实际上它是一个手动柱塞泵。而大液压缸的作用是将液压缸的压力能转换成顶起重物的机械能输出，相当于一个活塞缸。单向阀 1、2 和放油塞的作用是控制液压油的流动方向，不断地将液压油压入大液压缸，顶起重物。放油塞实际上是个回油阀，把回油阀旋转 90°，重物随大活塞下降。这就是液压千斤顶的工作过程。液压千斤顶之所以能顶起很重的物体是因为它在小活塞上作用很小的力，液压油能把力传递到大活塞上，大活塞受到很大的推举力，能把很重的物体顶起来。由此可见，液压传动系统的工作原理是以液压油作为工作介质，依靠密封容积的变化来传递运动，依靠液压油内部的压力来传递作用力。

2. 液压传动系统的组成

液压传动系统除了工作介质液压油外，主要由以下四个部分组成：

（1）动力元件 各种类型的液压泵（齿轮泵和叶片泵等）为液压传动系统的动力元件，它是将机械能转换成液压能的转换装置。

（2）执行元件 各种类型的液压缸（做直线运动）、液压马达（做旋转运动）为液压传动系统中的执行元件，它是将液压能转换成机械能的装置。

（3）控制调节元件 溢流阀、流量阀、换向阀等为液压传动系统的控制调节元件，它是控制液压系统的压力、流量、方向的装置。

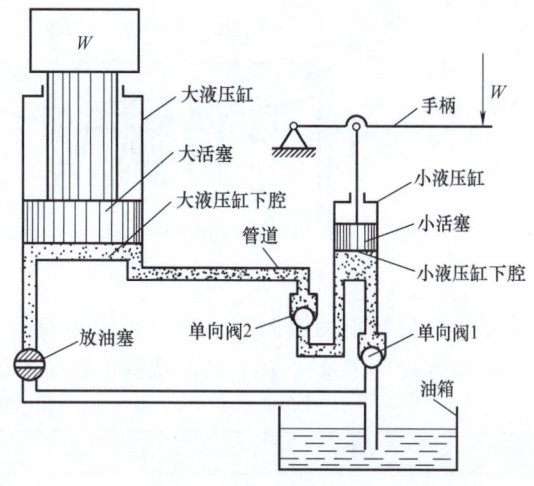

图 1-52 液压千斤顶的工作原理图

（4）辅助元件 油箱、过滤器、压力表、管道等，是组成液压系统必不可少的辅助元件。

3. 液压传动的优点

1）可进行无级调速，调速方便且调速范围大。
2）运动比较平稳，反应快，冲击小，能快速起动、制动和换向。
3）控制调节元件操作简便、省力，容易实现自动化。
4）能自动防止过载，实现安全保护；液压元件能够自行润滑，故使用寿命长。
5）在传递相同功率的情况下，液压传动装置的体积小，重量轻，结构紧凑。

4. 液压传动的缺点

1）由于液体容易泄漏，若空气侵入液压系统，不仅会造成运动部件的"爬行"，而且会引起冲击现象，因而对液压元件的制造精度要求较高。
2）由于液体容易泄漏，故难以保证严格的传动比。
3）在工作过程中能量损失较大，系统效率较低，故不宜做远距离传动。
4）对油温变化比较敏感，故不宜在很高和很低的温度下工作。
5）出现故障时，不易查找出原因。

5. 液压元件

（1）方向控制阀

1）单向阀。单向阀的工作原理如图 1-53 所示。单向阀是液体只能一个方向流动而不能反向流动的方向控制阀。液体从 P 口进入，克服弹簧力和摩擦力，使单向阀阀口开启，液体从 P 流至 A；当 P 口无压缩空气时，在弹簧力和 A 口液体余压力作用下，阀口处于关闭状态，使从 A 至 P 不通。单向阀应用于不允许液体反向流动的场合。

2）换向阀。换向阀借助于滑阀和阀体之间的相对运动，使与阀体相连的各油路实现液压油流的接通、切断和换向。换向阀的中位机能是指换向阀里的滑阀处在中间位置或原始位置时阀中各油口的连通形式，体现了换向阀的控制机能。采用不同形式的滑阀会直接影响执行元件的工作状况。因此，在进行工程机械液压系统设计时，必须根据该机械的工作特点选

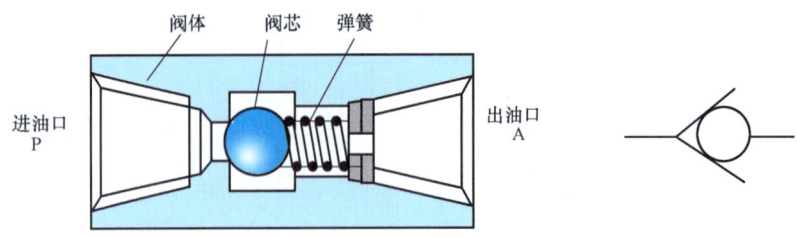

图 1-53　单向阀的工作原理

取合适的中位机能的换向阀。中位机能有 O 型、H 型、X 型、M 型、Y 型、P 型、J 型、C 型、K 型等多种形式（表 1-6）。按阀的位置和通位数见表 1-7。

表 1-6　换向阀的中位机能

型式	符号	中位通路状况、特点及应用
O 型		四口全封闭，液压泵不卸荷，液压缸闭锁，可用于多个换向阀的并联工作。液压缸充满油，从静止到起动平稳；制动时运动惯性引起液压冲击较大；换向位置精度高
H 型		四口全接通，泵卸荷，液压缸处于浮动状态，在外力作用下可移动。液压缸从静止到起动有冲击；制动比 O 型平稳；换向位置变动大
Y 型		P 口封闭，A、B、T 三口相通，泵不卸荷，液压缸浮动，在外力作用下可移动。液压缸从静止到起动有冲击；制动性能介于 O 型和 H 型之间
K 型		P、A、T 相通，B 口封闭，泵卸荷，液压缸处于闭锁状态，两个方向换向时性能不同
M 型		P、T 相通，A、B 口封闭，泵卸荷，液压缸闭锁，从静止到起动较平稳；制动性与 O 型相同；可用于泵卸荷液压缸锁紧的系统中
X 型		四口处于半开启状态，泵基本卸荷，但仍保持一定的压力。换向性能介于 O 型和 H 型之间
P 型		P、A、B 相通，T 封闭，泵与液压缸两腔相通，可组成差动连接。从静止到起动平稳；制动平稳；换向位置变动比 H 型的小，应用广泛

表 1-7　换向阀的位置和通位数

名称	结构原理图	图形符号
二位二通阀		
二位三通阀		

（续）

名称	结构原理图	图形符号
二位四通阀	A P B T	A B / P T
三位四通阀	A P B T	A B / P T
二位五通阀	T_1 A P B T_2	A B / T_1 P T_2
三位五通阀	T_1 A P B T_2	A B / T_1 P T_2

（2）压力控制阀

1）减压阀。减压阀是液压传动调节阀的一个必备配件，主要作用是将液体的压力减小并稳定到一个定值，以便于调节阀能够获得稳定的液压动力用于调节控制。压力为 P_1 的液体，由左端输入经进阀门节流后，压力降为 P_2 输出。P_2 的大小可由调压弹簧进行调节（图1-54）。

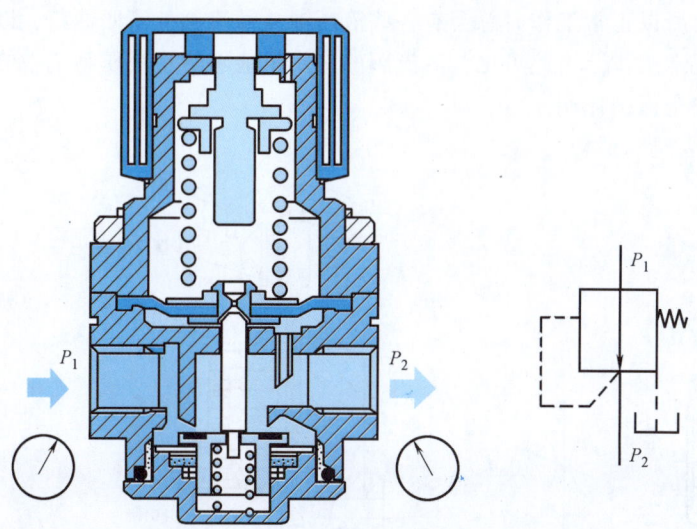

图 1-54 减压阀结构图及图形符号

2）顺序阀。顺序阀是依靠液压系统中压力的作用而控制执行元件按顺序动作的压力控制阀（图 1-55）。

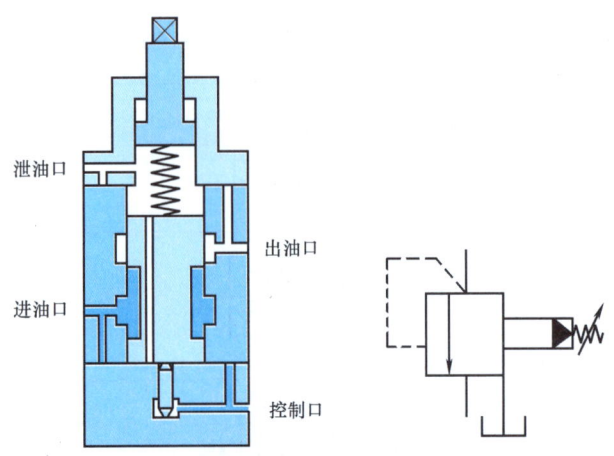

图 1-55　顺序阀结构图及图形符号

（3）流量控制阀　流量控制阀是在一定压力差下，依靠改变节流口液阻的大小来控制节流口的流量，从而调节执行元件（液压缸或液压马达）运动速度的阀类。

1）节流阀。节流阀的进出口压力差为定值时，改变节流口的开口量可以改变流过节流阀的流量（图 1-56）。

2）溢流阀（图 1-57）。溢流阀是利用弹簧的压力调节和控制液压油的压力大小。从图 1-57 中可以看到：当液压油的压力小于工作需要压力时，阀芯被弹簧压在液压油的流入口，当液压油的压力超过其工作允许压力即大于弹簧压力时，阀芯被液压油顶起，液压油流入，从图示方向右侧口流出，回到油箱。液压油的压力越大，阀芯被液压油顶起得越高，液压油经溢流阀流回油箱的流量越大，如果液压油的压力小于或等于弹簧压力，则阀芯落下，封住液压油进口。由于液压泵输出的液压油压力固定，而工作液压缸用液压油的压力总要比液压泵输出液压油压力小，所以正常工作时总会有一些液压油从溢流阀处流回油箱，以保持液压缸的工作压力平衡、正常工作。由此可见，溢流阀的作用是能够防止液压系统中的液压油压力超出额定负荷，起安全保护作用。

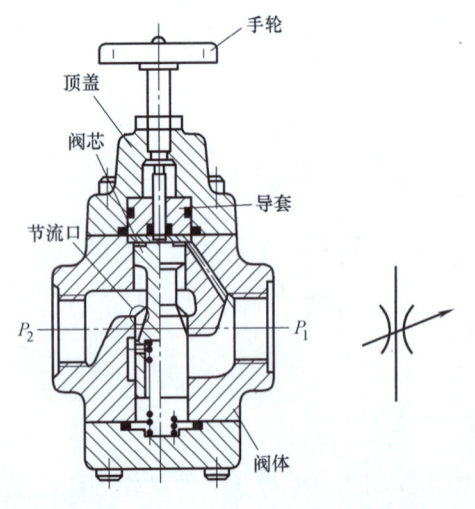

图 1-56　节流阀结构图及图形符号

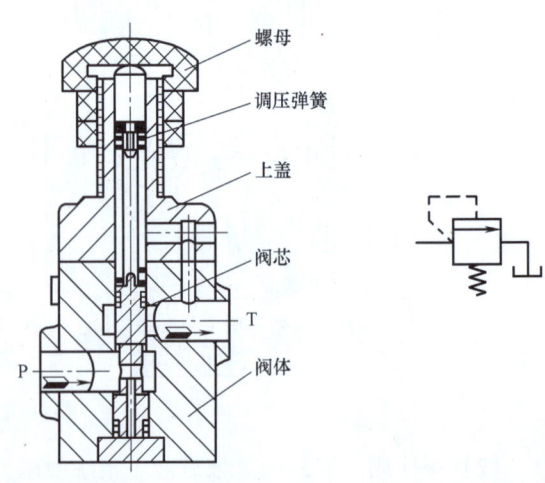

图 1-57　溢流阀结构图及图形符号

3）调速阀。调速阀是由一个定差减压阀和一个可调节流阀串联组合而成的。用定差减压阀来保证可调节流阀前后的压力差 ΔP 不受负载变化的影响，从而使通过节流阀的流量保持稳定（图1-58）。

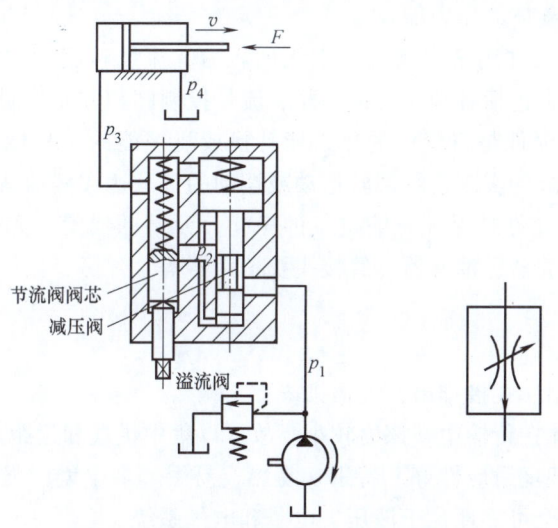

图1-58　调速阀结构图及图形符号

（4）液压缸　液压缸是液压系统中的能源转换装置，在现代机械设备中应用极为广泛。液压缸由缸筒、缸盖、活塞、活塞环等部分组成（图1-59）。

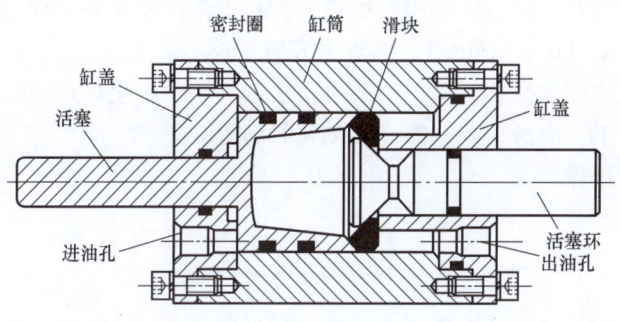

图1-59　液压缸结构图

液压油从左缸盖上的进油孔进入并作用在活塞左侧端面，推动活塞在轴向方向上向右运动，迫使滑块径向收缩，滑块对活塞杆产生向左的拉力，活塞杆带动与活塞杆相连接的夹具向左运动，从而实现锁紧装置的锁紧动作；当液压油右缸盖上的进油孔进入并作用在活塞右侧端面和活塞杆的左侧时，对活塞产生向左的压力，滑块径向膨胀，同时液压力向右推动活塞杆，活塞杆带动夹紧装置向右运动，实现锁紧装置的松开。

1.4.2　气压传动

1. 气压传动的基本原理

气压传动是利用空气压缩机把电动机或其他原动机械输出的机械能转换成空气的压力能，然后在控制元件的作用下通过执行元件把压力能转换为直线运动或回转运动形式的机械能，从而完成各种动作，并对外做功，是实现各种生产控制、自动控制的重要手段。

2. 气压传动系统的组成

气压传动系统一般由气源装置、控制元件、执行元件、辅助元件组成。

（1）气源装置　气源装置是获得压缩空气的装置。其主体部分是空气压缩机，它将原动机供给的机械能转变为气体的压力能。

（2）控制元件　控制元件用来控制压缩空气的压力、流量和流动方向，以便使执行机构完成预定的工作循环。它包括各种压力控制阀、流量控制阀和方向控制阀等。

（3）执行元件　执行元件是将气体的压力能转换成机械能的一种能量转换装置。它包括实现直线往复运动的气缸和实现连续回转运动或摆动的气马达或摆动马达等。

（4）辅助元件　辅助元件是保证压缩空气的净化、元件的润滑、元件的连接及消声等所必须的元件。它包括过滤器、油雾器、管接头及消声器等。

3. 气压传动的特点

（1）气压传动的优点

1）空气来源方便，用后直接排出，无污染。

2）空气黏度小，气体在传输中摩擦力较小，故可以集中供气和远距离输送。

3）气动系统对工作环境适应性好。特别在易燃、易爆、多尘埃、强磁、辐射、振动等恶劣工作环境工作时，安全可靠性优于液压、电子和电气系统。

4）气动动作迅速、反应快、调节方便，可利用气压信号实现自动控制。

5）气动元件结构简单、成本低且寿命长，易于标准化、系列化和通用化。

（2）气压传动的缺点

1）运动平稳性较差。因空气可压缩性较大，其工作速度受外负载变化影响大。

2）工作压力较低（0.3~1MPa），输出力或转矩较小。

3）空气净化处理较复杂。气源中的杂质及水蒸气必须净化处理。

4）因空气黏度小，润滑性差，需设置单独的润滑装置。

5）有较大的排气噪声。

1.5　工艺规程概述

1.5.1　工艺过程的概念

一台机器往往由几十个甚至几千个零件组成。每个零件必须通过一系列工作，包括产品设计、生产组织准备、技术准备、原材料和外购件的供应，以及毛坯制造、机械加工、热处理、装配、检验、试运行、油漆、包装等将原材料转变为产品的过程，称为生产过程。

在生产过程中，凡是改变生产对象的形状、尺寸、相对位置和性质等使其成为成品或半成品的过程称为工艺过程。工艺就是制造产品的方法，采用机械加工的方法，使其成为成品工件的过程称为机械加工工艺过程。

1.5.2　机械加工工艺过程

机械加工工艺过程是由按一定顺序安排的工序组成的。毛坯依次通过各道工序，逐渐加工成所需要的零件。

1. 工序

工序是指一个或一组工人在同一个工作地对同一个或同时对几个工件连续完成的那一部分工艺过程。划分工序的主要依据是工作地（或设备）是否变动和加工过程是否连续。例如，加工表 1-8 中的台阶轴，单件小批量生产及中批量生产时，其工艺方案和工序的划分是不相同的。

表 1-8 台阶轴的机械加工工艺过程

生产类型	工序号	工序内容	加工设备
单件小批量生产	1	车端面,钻中心孔,车各外圆,车槽及倒角	车床
	2	铣键槽,去毛刺	铣床
	3	磨两端轴颈外圆	磨床
中批量生产	1	铣端面,钻中心孔	专用机床
	2	车各外圆、车槽及倒角	车床
	3	铣键槽	铣床
	4	去毛刺	钳工台
	5	磨两端轴颈外圆	磨床

单件小批量生产只要 3 道工序，中批量生产要 5 道工序加工成工件，工序划分得多可以进行专用工序生产，采用专用机床生产可提高效率。

2. 安装与工位

（1）安装　工件经一次装夹后所完成的那一部分工序称为安装。在一道工序中可以有一次或几次安装，如表 1-8 中单件小批量生产的工序 1 和中批量生产的工序 2 都需要两次安装，中批量生产的工序 1 和工序 3 只需一次安装。同一工序中应尽可能减少工件的安装次数，因为安装次数越多，引起的误差越大，而且安装工件的辅助时间也越长。

（2）工位　为了完成一定的工序，一次装夹工件后，相对刀具或设备的固定部分，工件与夹具或设备的可动部分一起占据的每一个位置称为一个工位。一次安装中可以有一个或几个工位。如图 1-60 所示的齿轮泵体，工件装夹在夹具中，要车削 A、B 两孔，车削 A 孔时为一个工位，车削 B 孔时工件在夹具中移动一个中心距 L，并夹紧，这就是第二个工位。最常见的一个法兰工件装夹在分度头上钻六等分孔，钻好一个孔要分度一次钻第

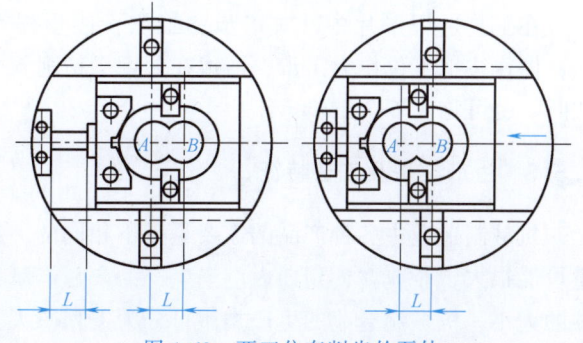

图 1-60　两工位车削齿轮泵体

二个孔，钻削该工件时就有六个工位。

3．工步与进给

（1）工步　在加工表面和加工工具不变的情况下，所连续完成的那一部分工序称为工步。图 1-61 所示套的车削工序 1 中包括下列 8 个工步。

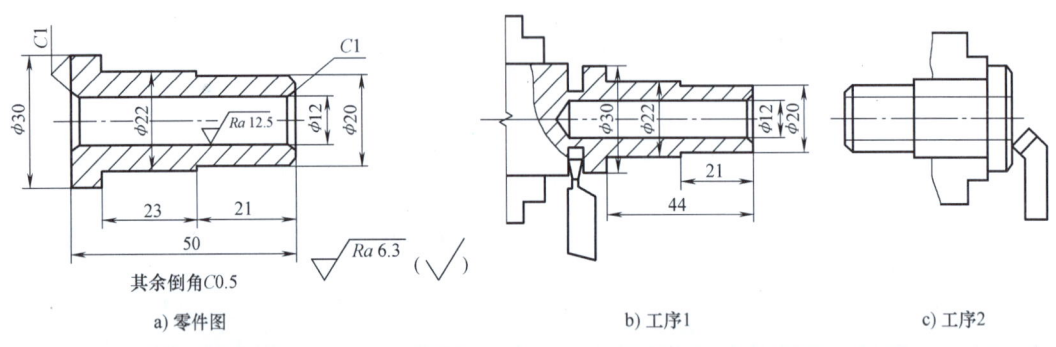

图 1-61　套的车削工序

1）车端面。

2）车 φ30mm 外圆。

3）车 φ22mm×44mm 外圆。

4）车 φ20mm×21mm 外圆。

5）钻 φ12mm×52mm 孔。

6）外圆倒角。

7）内孔 C1mm 倒角。

8）切断至 51mm。

为了提高生产率，采用多刀同时加工几个表面的工步称为复合工步，如图 1-62 所示在加工工艺上复合工步应视作一个工步。

（2）进给　在一个工步中若切除的金属层较厚，应分几次切削，每一次切削称为依次进给（走刀），在一个工步中包含一次或几次进给。

综上所述，工艺过程的组成：

1）工序→安装→工位→工步。

2）工序→安装→工步。

在工艺过程卡片中，对工步和工位一般不作严格区别，即往往把工位作为工步，前述在分度头钻削 6 个等分孔时，也可称为 6 个工步。

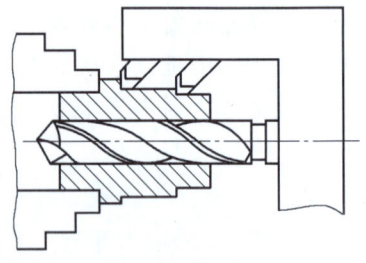

图 1-62　复合工步

1.5.3　生产类型及工艺特征

机械制造业中各种产品的需要量是不相同的。某些产品需要量很少，而另一些产品需要量可能很大，企业在计划期内应当生产的产品产量和进度计划，称为生产纲领。根据生产纲领的大小，机械制造业的生产类型可分为下列三大类：

1. 单件生产

生产的产品种类很多但数量不多，只制造一个或几个，制造完以后就不再制造，即使再制造也是不定期的，这种生产叫作单件生产。例如，大型设备的制造工具和机修车间生产及新产品试制，大都属于单件生产。单件生产时应尽量利用一切现有的通用设备和工具，但对工人的技术素质要求比较高。对某些复杂产品和技术要求项目多的工件，在工艺装备和专用夹具无配备的情况下，用标准夹具和通用刀具车削出合格的工件。

2. 成批量生产

工件的数量较多，成批量地进行加工，而且通常周期性地重复生产称为批量生产。根据批量的大小，成批量生产又可分为小批量、中批量和大批量生产。小批量生产在工艺方面接近单件生产，常把单件、小批量生产相提并论；中批量生产的工艺特点介于单件生产和大量生产之间；大批量生产的工艺特点接近大量生产，也将两者相提并论。

在成批量生产中，既采用通用机床和标准附件，也采用高效率的机床和专用工艺设备等。

3. 大量生产

在同一工作地长期地重复进行某一工件某一工序的加工，每一种产品的产量很大。在大量生产中广泛采用专用机床、自动机床、自动生产线及专用工艺装备。例如，生产汽车、拖拉机、自行车、缝纫机等都属于大量生产。

1.5.4 工序的集中与分散

安排工件表面加工顺序时，除了合理划分加工阶段外，还应正确确定工序数目和工序内容。所谓工序集中是在加工工件的每道工序中，尽可能地多加工几个表面。工序集中到最少时，是一个工件的全部加工在一个工序内完成。

1. 工序集中的原则

1）当工件的相对位置精度要求很高时，采用工序集中法容易保证。

2）在加工重型工件时，采用工序集中法可减少搬运和装卸工件的困难。用组合机床、多刀机床和自动机床等高生产率机床加工工件，一般都使用工序集中。

3）对于单件生产，也都采用工序集中。

在采用工序集中法加工时，考虑工件的刚性是否能承受多刀多刃的切削力，工件的加工位置是否相互干涉等，应做详细分析。工序分散法是使每个工序中所包含的工作量尽量减少。

2. 工序分散的原则

1）当工件的表面尺寸精度较高，表面粗糙度值要求小时，有必要将工序分开进行。

2）在大批量生产中，用通用机床（或单工序专用机床）和通用夹具加工时，一般都采用工序分散法。

3）在批量生产中，工件尺寸不大和类型不固定时，一般都采用工序分散法。

4）当工人的平均技术水平较低时，宜采用工序分散法。

在卧式车床上用工序集中法车削工件，由于经常调换车刀，改变切削用量，不能采用定位加工，增加了试切次数和测量次数，尺寸控制较难，对提高生产率不利。

用工序分散法车削工件，增加装夹次数，容易引起装夹定位误差和增加装夹辅助时间。

由于工序分散车削,减少了试切削和测量次数,可以定位车削,尺寸容易控制。综上所述工序集中与分散各有优缺点,必须根据工件的批量、加工要求和工厂的具体条件来确定工序的集中与分散的程度。

1.5.5 机械加工工艺规程

1. 工艺规程的内容

机械加工工艺规程是规定产品或零部件制造工艺过程和操作方法的工艺文件。它是在总结生产实践经验的基础上,在科学理论指导下经过必要的工艺试验制订的,用以指导工人操作,便于组织生产和实施工艺管理。工艺规程一般包括下列内容:毛坯类型和材料牌号,工件加工工艺路线,各个工序的加工内容和要求,采用的加工设备和工艺装备,工件质量的检验项目和方法,切削用量和时间定额,工人技术等级等。

2. 工艺文件

在生产中使用的工艺文件种类很多,格式还没有统一标准。目前工厂中常用的主要有以下几种:

(1)工艺过程卡 工艺过程卡上列出了这个工件所需要经过的各个工种,即在加工过程中的工艺路线(表1-9)。

(2)工艺卡 工艺卡是以工序为单位说明一个工件的全部加工过程。它是工艺装备工作和施工的重要文件。

(3)工序卡 工序卡是具体指导工人生产的。它是根据工艺卡为每个工序编制的。

(4)技术检查卡 这种检查卡是技术检验人员的重要文件。卡片中列出该工件的检查项目 允许的偏差,检验方法和使用工具、量具等。

表 1-9 工艺过程卡

×××××厂		工艺过程卡片			产品型号		零件名称		零件号	
材料		毛坯	毛坯外形		毛坯数量		生产类型		每产品工件数	
					设备		专用工具		标准工具	
单位名称	工序号	工序名称	工序卡	指导书	型号	名称	资产号	编号	名称	规格	名称
标记	日期	签字	标记	日期	签字	标记	日期	签字	增/调	日期	验证情况
拟订			校对			审核			批准		
							单位会签				

1.5.6 工艺路线的拟订

1. 机械加工工序的安排

安排工件表面加工顺序时,通常应遵循以下几个原则:

（1）先主后次　根据工件的功用（查装配图）和技术要求，分清工件主次表面。主要表面是指装配基面、重要工件表面和精度要求较高的表面等；次要表面是指光孔、螺纹孔、未标注公差表面及其他非工作表面等。确保主要表面最终加工。

（2）先基面后其他　根据工件外形特点、技术要求、位置精度要求等，确立该工件的基准应先加工出选定的后续工序精基准，如外圆、内孔、中心孔、面等。在加工轴类工件时应先钻中心孔，加工套类工件时应先加工外圆与端面。

（3）先粗后精　在加工工件时一般先粗加工，后进行半精加工和精加工。

（4）先面后孔　为了保证加工孔的稳定可靠性，应先加工孔的端面，后加工孔。

2．热处理工序的安排

工件的热处理工序主要用来改变材料的力学性能和消除内应力，根据不同的热处理目的，一般可分为预备热处理和最终热处理。

（1）预备热处理　预备热处理包括退火、正火、调质和时效。

1）退火和正火。其目的是改善切削性能，消除毛坯制造时的内应力，细化晶粒，均匀组织，为以后热处理作准备。例如碳的质量分数大于0.7%的碳素钢和合金钢，为降低硬度便于切削加工采用退火处理，碳的质量分数低于0.3%的低碳钢和低合金钢，为避免硬度过低切削时粘刀，而采用正火处理以适当提高硬度。退火、正火一般用于锻件、铸件和焊接件。退火和正火安排在毛坯制造之后，粗加工之前进行。

2）调质。其目的是提高材料综合力学性能，为以后热处理作准备，用于各种中碳结构钢和中碳合金钢。调质安排在粗加工之后，半精加工之前，如工件要求不高，可直接安排在粗加工之前。

3）低温时效（烘）。其用于各种精密工件消除切削加工应力，保持尺寸的稳定性。一般安排在半精加工以后，或粗磨、半精磨以后，特别重要的高精度工件一般都经过几次时效处理，对较大型的重要铸件，如车床的主轴箱、进给箱、溜板箱、床鞍、滑板、尾座在加工前都需经过时效处理。

（2）最终热处理　最终热处理包括淬火、渗碳淬火和渗氮处理等。

1）淬火。目的是提高材料的硬度、强度和耐磨性。淬火用于中碳结构钢和工具钢。当工件淬火后，表面硬度高，除磨削外，一般不能进行切削加工，因此淬火一般安排在半精加工之后，磨削加工之前。

2）渗碳淬火。低碳钢（如15钢、15Cr钢、20钢、20Cr钢等）经渗碳后，碳的质量分数达到0.85%～1.10%，经淬火、回火处理后，使钢件表面层具有高硬度（≥59HRC），以增加工件耐磨性及抗疲劳强度，而心部仍保持足够的塑性和韧性。渗碳还可以解决工件上部分表面不淬硬的工艺问题。渗碳层深度一般为0.5～2mm。

3）渗氮。渗氮处理是通过氮原子的渗入，使表面层获得含氮化合物，从而达到提高工件表面硬度（≥850HV）、耐磨性、抗疲劳和耐蚀性的目的。由于渗氮温度低，工件变形小，渗氮层较薄，一般安排在精磨之前。为减少渗氮时变形，渗氮前常安排一道时效处理消除应力。常用的钢材为38CrMoAl和35CrMoV渗氮钢。除了工件加工工序、热处理工序安排外，还有辅助工序的安排，如工件检验、去毛刺、清洗和涂防锈油等。

3．加工工艺路线的确定

现将常见的典型工件的工艺路线介绍如下：

一般主轴的加工工艺路线：下料→锻造→退火（正火）→粗加工→调质→半精加工→淬火→粗磨→时效→精磨。

具有花键孔的双联（或多联）齿轮的加工工艺路线：下料→锻造→粗车→调质→半精车→拉花键孔→套花键心轴精车→插齿（或滚齿）→齿部倒角→齿部淬硬→珩齿或磨齿。

渗碳件的加工工艺路线：下料→锻造→正火→粗加工→半精加工→渗碳→退碳加工（去除不要硬度的表面）→淬火→车螺纹、钻孔或铣槽→粗磨→时效→半精磨→时效→精磨。

以上介绍三种工件根据类型和功用需要锻造，如果某工件不必锻造，那就下料后进入粗车或下料后调质粗车。

4．工序余量的确定

工件相邻两工序尺寸之差，称为工序余量（加工余量）。例如：选择毛坯时表面应留的加工余量称为毛坯工序余量。车工车削磨外圆或内孔所留的余量，称为磨削工序余量。工序余量要考虑加工误差、热处理后的变形、定位基准误差、切痕和缺陷等。工序余量的确定是机械加工中很重要的问题，工序余量过大，会增加下一道工序的工作量，降低生产效率和工件质量。如果淬火工件磨削余量留得太多，磨削时容易使工件退火，并增加了磨工的劳动强度。工序余量留得太少，无法把上道工序的痕迹切除，造成工件报废。因此，在制订工艺卡时必须确定适当的加工余量。

1.6　工件定位基准及夹紧

1.6.1　基准种类及选择原则

1．基准种类

在零件图上，在工艺文件或实际零件上，必须根据一些指定的点、线、面来确定另一些点、线、面，这些作为根据的点、线、面就称为基准。根据基准不同的作用，可分为设计基准和工艺基准两大类。

（1）设计基准　设计图样上所采用的基准称为设计基准。图1-63所示的机床主轴，各级外圆的设计基准为轴的轴线。长度尺寸的以端面 B 为依据，因此轴向设计基准是端面 B。又如图1-64所示的轴承座 $\phi 40H7$ 中心高的设计基准为底平面 A。

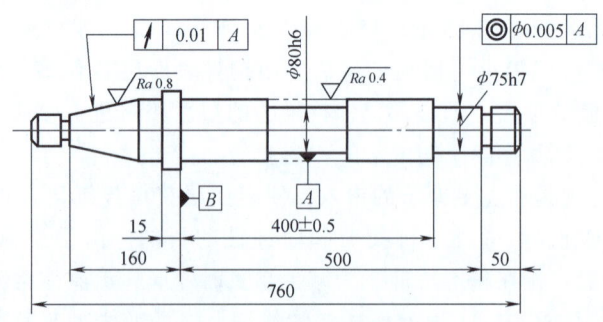

图1-63　主轴的设计基准

（2）工艺基准　在机械制造中加工工件和装配机器所采用的各种基准总称为工艺基准。按其功用的不同可分为定位基准、测量基准及装配基准三种。

1) 定位基准。工件在机床上或夹具中定位时，用以确定加工表面与刀具相互关系的基准，即在加工中用作定位的基准称为定位基准。图 1-63 所示的主轴，用两顶尖装夹车削和磨削时，其定位基准就是两端中心孔。图 1-64 所示的轴承座，车削 ϕ40H7 孔时以底面作定位的，底面 A 即为定位基准。

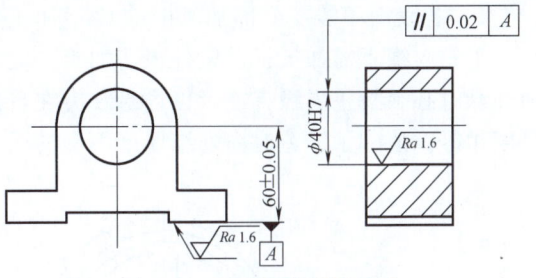

图 1-64　轴承座的设计基准

2) 测量基准。用以测量工件各表面的相互位置、形状和尺寸的基准即测量时所采用的基准，称为测量基准。如检验图 1-63 主轴圆锥面对 A 的斜向圆跳动时，可把 ϕ80h6 外圆安放在 V 形架中，并在轴向定位，用百分表测量圆锥面的斜向圆跳动 ϕ80h6 外圆就是测量基准。当然也可以用两顶尖顶住主轴，检验圆锥面的斜向圆跳动和检验 ϕ80h6 的径向圆跳动，那么两中心孔即是设计基准又是测量基准和定位基准，这就叫基准重合。

例如，检验图 1-64 所示轴承座 ϕ40H7 孔时对底平面 A 的平行度公差 0.02mm 要求时，可根据图 1-65 所示的检验方法，用百分表检验 ϕ40H7 孔中心轴两端与底面 A 的平行度误差，轴承座的底平面就是测量基准。

3) 装配基准。装配时用来确定工件或部件在产品中的相对位置所采用的基准称为装配基准。图 1-66 所示的装配图中 ϕ16H7 为径向装配基准。端面 B 为轴向装配基准。

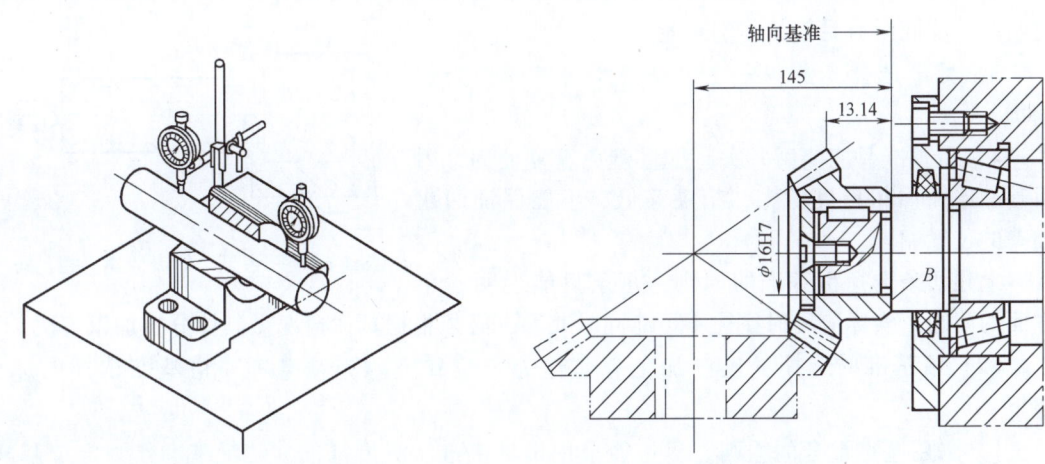

图 1-65　测量轴承座的平行度误差　　　　图 1-66　锥齿轮装配图

作为工艺基准的点、线、面，在工件上不一定存在，而常用某些具体的表面体现出来，这些表面就称为基面。例如图 1-63 所示主轴径向尺寸的设计基准是轴线，但轴线实际并不存在，而是以两端中心孔体现出来的，所以中心孔是车削时的定位基准，测量各外圆表面同轴度时为测量基准。同样，齿轮内孔的轴线是由孔体现出的。

在制订工件的机械加工工艺过程时，定位基准的选择问题实际就是定位面的选择问题。

2. 定位基准的选择原则

（1）粗基准的选择　以毛坯上未经加工过的表面做基准，这种定位基准称为粗基准。粗基准的选择原则如下：

1）各表面不需要全部加工时应以不加工的面做粗基准。例如，车削图 1-67 所示的手轮，手轮内缘不需加工，手轮外缘需加工，应使外缘加工后与内缘保持厚度相等。因此，车削外缘时必须找正内缘，或者以内缘装夹在自定心卡盘上。这样车削出来的手轮保持内外缘厚度相等，消除了铸造时内外缘厚度不等的误差。

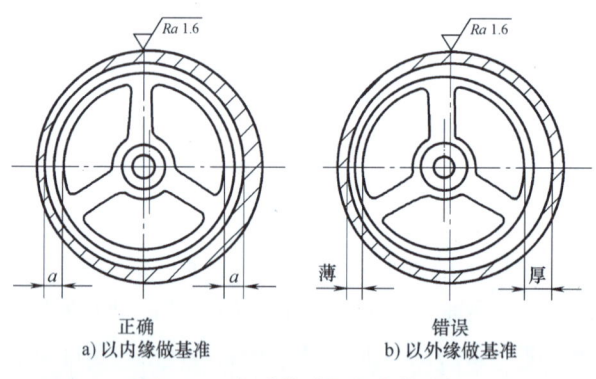

图 1-67 车手轮时粗基准的选择

2）所有表面都要加工的工件，应以加工余量较小的表面作为基准。例如，车削图 1-68 所示的锻件，两外圆（A、B）轴线不在同一位置上，B 段为粗基准，那么必须找正 A 段。用找正法定位。如果 A、B 两段加工余量差不多，选择哪一段外圆作为粗基准都存在加工余量不足的问题。可采取两者互借加工余量，在找正 A 段外圆定位时要考虑 B 段的加工余量，使两段外圆同时有足够的车削余量。

3）尽量选择光洁、平整和幅度大的表面作为粗基准。

4）粗基准只能使用一次，尽量避免重复使用。因粗基准的表面粗糙度值大，精度又低，不能保证两次装夹的位置相同。

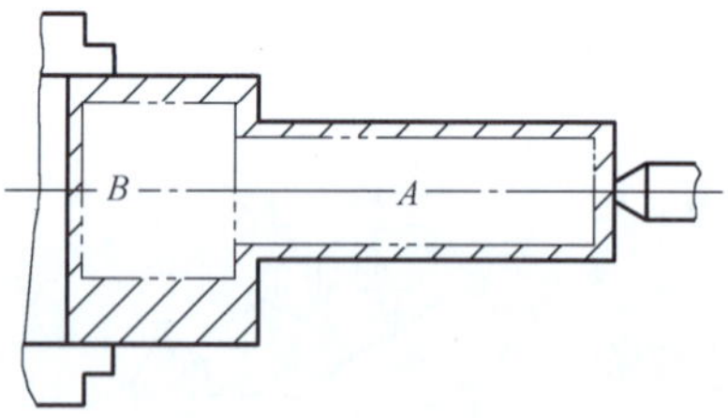

图 1-68 以余量小的表面作为粗基准

上述四条选择粗基准的原则，每条只能说明一个方面的问题，实际应用时往往不可能同时兼顾，必须根据具体情况做具体分析加以解决。

（2）精基准的选择 以已加工表面作为定位基准称为精基准。精基准选择的原则如下：

1）采用基准重合的原则。尽可能采用设计基准、测量基准、装配基准作为定位基准。如图 1-69 所示，工件 A、B 面有平行度要求，工件套在心轴上车削 B 面时，轴向定位基准应

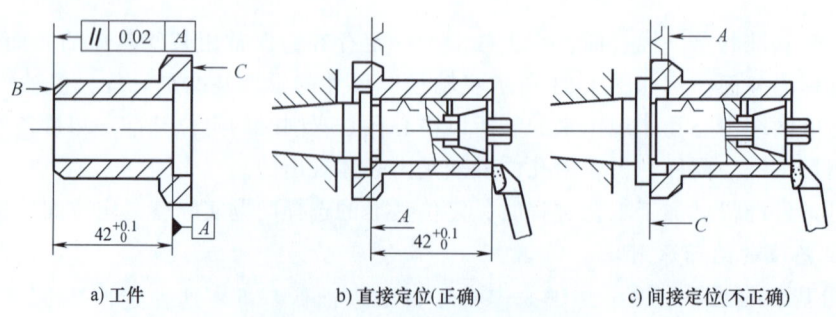

图 1-69 定位基准与测量基准

选择测量基准 A 面,这样可以避免因定位基准和测量基准不重合引起的误差。

如图 1-70 所示,四种工件在装配时都是以内孔为基准进行装配的,所以在车削这种工件外圆和台阶面时,应以工件内孔作为定位基准,使定位基准与装配基准重合,提高装配精度。

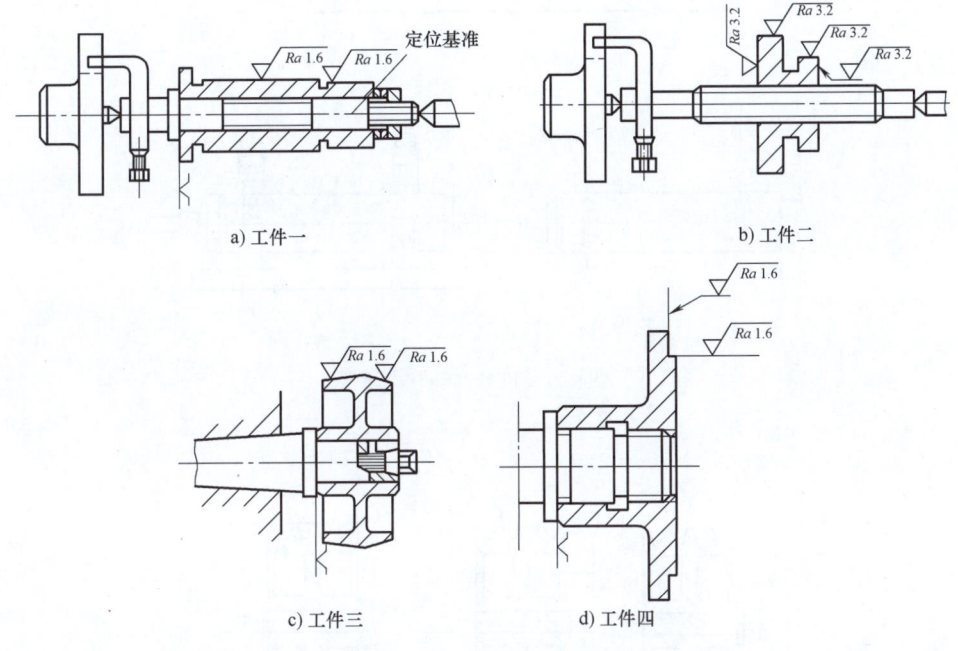

图 1-70　定位基准与装配基准

2) **采用基准统一原则**。例如轴类工件在车、铣、磨等工序中,中心孔始终作为精基准,这样基准统一后,可减少定位误差,提高加工精度。另外,利用同一个基准定位加工,有利于保证其位置精度,在采用夹具装夹时可以简化夹具的设计和制造。

3) **选择精度较高,装夹稳定可靠的表面作为精基准**。如图 1-71 所示工件长度较长,形状简单,而两端需要加工的内孔长度较短,形状复杂,所以在车削、磨削两端内孔时,应以外圆为精基准。又如车图 1-72 所示较大 V 带轮时,不能以内孔做定位基准,由于带轮孔径小,外径大,在车削 V 形槽时切削力和力矩都很大,以内孔定位心轴刚度不够会引起振动(图 1-72a)而使切削用量无法提高。因此,车削直径较大的 V 形槽带轮时,可先将带轮一侧的凹槽孔粗、精车一刀,然后用软卡爪支承孔,使内孔和各条 V 形槽在一次装夹中车出(图 1-72b)。或先把外圆、端面及 V 形槽车好以后,装夹在软卡爪中,以外圆、端面为基准精加工内孔(图 1-72c)。

1.6.2　定位原理

任何一个工件在空间的位置,都可以沿三个坐标轴 x、y、z 移动(符号为 $\vec{x}$、$\vec{y}$、$\vec{z}$)和绕这三个坐标轴转动(符号为 $\hat{x}$、$\hat{y}$、$\hat{z}$),如图 1-73 所示。工件在每一个方向移动或转动的可能性,就是工件的一个自由度。因此,工件在空间具有六个自由度。

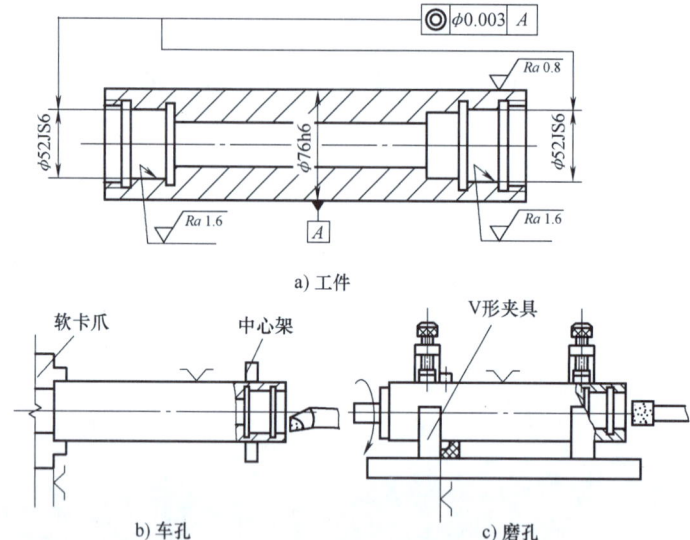

图 1-71 以外圆为精基准

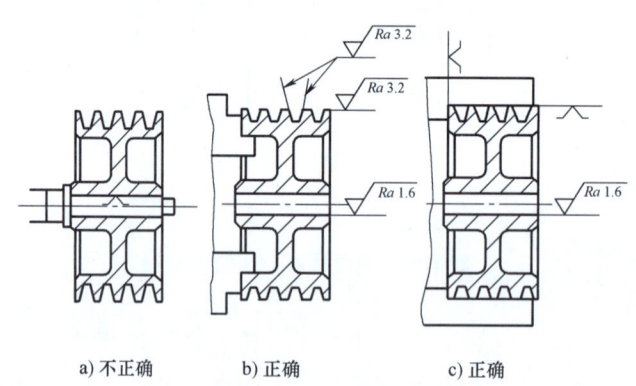

图 1-72 带轮的精基准选择

为了使工件在夹具中有一个确定的位置，就需将它的六个自由度全部加以限制。在夹具中用适当分布的六个支承点来限制工件的六个自由度，这就是工件定位的六点原则。

六个支承点的分布规律如图 1-74 所示。水平面（xoz）分布三个支承点，限制了工件绕 x、z 轴的转动和沿 y 轴的上下移动三个自由度，称为主要定位面（定位面是指夹具上和工件定位基准相接触的表面）。把这三个支承点连接起来的三角形越大，工件就放得越稳，也就越容易保证工件表面间的相互位置精度，所以一般选取工件上最大表面作为主要定位面侧垂直面（yoz）分布两个支承点，限制了工件沿 x 轴的左右移动和绕 y 轴的转动两个自由度，称为导向定位面。这两个支承点的距离越远，工件在导向定位面上的位置就越准确可靠。因此，应选取工件上比较长的表面作为导向定位面。正垂直面（xoy）分布一个支承点，限制了工件沿 z 轴前后移动一个自由度，称为

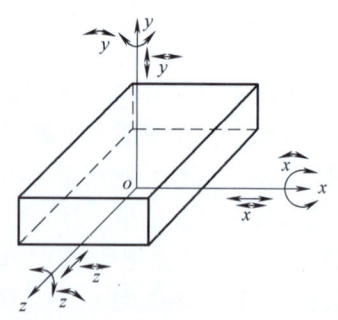

图 1-73 工件的六个自由度

止推定位面。一般应选取工件尺寸较小的表面作为止推定位面。

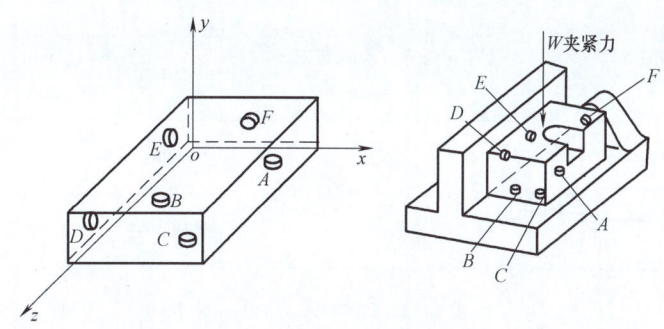

图 1-74 工件的六个支承点的分布

按照上述方法在夹具上布置六个支承点，每个支承点相应地限制一个自由度。这时工件的六个自由度完全被限制了，因此工件在夹具中的位置是唯一的，即处于完全确定的位置，这种定位称为完全定位。

工件加工时，在有些工序中有时并不要求工件完全定位，而只要求部分定位，即限制部分自由度就能满足工件的加工要求，这种定位称为不完全定位。加工如图 1-75 所示轴承内孔时，工件底面与角铁平面接触，相当于三个支承点（三点决定一平面，所以一个平面相当于三个支承点），限制三个自由度。工件侧面与定位板接触，相当于两个支承点（两点决定一直线所以一窄长平面相当于两个支承点），限制两个自由度，一共限制了五个自由度，剩下的沿车床主轴轴线方向移动。这时对加工没有影响，工件安装得靠外一点，床鞍的位置就靠外一点，工件安装得靠里一点，床鞍也就靠里一点，因此工件沿主轴轴线方向移动的自由度可以不必限制。这时工件只由五点定位即能满足工件加工要求。由此可见，只要能满足工件加工要求，工件可以用三点、四点或五点定位，不一定要六点定位。

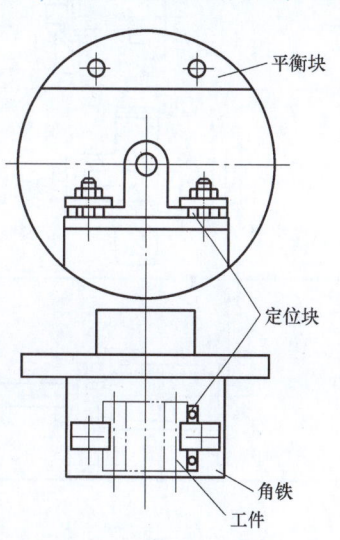

图 1-75 加工轴承座的夹具

若夹具上支承点少于应该限制工件的自由度数，则某些应该限制的自由度没有被限制，工件定位不足，这种定位称为欠定位。欠定位不能保证加工要求，因此是不允许的。

若夹具上支承点多于应该限制工件的自由度数，因而有些定位点重复限制同一个自由度，这种定位称为过定位。过定位时，多余的支承点会给正常的定位带来不利，因此在一般情况下应尽量避免。

六点定位原则对分析任何工件的定位情况都适用，但必须注意工件定位基准的形状不同，六个支承点的分布也不同，因此在夹具中，限制工件自由度的元件不一定是支承点，可以采用支承板、V 形块、定位销、定位套等表面。车床上常用安装方法限制自由度的情况见表 1-10。

表 1-10　车床上常用安装方法限制自由度的情况

工件安装图	装夹方法	定位件名称	限制自由度的数目	限制自由度情况 移动	限制自由度情况 转动
	两顶尖	车头顶尖	3	x、y、z	y、z
		尾座顶尖	2		
	一夹一顶	卡盘	4	y、z x	y、z y、z（过定位）
		尾座顶尖	3		
	卡盘	卡盘	4	y、z	y、z
	带轴肩圆柱心轴	心轴圆柱面	4	y、z x	y、z
		心轴轴肩端面	1		
	卡盘、中心架	卡盘	4	y、z	y、z y、z（过定位）
		中心架	2		

1.6.3　定位方法

1. 工件以平面定位

工件以平面作为定位基准时，由于工件的平面和定位件的表面不可能是理想平面，只能由凸出最高的三个点接触，而最高的三点位置对每一个工件都是不一样的，有可能这三点间距离很近，使工件定位不稳定。为了保证定位稳定可靠，<u>工件以平面定位时一般采用三点定位</u>。当采用已加工平面做定位基准时，由于其平面度误差已减少，为了提高定位的刚性和稳定性，可适当增加定位面的接触面积。

在夹具中，作为平面定位用的主要定位元件有支承钉、支承板等。支承钉的头部有平头式、球面式和齿纹式三种，平头式支承钉适用于已加工表面的定位，其余两种适用于未加工表面的定位。支承板适用于精加工表面的定位或定位基准面较大时的定位。

2. 工件以外圆柱表面定位

（1）在圆柱孔中定位　工件在圆柱孔中定位，方法简单，应用广泛，但工件定位外圆必须经过加工，一般适用定位公差等级基准为 IT7、IT8 的工件。

（2）在 V 形块上定位　工件在 V 形块上定位，最突出的优点是对中性好，但会受定位基准直径误差的影响。V 形块两平面所夹的夹角一般分为 60°、90° 及 120° 三种，其中以 90° 最为常用。

3. 工件以圆柱孔定位

（1）在圆柱体上定位　工件以已加工的圆柱孔作为定位基准，用圆柱心轴来定位，使用时工件能较方便地安装在心轴上。但由于配合面间存在间隙，所以径向偏移量较大，定心精度较低，因此一般用于加工同轴度要求较低的工件。

（2）在圆锥体上定位　工件以已加工的圆柱孔作为定位基准，用锥度很小的圆锥心轴来定位。工件装入心轴并楔紧后，由于弹性变形的关系，增加了孔与心轴的实际接触长度，从而避免了工件定位的歪斜，并达到较高的定心精度。

心轴锥度越小，定心精度越高。心轴锥度一般为 1/5000～1/1000，即 100mm 长度上直径相差 0.02～0.1mm。圆锥心轴多用于公差等级不低于 IT7 的基准孔定位。

4. 工件以其他表面定位

（1）工件以圆锥孔定位　一般采用与工件锥度相同的圆锥心轴定位（图 1-76a）。当圆锥斜角小于自锁角（锥度 $C<1:4$）时，为了方便取下工件，一般在心轴大端装有卸下工件用的螺母（图 1-76b）。

（2）工件以螺纹表面定位　将工件上的螺纹部分旋在夹具的螺纹表面上（图 1-77a）。工件螺纹旋入后，通过靠在夹具支承面上把工件旋紧。这种结构的心轴需要工件上有放置扳手的表面，否则不容易卸下工件。如果工件没有放置扳手的表面，可采用图 1-77b 所示的带锁紧螺母的螺纹心轴。卸下工件时，只需拧松锁紧螺母，就能方便地卸下工件。由于螺纹配合间隙较大及牙型误差的影响，所以这种定位方法产生的定位误差较大。

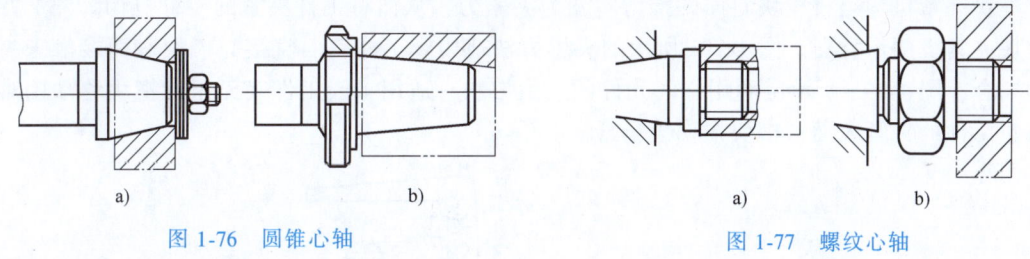

图 1-76　圆锥心轴　　　　　　　图 1-77　螺纹心轴

（3）工件以花键孔定位　当工件上的花键孔已加工好时，可用花键心轴来定位。为了安装方便，工作部分可设有锥度。

（4）两销一面定位　当工件以两个中心线互相平行的孔及与孔相垂直的平面作为定位基准时，可采用"两销一面"的定位方法，即用一个圆柱销、一个削边销和一个平面来定位。

1.6.4　夹紧方法及夹紧装置

夹紧装置中，可使用各种螺旋、斜楔、偏心、杠杆、薄壁弹性元件以及由它们组合而成的夹紧机构，其中以螺旋、斜楔、偏心夹紧机构应用最为广泛。

1. 螺旋夹紧机构

用螺钉和螺母直接或间接夹紧工件的机构,称为螺旋夹紧机构。由于它结构简单,夹紧可靠,所以应用最广。它的缺点是夹紧和松开比较费时、费力。

(1) 单螺旋夹紧

1) 螺钉式。为了防止螺钉头部被压扁后拧不出来,所以螺钉头部一部分没有螺纹,并通过热处理淬硬。为了防止螺钉拧紧时带动工件一起转动,避免螺钉头部直接与工件接触而造成压痕,可采用摆动压块来防止拧紧时损伤工件表面,并使接触面积增大,使夹紧更加可靠。

2) 螺母式。当工件以内孔定位时,常用螺母式夹紧。它的缺点是装卸工件必须把螺母从螺栓上全部旋出。改进的方法是采用开口垫圈,并把螺母外径尺寸做得小于定位孔直径。

(2) 螺旋压板夹紧机构　螺旋压板夹紧是一种应用最广泛的夹紧机构,结构较完整的螺旋压板夹紧机构如图 1-78 所示。旋紧螺母通过压板压紧工件。支柱可根据工件被夹紧表面高度尺寸调节高度,使压板保持水平位置。压板底面有一个放置支柱的纵向槽,保证旋紧螺母时压板不会转动。

压板中间有一长槽孔,使装卸工件时不必旋出螺母和取下压板,而只要松开螺母使压板后移即可装卸工件。当松开螺母后,由于弹簧的作用,使压板自动抬起。为了避免螺栓在压板倾斜时产生弯曲,在螺母下面采用球面垫圈。为了避免压板倾斜导致压板与工件夹紧部分接触不良,一般把压板与工件接触部分做成圆弧形。

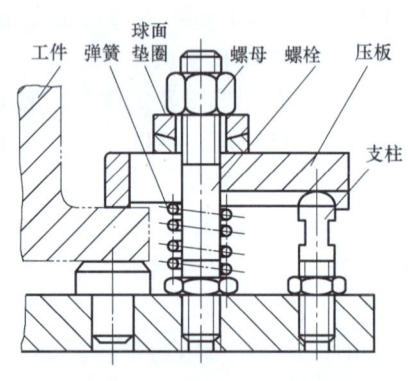

图 1-78　螺旋压板夹紧机构

2. 楔块夹紧机构

楔块夹紧机构是将楔块斜面的推力转变为夹紧力,从而将工件夹紧的一种机构。图 1-79 为楔块夹紧机构示意图。图 1-79a 所示的夹紧方法适用于工件表面直接与楔块表面接触来夹紧的场合。图 1-79b 所示是利用中间元件的夹紧方法,适用于因工件表面粗糙楔块移动困难或防止工件的夹紧表面被楔块损伤等场合。

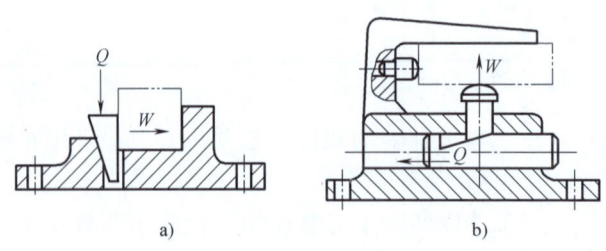

图 1-79　楔块夹紧机构

楔块夹紧机构的夹紧力不大,因此在夹具中单独使用较少,一般和螺旋夹紧机构等联合使用,用来改变夹紧力的方向和增大夹紧力。

3. 偏心夹紧机构

偏心夹紧机构是用偏心件来实现夹紧的装置,如图 1-80 所示。偏心件一般分为圆偏心和曲线偏心两种类型。生产中常用的是圆偏心。曲线偏心因制造困难，很少使用。

偏心件常与其他元件组合使用。当转动手柄时，由于偏心轮的转动中心与几何中心不重合（有偏心距），旋转中心至偏心轮工作表面间的距离逐渐变大，因而通过压板将工件夹紧。

偏心夹紧机构优点是结构简单、动作迅速；缺点是夹紧力小，夹紧距离有一定限制，自锁可靠性差。因此，偏心夹紧机构适用于振动较小和夹紧力不大的场合。

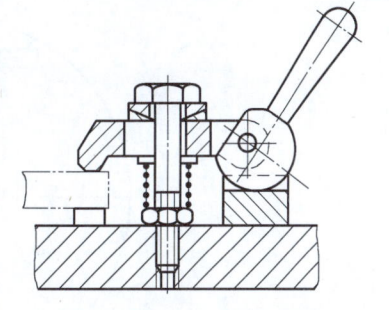

图 1-80　偏心夹紧机构

4. 定心夹紧机构

以工件的轴线或对称中心定位并同时使工件夹紧的机构称为定心夹紧机构，如自定心卡盘、弹簧夹头、液性塑料式定心夹紧装置等。

定心夹紧机构的特点是：定位和夹紧是同一个元件，元件之间有精确的联系，能同时等距离地移向或退离工件。这一特点，能使工件定位基准的误差对称地分布，使工件的轴线或对称中心不偏移，从而实现定心夹紧。

1.6.5　加工时防止工件变形的方法

工件加工时，会受到夹紧力和切削力两个力的作用。若工件本身刚性较差，就产生较大的变形，一些工件往往由这些变形而变成废品，因此防止工件变形是提高加工质量的重要措施。只有了解变形的原因并掌握避免变形的方法，才能减小或消除变形。

1. 工件变形的主要原因

（1）切削力过大、切削热过高　工件在加工过程中，由于切削用量过大，车刀材料和几何角度选择不当等，造成切削力过大和切削热过高。切削力过大，会造成材料内应力增大而产生变形；切削热过高，会造成工件的热变形。

（2）机床、刀具、工件刚性不足　在切削力和夹紧力的作用下，若机床、刀具、工件刚性不足会产生弹性变形，造成工件加工误差。

（3）工件装夹方法不正确　在加工过程中，由于夹紧力的作用点不恰当、夹紧力过大或定位面不精确等会造成工件变形。

2. 防止工件变形的方法

（1）防止切削力过大和切削热过高

1）合理选择切削用量、车刀材料和几何角度等。

2）粗、精加工分开。对于结构复杂、精度要求较高的工件，可分为粗加工和精加工两道工序。粗加工时，加工余量大，选取较大的切削用量，并施加较大的夹紧力，因此工件变形也大；精加工时，加工余量、切削力和夹紧力都较小，因此工件变形较小。粗加工所产生的变形通过精加工得到减小或消除，使工件获得较高的加工精度。

3）悬臂工件的装夹、车削。图 1-81 所示的支承工件，工件以底平面定位在花盘上装夹，工件的刚性及稳定性很差，车削时产生的切削力使悬臂部分向进给方向弯曲变形，加工后内孔对底平面的垂直度相差很大。为了防止工件变形，可在工件悬臂的下方使用可调节的支钉支承工件，以增加工件的刚性。

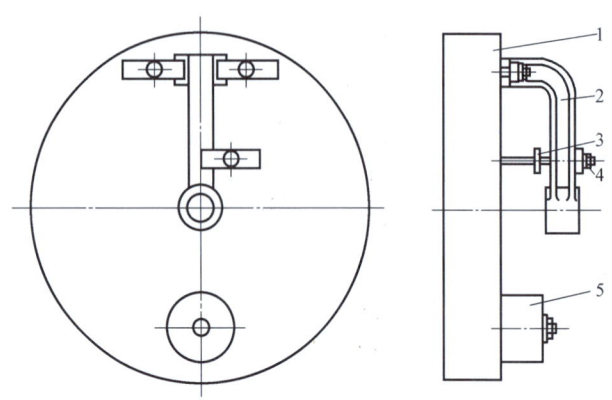

图 1-81 使用可调节支钉支承工件
1—花盘 2—工件 3—可调节支钉 4—压板 5—平衡块

(2) 正确装夹工件

1) 减少精加工时的夹紧力。对于一般精度要求及刚性较差的工件，加工时为了提高生产率，可不必区分粗加工和精加工，在粗车后适当放松工件以减小夹紧力，然后再进行精车，这样可以减小工件的变形。

2) 如果工件与夹具定位面（或工作台面）的接触部位是未加工表面，这时一般选用三点接触。三点之间的距离应尽可能大，夹紧力的作用点要尽量在接触点上，以保证工件装夹时的稳定性并减小变形。

3) 如果工件与夹具定位面（或工作台面）的接触部位是已加工表面，这时必须要保证接触表面平直。工件装夹前，应仔细检查工件及夹具定位面是否有凸起或毛刺，必要时可用平板涂色检查。因为定位面中间若有凸起或切屑，都会产生加工误差并引起工件变形。

(3) 正确选择夹紧力的作用点

1) 夹紧力的作用点应使工件定位正确。如图 1-82a 所示，加工工件内孔时，若压板压紧在凸缘处，这时夹紧力会造成工件翘起或产生较大的变形。如果把压板压紧位置移到图 1-82b 所示的端面位置，就不会出现上述结果。因此，在夹紧工件时，夹紧力应作用在定位表面的支承范围内。

2) 夹紧力的作用点应在工件刚性较好的部位上。如图 1-83a 所示，支架夹在角铁上车削内孔，由于压板压紧在工件刚性较差的中心部位，加工后内孔将产生变形。如果把压板压紧位置移到工件刚性较好的位置（图 1-83b），就可以防止内孔的变形。

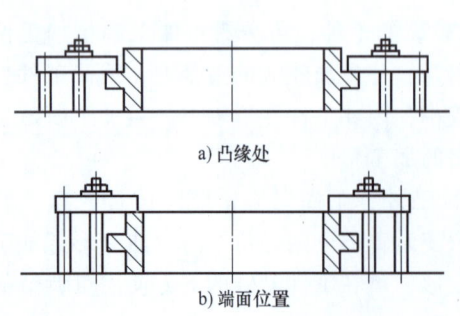

图 1-82 夹紧力的作用点应使工件定位正确

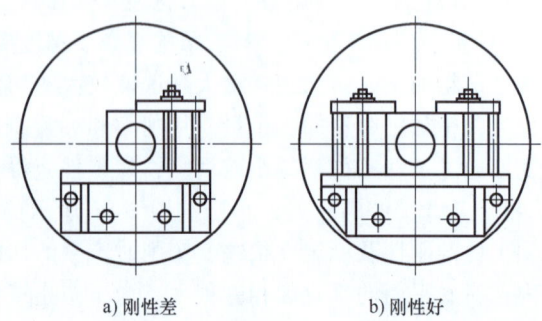

图 1-83 夹紧力的作用点应处在工件刚性较好的部位

3）合理安排压板的支点和作用点的相互位置，压力要均匀。压板要压平，不得歪斜。

4）夹紧力的大小要适当。夹紧力过小会夹不紧工件，使工件的位置在加工过程中发生变动，夹紧力过大容易使工件变形。因此，根据加工时的具体情况，选择适当的夹紧力。一般粗加工时，夹紧力较大，工件刚性较好时夹紧力可大一些；精加工或工件刚性较差时，夹紧力应小一些。

1.7 数控车床的编程

1.7.1 典型数控车床系统介绍

1. 数控的概念

（1）数字控制（Numerical Control，NC）的概念　国家 GB/T 8129—2015 对数控的定义为：用数值数据的控制装置，在运行过程中不引入数值数据，从而对某一生产过程实现自动控制。

（2）数控机床（NC Machine Tools）　所谓数控机床就是指用数字信息来控制加工过程的机床。

2. 数控机床的发展历程

数控机床的发展历程并不太长，但发展势头迅猛，最早可以追溯到 1947 年，美国帕森斯公司接受美国空军委托，研制飞机螺旋桨叶片轮廓样板的加工设备。为了提高生产飞机工件的靠模和机翼检查样板的精度及效率，提出了用计算机控制机床的设想；1949 年，在美国麻省理工学院的协助下，开始数控机床的研究；1952 年成功研制出世界上第一台试验性的三坐标数控铣床（图 1-84），由此进入到了数控加工技术的时代；1954 年生产出第一台工业用数控机床。

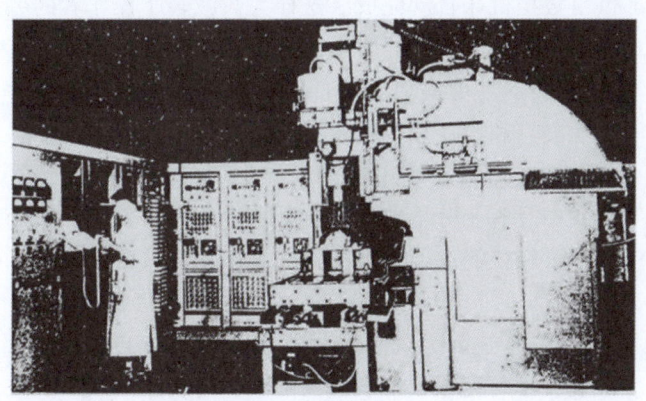

图 1-84　世界上第一台试验性的三坐标数控铣床

就数控装置而言，大致可以归纳为以下几个阶段：

1952—1958 年：电子管数控系统。

1959—1964 年：晶体管数控系统。

1965—1969 年：中、小规模集成电路数控系统。

1970—1973 年：小型计算机数控系统。

1974 至现在：微处理器数控系统。

我国于 1958 年开始研制数控机床，60 多年来，我国在数控机床领域取得了长足的进步与发展，现数控机床产品已覆盖了车、铣、钻、磨、线切割加工、电火花加工等领域，品种达 300 多种。大型国产数控机床制造企业已经达到国际先进水平，具有代表性的如华中数控、广州数控等多家企业，如图 1-85 所示。

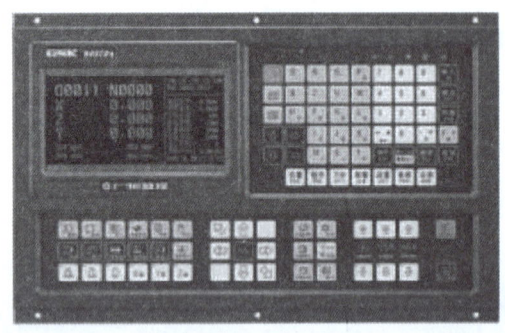 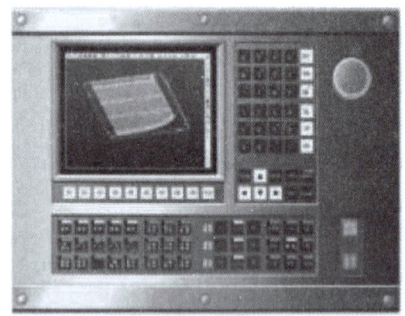

图 1-85　广州 980T 数控系统面板与华中 21T 数控系统面板

3. 数控机床的加工特点

与普通机床加工相比，数控机床加工具有如下特点：

（1）加工精度高、产品质量稳定　由于数控机床的制造特点，与普通机床相比，数控机床能够达到比较高的加工精度，经济性数控机床的定位精度一般可达到 ±0.01mm，重复定位精度达到 ±0.005mm。加工过程中无须人员参与或调整，因此不受操作人员的技术水平或情绪影响，加工精度稳定。另外，数控机床系统都具有刀具补偿功能和采用机夹可转位刀具，当刀具磨损后可更改刀具补偿值或者直接更换刀片连续加工，实现加工精度的一致性。

（2）自动化程度高，劳动强度低　在数控机床上加工工件时，一般除了手工装卸工件外，其余加工过程都可由数控机床自动完成。这样大大减轻了操作者的劳动强度，并且数控机床一般采用封闭式加工，清洁安全，同时也改善了劳动条件。

（3）加工对象适应性广泛　更换加工工件时，只需要重新编制程序和建立坐标系统，不需要占用太多时间更换夹具和重新调试机床，就可以快速适应不同形状工件的加工。

（4）具有加工复杂形状工件的能力　复杂、异形工件在飞机、汽车、造船、模具、动力设备和国防工业等产品中具有十分重要比重，其加工质量直接影响整个产品的性能。数控机床配合 CAD/CAM 软件可轻松完成普通加工方法难以完成或者无法进行的复杂曲线或曲面的加工。

（5）生产效率高　一方面是因为其自动化程度高，具有自动换刀、自动调速等功能，而且工序集中，在一次装夹中可完成较多表面的加工，省去了划线、装夹、检测等工序；另一方面在加工过程中可以采用较高的转速和较大的切削用量，从而有效地减少工件的加工时间和辅助时间。此外，数控机床所配备的各种辅助装置，如自动装卸刀具、自动刀具转位等功能，不仅改善了劳动条件，提高了劳动效率、设备利用率，缩短了生产周期，尤其加工复杂或异形工件时，生产效率可以提高到十几倍到几十倍。

（6）有利于生产管理　数控机床在加工过程中都能准确计算出工件的加工时间，从而有利于制订生产计划、合理安排员工生产时间，而且数控机床的（DNC）系统易于与计算机辅助设计与制造（CAD/CAM）等系统连接，组成计算机集成制造系统（CIMS），从而进行规范化管理。

(7) **价格昂贵**　一台数控机床涉及机械、计算机、自动化控制、软件等多种领域，所以总体价格昂贵。

(8) **要求操作者理论知识、综合素质水平较高**　由于数控机床组成涉及多个领域，结构较为复杂，所以其调试、维修较为复杂，其操作人员必须经过专业的技术培训方能对数控机床进行操作与维修。

(9) **可获得良好的经济效益**　虽然分摊到每个工件上的设备费（包括机床折旧费、维修费、动力消耗等）较高，但生产效率高，适应性强，劳动成本分配合理，辅助时间少，产品合格率高，报废率少，可使生产成本大幅降低。

4. 数控机床的发展趋势

现代数控机床发展势头迅猛，技术水平大幅度提高，大大促进了数控机床性能的提高。当前世界数控技术及其装备发展趋势主要体现在以下几个方面。

(1) **高速、高效化**　现代制造业水平不断提高，促使数控机床向高速化方向发展，充分发挥现代刀具材料的性能，大幅度提高加工性能，降低加工成本，提高工件的表面加工质量和精度。超高速加工技术使制造业实现高效、优质、低成本生产有着广泛的适用性。

(2) **高精度化**　随着技术的不断发展和对产品性能的要求不断提高，对机床加工精度的要求也越来越高。普通级数控机床的加工精度已经可以达到±0.01mm，精密级数控机床加工精度则更高。

(3) **高可靠性**　数控机床要发挥其高性能、高精度、高效率、并获得良好的经济效益，关键取决于其可靠性。可靠性包含两方面：其一，现代数控机床采用大规模集成电路以及软件控制机床，并配以各种自动检测装置，使其平均故障时间大幅度降低，可靠性增强；其二，加工质量稳定，现代数控机床各部件特别是导轨、滚珠丝杠、机夹刀具等的刚性提高，使数控机床能够进行长时间加工。

(4) **模块化、集成化与专业化**　为了适应数控机床多品种、小批量加工的特点，数控机床结构模块化，数控功能专门化，使机床性价比显著提高。专业化也是近几年来数控机床特别明显的发展趋势。

(5) **柔性化**　数控机床提高单机柔性化的同时，正朝着单元柔性化和系统柔性化的方向发展。如可编程序控制器（PLC）控制的可调组合机床、数控多轴加工中心、柔性制造单元（FMC）、柔性制造系统（FMS）以及柔性制造线（FTL）。

(6) **复合化**　复合化包含工序复合化和功能复合化。数控机床的发展已模糊了粗精加工的概念。车、铣复合型机床的出现，又把车、铣等工序集中到一台机床，打破了传统工序的界限和分开加工的工艺规程。

(7) **智能化**　由于CAD/CAM软件技术的不断发展，现代数控技术到了一个新的阶段。操作者只需将加工形状和必要的工艺参数输入到数控系统中，就能自动生成加工程序，编程时间大为缩短，即使经验不足的操作者也能进行加工。

(8) **网络化**　现代数控机床都配备有相应的DNC（Direct Numerical ControL，直接数字控制）系统，以及各种网络接口如RS232和RS422，可以按照用户的需求进行机床与机床、机床与计算机之间的数据交互。

5. 数控机床的应用

针对数控加工而言，可按适应性将加工对象分为三类：

（1）最适应类工件

1）加工精度要求高、形状、结构复杂，尤其是尺寸繁多或具有复杂曲线、曲面轮廓的工件，以及具有不敞开内腔的型面工件。这些工件用通用机床很难加工和检测，且质量也难保证。

2）多品种、小批量生产的工件。

3）一次装夹中完成多道工序的工件。

（2）较适应类工件

1）材料价格、毛坯获得困难，不允许报废的关键性工件。

2）在通用机床上生产率低、劳动强度大、质量难以控制的工件。

（3）不适应类工件

1）加工精度低、加工余量大的工件。

2）加工中须采用专用的工艺装备，加工中需要大量时间调试夹具。

3）加工中刀具易与夹具产生干涉。

1.7.2 数控车床编程介绍

数控编程是数控加工的重要步骤。用数控机床对工件进行加工时，要按照加工工艺的要求，根据数控系统规定的指令代码及程序格式，将刀具的运动轨迹、位移量、切削用量以及相关辅助动作（包括换刀、主轴正/反转、切削液开/关等）编写成加工程序，输入到数控装置中，从而控制机床加工工件。

1. 数控车床的坐标系及运动方向

数控车床的坐标系及其运动方向，在国际标准（ISO）和国家标准中都有规定。

（1）坐标系　数控车床的坐标系以径向为 X 轴，纵向为 Z 轴。经济型普通卧式前置刀架数控车床指向主轴箱的方向为 Z 轴负方向，而指向尾架的方向为 Z 轴正方向。X 轴的正方向是指向操作者的方向，负方向为远离操作者的方向。由此，根据右手法则，Y 轴的正方向应该是指向地面（编程中不涉及 Y 坐标）。图 1-86 所示为数控车床的坐标系。

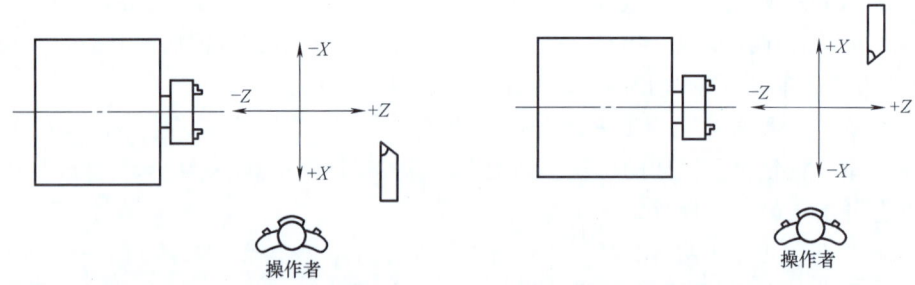

a) 普通卧式前置刀架数控车床坐标系　　b) 普通卧式后置刀架数控车床坐标系

图 1-86　数控车床的坐标系

绝对坐标编程时，使用代码 X 和 Z；增量坐标（相对坐标）编程时，使用代码 U 和 W。也可以采用混合坐标指令编程，即同一程序中，既出现绝对坐标指令，又出现相对坐标指令。

U 和 X 坐标值，在数控车床的编程中一般是以直径方式输入的，即按绝对坐标系编程时，X 输入的是直径值；按增量坐标编程时，U 输入的是径向实际位移值的两倍，并附上方向符号（正向可以省略）。

（2）原点

1) 机械零点（参考点）。机械零点是由生产厂家在生产数控车床时设定在机床上的，它是一个固定的坐标点。每次在起动数控车床后，必须先进行机械零点回归操作，使刀架返回到机床的机械零点。

一般地，根据机床规格不同，X 轴机械零点比较靠近 X 轴正方向的超程点；Z 轴机械零点比较靠近 Z 轴正方向超程点。

2) 编程零点。编程零点是指程序中的坐标零点，即在数控加工时，刀具相对于工件运动的起点，所以也称为"对刀点"。

在编制数控车削程序时，首先要确定作为基准的编程零点。对于某一加工工件，编程零点的设定通常是将主轴中心设为 X 轴方向的零点。将加工工件的精切后的右端面（图 1-87a）或精切后的夹紧定位面（图 1-87b）设定为 Z 轴方向的零点。

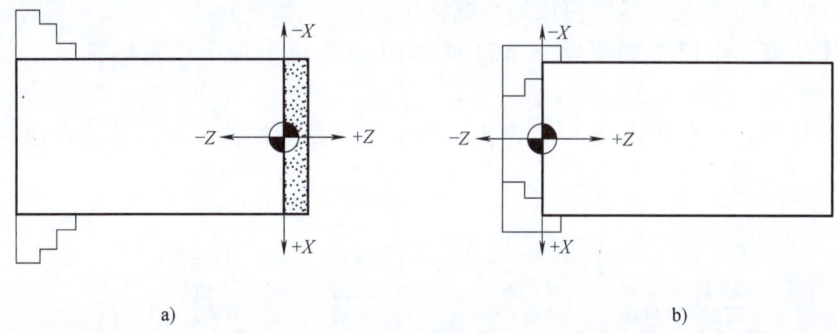

图 1-87 编程零点

值得一提的是，以机械零点为原点建立的坐标系一般称为机床坐标系，它是一台机床固定不变的坐标系；而以编程零点为原点建立的坐标系一般称为工件坐标系或编程坐标系，它随着加工工件的改变而改变位置。

2. 程序结构与格式

（1）程序结构　程序是控制机床的指令，必须先了解程序的结构，以帮助我们读懂程序。下面，以一个简单的数控车削程序为例，分析加工程序的结构。

例 1　用数控车床加工图 1-88 所示工件（毛坯直径为 ϕ50mm）。

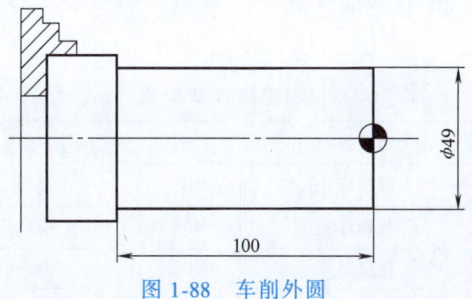

图 1-88 车削外圆

参考程序如下：

O0001；程序名（程序号）
N05 G90 G54 M03 S800；
N10 T0101；
N15 G00 X49 Z2；
N20 G01 Z-100 F0.1；   程序内容
N25 X51；
N30 G00 X60 Z150；
N35 M05；
N40 M30；程序结束

对于初学者来说，对程序中每个指令的意义可能还不理解，但可以看出它的大致分成程序名（程序号）、程序内容和程序结束三个部分。

1) 程序名（程序号）。程序名为程序开始部分。在数控装置中，程序的记录是靠程序号来辨别的，调用某个程序可通过程序号来调出，编辑程序也要首先编写程序号。

2) 程序内容。程序内容是整个程序的核心，由许多程序段组成，每个程序段由一个或多个指令组成，表示数控机床要完成的全部动作。

3) 程序结束。以程序结束指令 M02 或 M30 作为整个程序结束的符号，来结束整个程序。

（2）程序段格式　程序段是可以作为一个单位来处理的连续字组。程序段构成的一般形式如下：

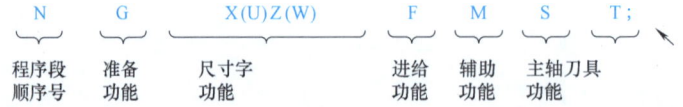

3. 辅助功能 M 代码

辅助功能也叫 M 功能或 M 代码，由地址字 M 和其后的两位数字组成，从 M00 到 M99 共 100 种，主要用于控制加工程序的走向和机床及数控系统各种辅助功能的开关等。不同数控系统的 M 代码规定有差异，必须根据系统编程说明书选用。

M 功能有非模态 M 功能和模态 M 功能两种形式。非模态 M 功能（当段有效代码）只在书写了该代码的程序段中有效；模态 M 功能（续效代码）是一组可相互注销的 M 功能，这些功能在被同一组的另一个功能注销前一直有效。

另外，M 功能还可分为前作用 M 功能和后作用 M 功能两类。前作用 M 功能在程序段编制的轴运动之前执行；后作用 M 功能在程序段编制的轴运动之后执行。常用的 M 功能代码见表 1-11。

表 1-11　常用的 M 功能代码

代码	是否模态	功能说明	代码	是否模态	功能说明
M00	非模态	程序停止	M03	模态	主轴正转起动
M01	非模态	选择停止	M04	模态	主轴反转起动
M02	非模态	程序结束	M05	模态	主轴停止转动

(续)

代码	是否模态	功能说明	代码	是否模态	功能说明
M07	模态	切削液打开	M30	非模态	程序结束并返回
M08	模态	切削液打开	M98	非模态	调用子程序
M09	模态	切削液停止	M99	非模态	子程序结束

4．F 功能

F 功能指令用于控制进给量。在程序中，进给量分为两种。

（1）每转进给量　编程格式：G95 F ___。

F 后面的数字表示的是主轴每转进给量，单位为 mm/r。

例 2　G95 F0.2 表示进给量为 0.2mm/r。

（2）每分钟进给量　编程格式：G94 F ___。

F 后面的数字表示的是每分钟进给量，单位为 mm/min。

例 3　G94 F100 表示进给量为 100mm/min。

5．S 功能

S 功能指令用于控制主轴转速。编程格式：S ___。

S 后面的数字表示主轴转速，单位为 r/min。在具有恒线速功能的机床上，S 功能指令还有如下作用。

（1）最高转速限制　编程格式：G50 S ___。

S 后面的数字表示的是最高转速，单位为 r/min。

例 4　G50 S3000 表示最高转速限制为 3000r/min。

（2）恒线速控制　编程格式：G96 S ___。

S 后面的数字表示的是恒定的线速度，单位为 m/min。

例 5　G96 S150 表示切削点线速度控制在 150m/min。

（3）恒线速取消　编程格式：G97 S ___。

S 后面的数字表示恒线速度控制取消后的主轴转速，如 S 未指定，将保留 G96 的最终值。

例 6　G97 S3000 表示恒线速控制取消后主轴转速为 3000r/min。

6．T 功能

T 功能指令用于选择加工所用刀具。编程格式：T ___。

T 后面通常有两位或四位数表示所选择的刀具号码。前两位是刀具号，后两位是刀具长度补偿号，又是刀尖圆弧半径补偿号。

例 7　T0303 表示选用 3 号刀及 3 号刀具长度补偿值和刀尖圆弧半径补偿值。

T0300 表示取消刀具补偿。

7．加工坐标系设置 G50

编程格式：G50 X ___ Z ___。

式中，X、Z 的值是起刀点相对于编程零点的位置。G50 使用方法与 G92 类似。

例 8　在数控车床编程时，所有 X 坐标值均使用直径值，按图 1-89。设置加工坐标的程序段如下：

G50 X128.7 Z375.1;

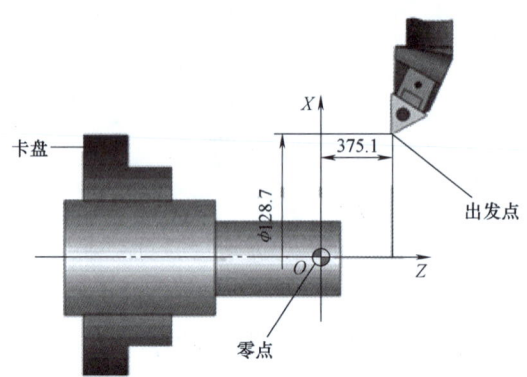

图 1-89　设定加工坐标系

项目 2 车床的维护保养与调整

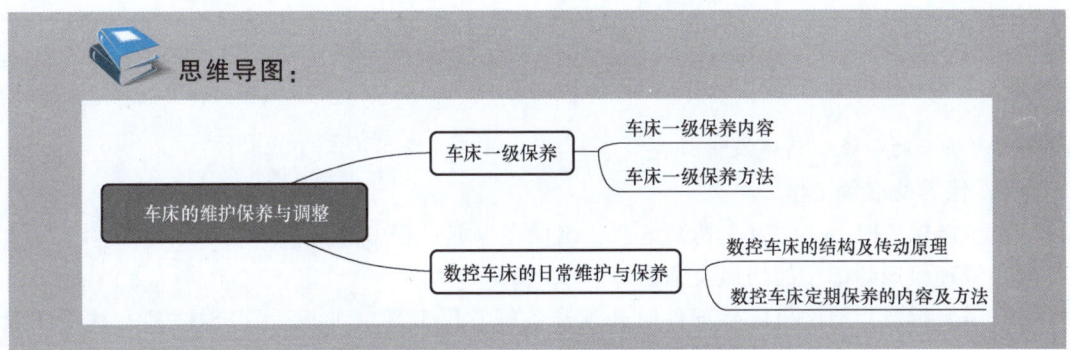

2.1 车床一级保养

车床保养得好坏与否,直接影响工件的加工质量和生产效率,为了保证车床的工作精度和延长使用寿命,必须对车床进行保养。

当车床累计运转 500h 后,就需要进行一次一级保养,保养工作是以工人操作为主,在维修工人配合下,对设备进行局部解体清洗和调整,保养作业时间为 4~6h。

2.1.1 车床一级保养内容

卧式车床一级保养内容见表 2-1。

表 2-1 卧式车床一级保养内容

保养者	保养部位	保养内容
操作工人	外保养	1. 清洗机床表面(包括罩壳和油盘) 2. 清洗丝杠、光杠和操纵杆 3. 检查并补齐螺钉、手柄等,清洗机床附件
	清洗和调整滑板及刀架	1. 清洗刀架 2. 清洗并调整中、小滑板丝杠与螺母配合间隙 3. 清洗并调整中、小滑板镶条间隙
	清洗并调整交换齿轮箱	1. 清洗并调整齿轮啮合间隙 2. 检查轴套有无晃动现象,并注入新油脂
	清洗尾座	清洗尾座套筒、丝杠及螺母
	清洗切削液系统和润滑系统	1. 清洗切削液泵、容器和盛液盘 2. 清洗油绳、油毡,保证油孔、油路清洁畅通,油杯齐全

(续)

保养者	保养部位	保养内容
维修工人	清洗和调整主轴箱	1. 清洗过滤器 2. 检查主轴锁紧螺母有无松动,紧固螺钉是否锁紧 3. 调整摩擦片间隙及制动器
	清洗和检查润滑系统	检查油质,保持油质良好
	清扫和检查电器部分	1. 清扫和检查电动机、电器箱 2. 电器装置固定整齐

2.1.2 车床一级保养方法

1. 滑动面的拆装、清洗及其调整

（1）保养的准备工作

1）机床保养时，必须首先切断电源，确保在保养过程中的安全。

2）清理机床各部位的切屑及杂物等。

3）需要拆装、清洗机床零部件时必须准备好常用工具（如扳手、旋具等）、清洗工具（如清洗盛液盘、刷子等）及常用清洗液（如柴油、金属洗洁精等）。

（2）床鞍、中滑板、小滑板、转盘等的拆装、清洗及调整

1）床鞍、中滑板、小滑板结构（图2-1）。

① 床鞍装在床身的V形导轨与平导轨上，以保证床鞍纵向移动的直线度。

② 中滑板5装在床鞍顶面的燕尾导轨上，由中滑板丝杠4经移动螺母（由分开的两部分19和21组成，中间用楔块20隔开）沿导轨横向移动，是横向车削工件和调整背吃刀量时使用的。

③ 小滑板7装在转盘8燕尾导轨面上，并与转盘可在中滑板的T形环槽中转动，转盘转至需要的位置后，用T形槽螺钉6紧固在中滑板上，是纵向车削较短工件或圆锥面时使用的。

2）保养步骤与方法。

① 拆卸方刀架，拆卸时，逆时针转动刀架手柄，将方刀架从小滑板螺纹轴上取下。

② 拆卸中、小滑板的方法如下：

a. 松开小滑板7的左右两端螺钉14、16，中滑板5的前后螺钉11、13，分别取出镶条12、15。

b. 松开螺钉25，逆时针转动小滑板手柄27，使丝杠24与螺母30脱离，拆卸丝杠及定位套26，并取下小滑板。

c. 旋下两个T形槽螺钉6上的螺母，并从螺钉上取下转盘8。

d. 松开螺钉9，逆时针转动中滑板手柄10，使丝杠4脱开螺母19、21，并取出丝杠。

e. 松开螺钉17、22、23，从中滑板底平面上拆下螺母19、21和楔块20，并取出定位套18。

③ 清洗上述拆卸的零部件。

a. 清洗中滑板、床鞍导轨及其他部位接合面。

b. 清洗小滑板、转盘导轨面及其他部位接合面。

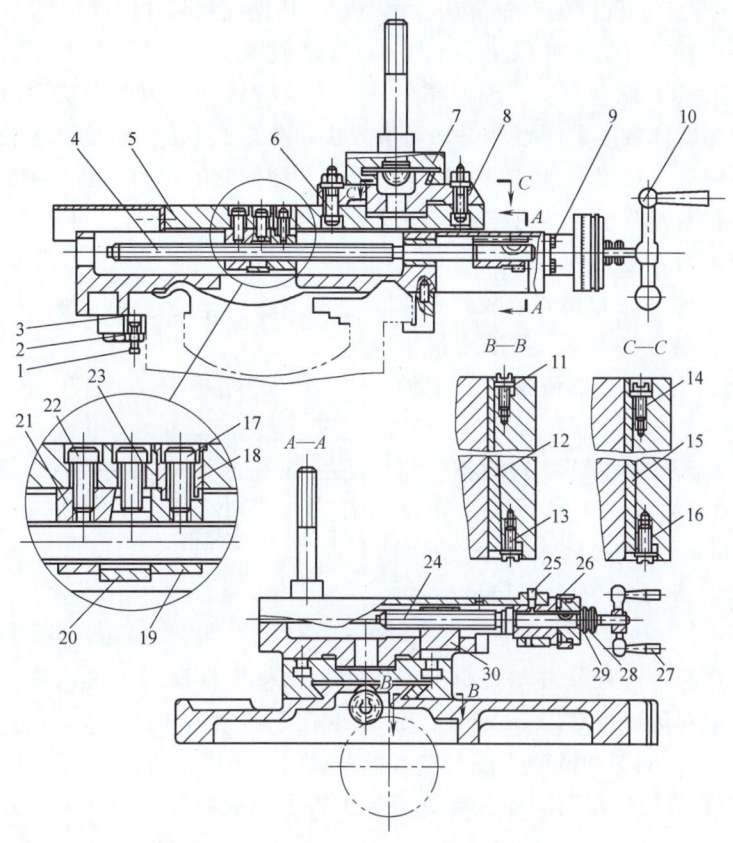

图 2-1 床鞍、中滑板、小滑板结构

1、9、11、13、14、16、17、22、23、25—螺钉 2、19、21、28、29、30—螺母
3—压板镶条 4、24—丝杠 5—中滑板 6—T形槽螺钉 7—小滑板 8—转盘
10、27—手柄 12、15—镶条 18、26—定位套 20—楔块

c. 清洗中滑板丝杠与螺母,清洗方法如图 2-2 所示。即通过螺母在丝杠上来回转动进行清洗,清洁螺母齿侧面。

d. 用同样的方法清洗小滑板丝杠螺母。

e. 清洗镶条、螺钉等零件。

④ 安装中滑板丝杠螺母、镶条并调整其间隙。

a. 把前、后螺母 21、19 和楔块 20 用螺钉 17、22、23 固定到中滑板 5 的底平面上,螺钉不要拧紧,后螺母应由定位套 18 定向。

b. 带有手柄 10 的丝杠 4 旋入前、后螺母,并用螺钉 9 固定在床鞍上。

c. 丝杠与螺母间隙的调整方法:首先拧紧螺钉 17,使后螺母 19 固定,然后逐步拧紧楔块 20 的紧固螺钉 23,使中滑板手柄 10 正、反转之间的空程量在 1/20 转以内,并且手柄摇动灵活。调整后,拧紧螺钉 22,固定前螺母 21。

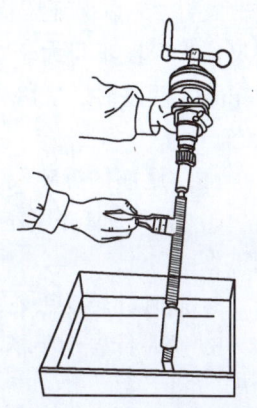

图 2-2 清洗中滑板丝杠

d. 镶条12安装后，间隙的调整方法：调整前、后两端螺钉11、13，使镶条向小端方向移动，要求中滑板移动灵活，并保持小于0.04mm的间隙。

e. 中滑板刻度圈的调整方法：刻度圈松动时会自行转动，因而无法读准刻度值。如果刻度圈过紧，则刻度读数不易调整准确。调整方法如图2-3所示，刻度圈过松时，可先拧松调节螺母和紧固螺母，拉出圆盘，把弹簧片扭弯些，增加它的弹力，随后把它装进圆盘和刻度圈之间，适当拧紧调节螺母，再拧紧紧固螺母。当刻度圈过紧时，可适当松开调节螺母，使刻度圈转动间隙相应增大。

⑤ 安装转盘，把T形槽螺钉6放到中滑板5的T形槽内，装上转盘8，对准中滑板刻度值"0"位线，拧紧T形槽螺钉6上的螺母固定转盘。

⑥ 安装小滑板及镶条间隙的调整：将螺母30装到转盘8的定位孔内，装上小滑板7，把带有定位套26的丝杠24旋入螺母，并使定位套定位于小滑板孔内，用螺钉25固定定位套。

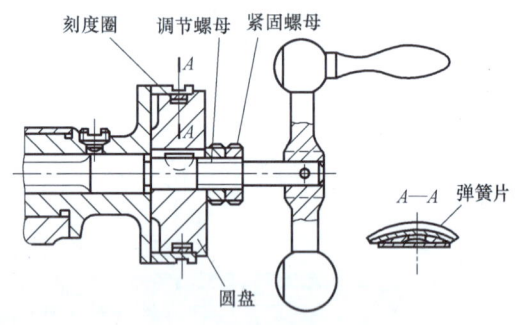

图2-3 刻度圈的调整

一般卧式车床的小滑板丝杠与螺母的间隙由制造精度保证，不再调整，但小滑板手柄正、反转之间的空程量可用螺母29调整，螺母28用于锁紧。

镶条15安装后，间隙的调整方法与中滑板镶条间隙的调整方法相同。

⑦ 按照拆卸方刀架的相反顺序安装方刀架，将手柄顺时针方向转动，并压紧，固定方刀架体。

⑧ 床鞍防尘油毡的清洗，防尘油毡由罩壳及螺钉固定在床鞍前后、左右两侧（图2-1中未画出），用来防止车削时切屑及杂物嵌入导轨面。清洗时，把防尘油毡放到柴油中清洗，然后将油毡放到台虎钳上轻轻挤压，使污油挤出。并用棉纱擦去表面细切屑及杂物，安装时应先使油毡吸入些L-AN46全损耗系统用油。

⑨ 床鞍与床身导轨间隙的调整。床鞍与导轨间的间隙将影响刀具纵、横两方向的进给精度，从而影响工件的加工精度和表面粗糙度。所以应保持刀架在移动时平稳、灵活，无松动或无阻滞感。调整方法是：将床鞍移至导轨中间，拧松锁紧螺母2，适当拧紧（或拧松）调节螺钉1，以保证压板镶条3与导轨间的间隙，当用厚度为0.04mm的塞尺检查间隙时，塞尺伸入深度不得大于20mm，并保证摇动床鞍时平稳、无阻滞感，即拧紧锁紧螺母固定压板镶条。调整时，应将内侧压板（靠近操作者一面）的紧固螺钉适当松开，使其呈自然状态。

（3）尾座的拆装及其保养知识

① 拆卸、清洗尾座套筒及丝杠。图2-4为CA6140型车床尾座结构，拆卸、清洗方法如下：

a. 逆时针转动手轮9，使套筒3向后移动，把顶尖1从锥孔中取出。

b. 逆时针转动手柄4并带动螺杆16转动，使锁紧块17、18松开，并从尾座壳体2孔内取出。

c. 顺时针转动手轮9，使套筒3在尾座壳体孔内向前移伸，直至使丝杠5脱离螺母6。

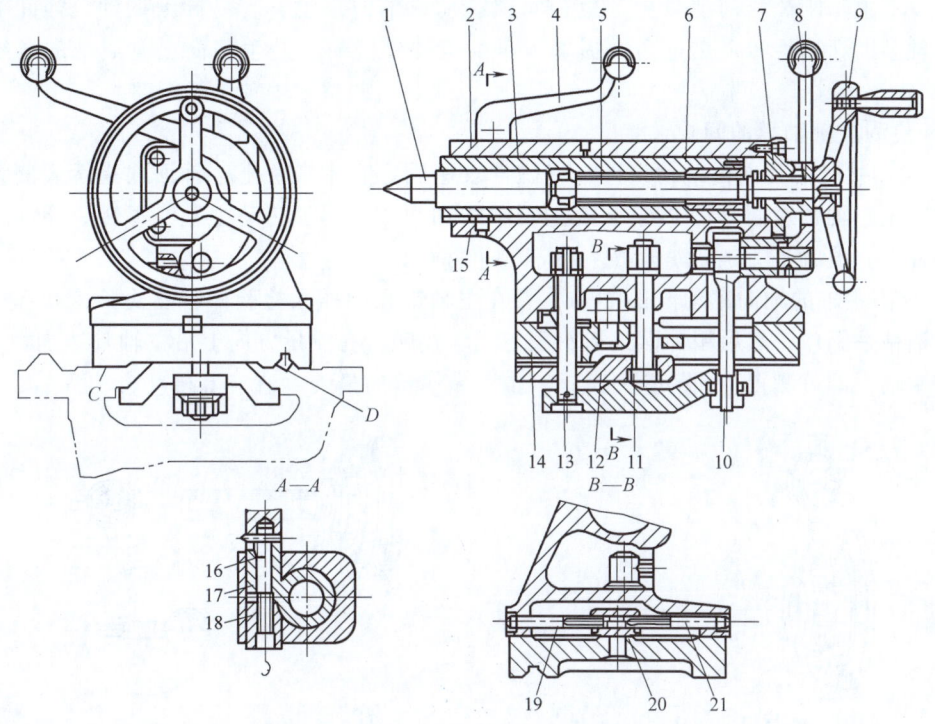

图 2-4 CA6140 型车床尾座结构图

1—顶尖 2—尾座壳体 3—套筒 4、8—手柄 5—丝杠 6—螺母 7—支座 9—手轮 10—连杆
11、13、16、19、21—螺杆 12—压板 14—底座 15—导向键 17、18—锁紧块 20—滑块

  d. 松开支座 7 上的螺钉，把丝杠 5 连同支座 7、手轮 9 从尾座壳体上取下。

  e. 用手把套筒推向尾座壳体孔的右端，并从孔内拉出（图 2-5）。螺母 6 不需要从套筒上拆卸。

  f. 用浸有柴油的棉纱清洗壳体内孔及其他接合面。

  g. 清洗丝杠螺母的方法：先单独清洗，再把丝杠旋在螺母中来回移动清洗，以去除螺母齿侧面的油污。

  ② 安装套筒及丝杠。

  a. 安装前，将套筒 3 外圆与尾座壳体 2 孔的配合表面用砂纸抛光并涂油。

  b. 安装时，将套筒上的键槽与尾座壳体孔内的导向键 15 配合，然后将套筒装入孔内。再把带有支座 7、手轮 9 的丝杠 5 旋入螺母 6，用螺钉把丝杠固定。

  c. 安装锁紧块 17、18，使圆弧面与套筒外圆吻合。转动手柄 4，移动锁紧块，实现对套筒的锁紧。

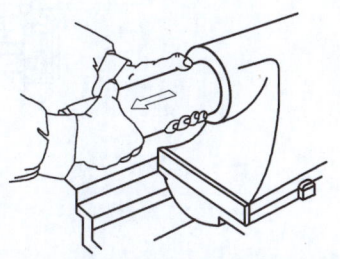

图 2-5 尾座套筒的拆卸

  2. 主轴箱调整

  CA6140 型卧式车床主轴箱内主要机构有主轴部件、传动机构、起停及换向装置、制动装置、操纵机构和润滑装置等。

  （1）主轴轴承　在长期的使用过程中，由于磨损而使轴承产生间隙。当主轴间隙过大时，将降低主轴刚性，切削时会产生径向圆跳动或轴向窜动，容易导致振动。当间隙太小时，主轴会因高速旋转发热过高而损坏。车削工件外圆时，产生表面上有混乱的波纹（振纹）、产生圆度误差、端面平面度超差等缺陷，就必须调整主轴轴承的间隙。

1) 检测主轴轴承的间隙。

① 检测主轴的径向圆跳动误差，将磁性表座固定在中滑板上，钟面式指示表测量头须接触主轴定心轴颈表面（图2-6）。沿主轴轴线加力 F，用手转动主轴，每转一圈内指示表读数的最大差值就是圆跳动误差（一般不得超过 0.015mm）。

② 检测主轴的轴向窜动（图2-7），要在主轴锥孔中插入检验棒，在检验棒端部中心孔内用黄油粘一钢球，然后用钟面式指示表与钢球接触，在测量方向上沿主轴轴线加力 F。慢速旋转主轴，即可测得主轴的轴向窜动。指示表读数的最大差值不得超过 0.015mm。

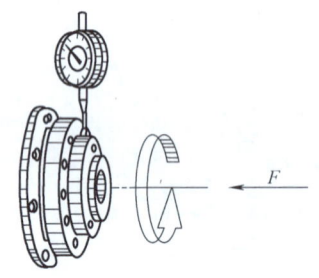

图 2-6　检测主轴的径向圆跳动

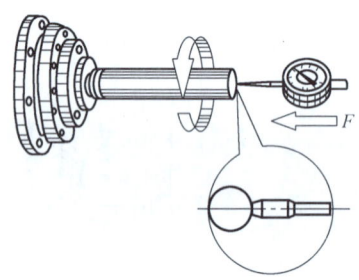

图 2-7　检测主轴的轴向窜动

若检测的结果显示主轴间隙误差超差，则必须对主轴轴承的间隙进行调整。

2) 主轴轴承的调整前，先准备好一个钳形扳手，一个锤子，一个旋具。打开主轴箱盖板并放置平稳，前轴承 7 可用螺母 4、8 调整（图2-8）。

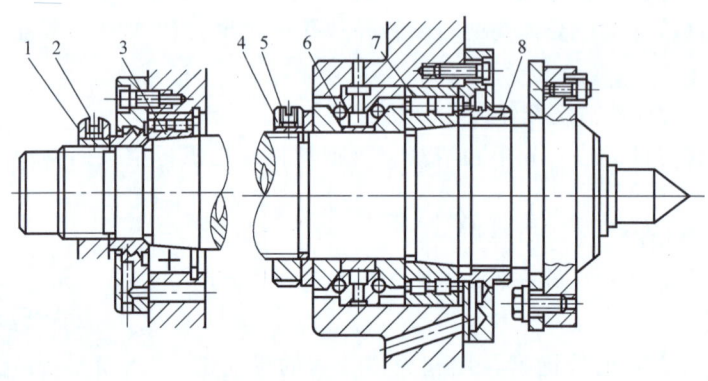

图 2-8　CA6140型卧式车床主轴部件
1、4、8—螺母　2、5—锁紧螺钉　3、7—双列圆柱滚子轴承　6—双列推力角接触球轴承

调整时，先拧松螺母 8 和锁紧螺钉 5。然后拧紧螺母 4，使轴承的内圈相对主轴锥形轴颈向右移动。由于锥面作用，轴承内圈产生径向弹性膨胀，使滚子与内、外圈之间的间隙减小。调整适当后，将锁紧螺钉 5 和螺母 8 拧紧。后轴承的间隙可用螺母 1 调整。只有主轴受力较大使支承产生一定挠度时，中间轴承 3 才起支承作用，因此需要有一定的间隙。

调整后检查轴承间隙，用手转动主轴，感觉应灵活、无阻滞现象（用外力旋转时，主轴转动在 3~5 圈内自动停止），再次测量主轴的径向圆跳动误差和轴向窜动，若符合要求，则关闭盖板。

（2）双向多片式摩擦离合器间隙的调整　CA6140型卧式车床主轴箱的开停和换向装置采用机械双向多片摩擦离合器。

片式摩擦离合器的间隙要合适，不能过大或过小。间隙过大会减小摩擦力，影响车床传递功率，易使摩擦片磨损；间隙过小，在高速车削时，会因发热而"闷车"，从而损坏机床。

调整方法：先切断电源，打开主轴箱盖，按图2-9进行调整。使用一字螺钉旋具把弹簧销压入调节螺母的缺口中，然后左右旋转调节螺母，注意摩擦片的松紧，再让弹簧销弹出，重新卡入另一个缺口中。

（3）制动器的调整　制动器的作用是在车床停机过程中，克服主轴箱内各运动件的旋转惯性，使主轴迅速停止转动，以缩短辅助时间。

调节制动器的松紧，使摩擦离合器脱开时能使主轴迅速地停止转动。调整时可将螺母松开（图2-10），将操纵杆放在中间位置，松开离合器，齿条上的凸起部分刚好对正杠杆，使杠杆顺时针方向摆动而拉紧钢带，再适当旋转螺钉来进行调整。当调整完成后，开动车床使主轴正转（$n_主=300r/min$），然后放下手柄，处于中间状态停机，要求停机时主轴能在2~3r时间内制动，而开机时制动带完全松开。

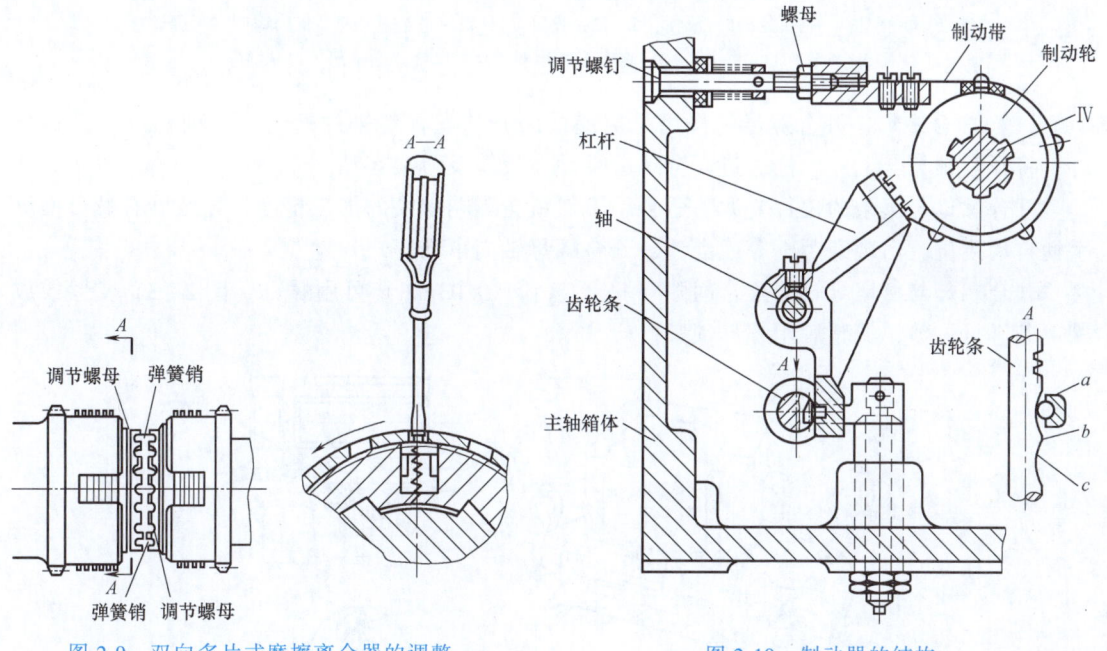

图2-9　双向多片式摩擦离合器的调整　　图2-10　制动器的结构

3. 溜板箱内的调整

主轴箱通过长丝杠或光杠将转动传给溜板箱，变换溜板箱外的手柄位置，可以调整箱内的机构，经溜板箱使车刀进行纵向或横向进给。

（1）安全离合器　安全离合器是一个进给保护装置。在机动进给过程中，若进给力过大或刀架运动受阻碍，它能自动断开机动传动路线，使刀架停止进给，避免传动机构损坏。

安全离合器的调整：机床许可的最大进给力取决于弹簧12（图2-11）调定的压力。调整时将溜板箱左边的箱盖打开，利用螺母15通过拉杆11和横销10来调整弹簧座9的轴向位置，以此来调整弹簧压力的大小。调整后，如遇过载，进给运动不能迅速停止，应立即检查原因。适当调整弹簧弹力的松紧程度，必要时更换弹簧。

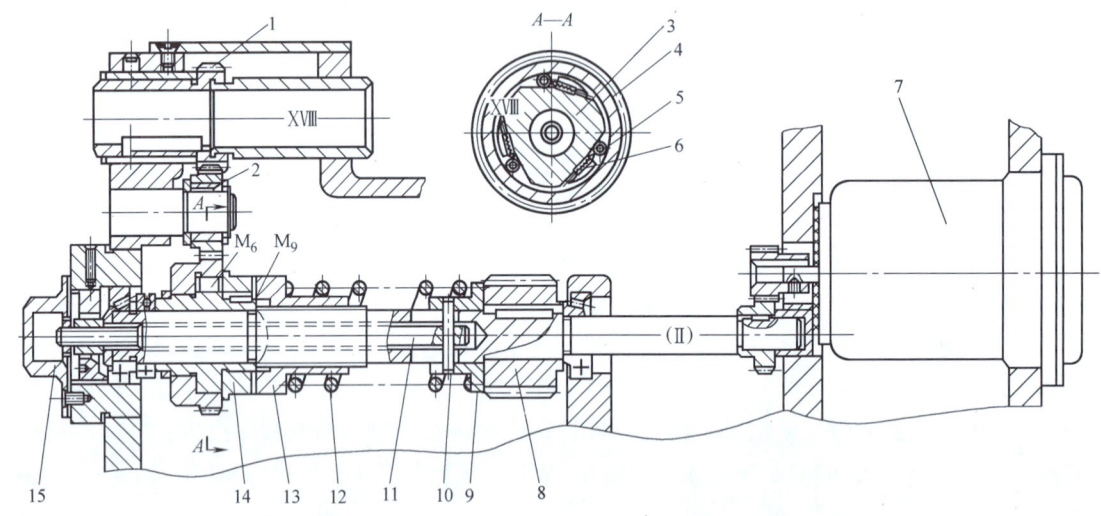

图 2-11　超越离合器 M6 和安全离合器 M9 的结构

1、2、4—齿轮　3—星轮　5—滚柱　6、12—弹簧　7—快速进给电动机　8—蜗杆　9—弹簧座
10—横销　11—拉杆　13—离合器右半部　14—离合器左半部　15—螺母

（2）开合螺母　开合螺母的作用是传递或断开从丝杠传来的运动。车削螺纹以及蜗杆时，将开合螺母合上，丝杠通过开合螺母带动溜板箱及刀架运动。

开合螺母与镶条的位置要调整适合，不然就会影响螺纹的加工精度，导致开合螺母操纵手柄自动跳位，出现螺距不等或乱牙、开合螺母轴向窜动等。

开合螺母与燕尾导轨的配合间隙（一般应小于0.03mm）可用螺钉（图2-12）支紧或放松镶条进行调整，调整后用螺母锁紧。

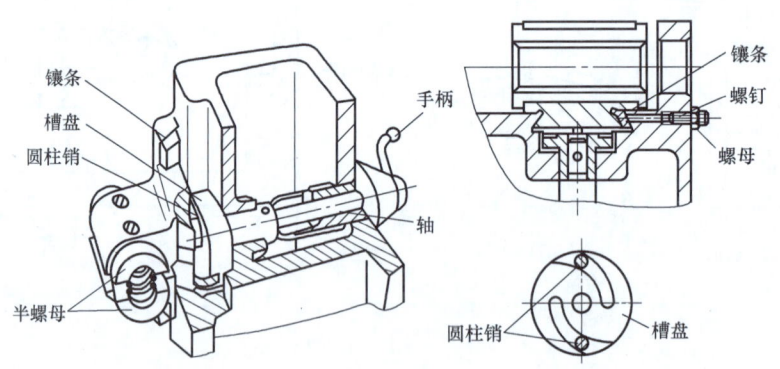

图 2-12　开合螺母的结构

4. 交换齿轮箱间隙的调整

一般卧式车床交换齿轮箱的结构如图2-13所示，用来把主轴的转动传给进给箱。调换箱体内的齿轮，并与进给箱配合，可以车削不同螺距的螺纹。在搭配交换齿轮时，必须保证

齿侧有 0.1~0.2mm 的啮合间隙。如果齿轮啮合太紧，交换齿轮在转动时会产生很大的噪声并导致齿轮损坏。

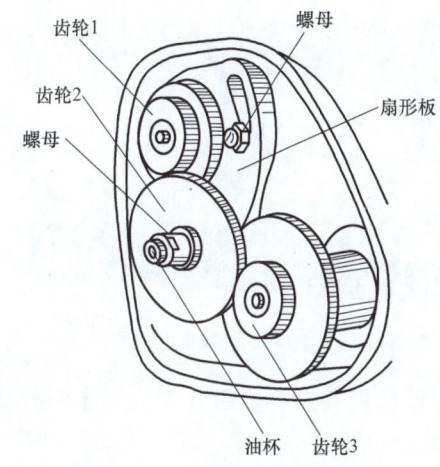

图 2-13　卧式车床交换齿轮箱结构

调整间隙的方法是：先松开螺母，调整好齿轮 1 与 2 的啮合间隙并在调好后紧固，再松开螺母，移动扇形板，调整好齿轮 2 与 3 的啮合间隙后紧固螺母；然后用手拧进油杯的油杯盖，将润滑脂挤到轴、孔的间隙内，为套筒的旋转提供保证良好的润滑。因为中间齿轮转速比较高，如果因缺油而产生干摩擦，会使轴、孔发热，严重时甚至会使轴和孔"咬死"，以致造成扇形板断裂等设备事故。

2.2　数控车床的日常维护与保养

2.2.1　数控车床的结构及传动原理

1. 现代数控车床分类

（1）按数控车床的功能分类

1) 普通型数控车床：此类数控车床主要针对对回转体工件，进行高效、自动、较高精度的车削、钻削加工等，因其性价比高，使用较为广泛（图 2-14）。

 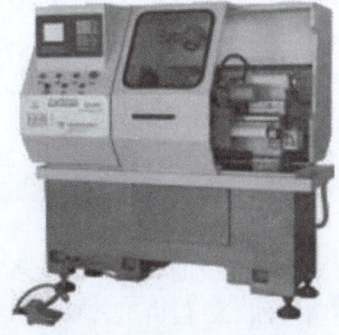

图 2-14　普通型数控车床

2）车削加工中心：此类机床的加工质量更好，并在此基础上增加如刀具库、自动换刀装置、自动检测装置、自动装卸工件装置以及自动清理废料装置，自动化程度很高（图 2-15）。

图 2-15　车削加工中心

3）车、铣复合数控机床：此类数控机床集合车、铣床两种功能为一体，工件一次装夹可以完成车、铣、钻、镗、铰、攻螺纹等工序，加工出的工件质量非常好，可加工高精密工件（图 2-16）。

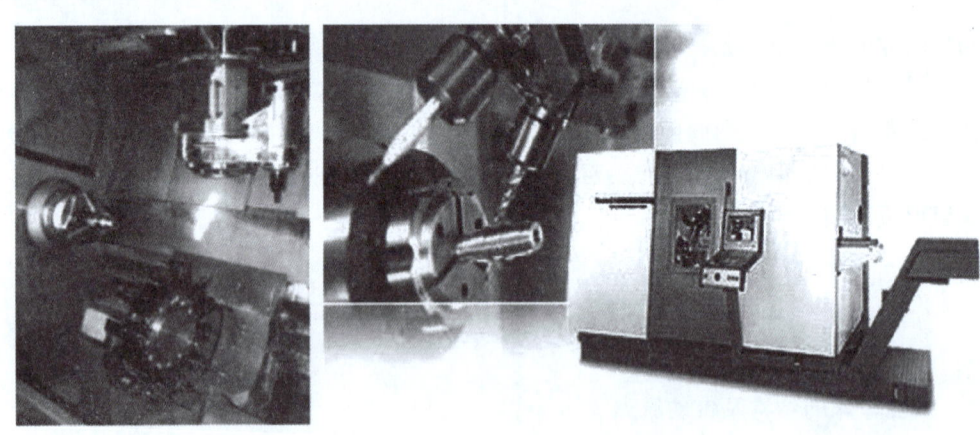

图 2-16　车、铣复合数控机床

（2）按伺服系统的控制方式分类

1）开环控制系统的数控车床。开环控制系统的数控车床通常不带位置检测元件，而是使用步进电动机作为执行元件。数控装置每发出一个指令脉冲，经驱动电路功率放大以后，就都驱动步进电动机旋转一个角度，再由传动机构带动工作台移动（图 2-17）。

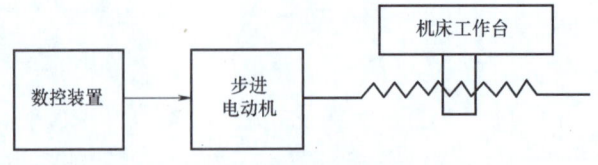

图 2-17　开环控制系统

开环控制系统的数控车床受步进电动机的步距精度和传动机构的传动精度的影响，难以实现高精度加工。但由于其系统结构简单、成本较低、技术容易掌握，所以使用广泛。普通车床的改造大多采用开环控制系统。

2）**闭环伺服系统的数控车床**。这类车床可以接受插补器的指令，而且可以随时与工作台端测得的实际位置反馈信号进行比较，并根据其差值不断进行自动误差修正。这类数控车床可以基本消除由于传动部件制造误差给工件加工带来的影响，能得到很高的加工精度。闭环伺服系统主要用于精度要求很高的数控车床装置，如车削加工中心等（图2-18）。

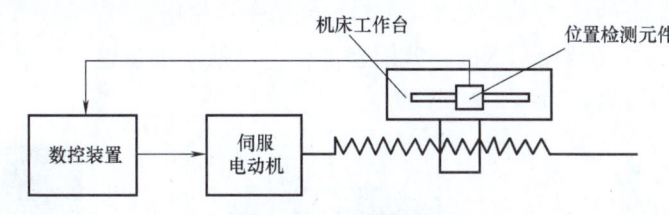

图2-18　闭环控制系统

3）**半闭环伺服系统的数控车床**。如果将测量元件从工作台移到了电动机端头或者丝杠端头，由于这种系统的位置检测装置环路内不包括丝杠、螺母副及工作台，可以获得比开环控制系统更高的精度，但它的位移精度比闭环控制系统要低。由于位置检测元件安装方便、调试容易、性价比较高，大多数经济性数控车床一般都采用（图2-19）。

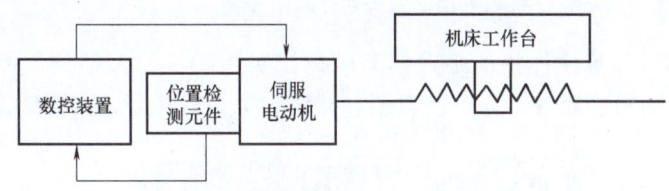

图2-19　半闭环控制系统

2. 数控车床的组成

一般来说，数控车床是由数控系统、由伺服电动机与伺服单元组成的伺服系统、主传动系统、强电控制柜、车床主体（车床各机械部件）和各种辅助装置六部分组成。图2-20为数控车床的主要组成部分与基本工作过程示意图。

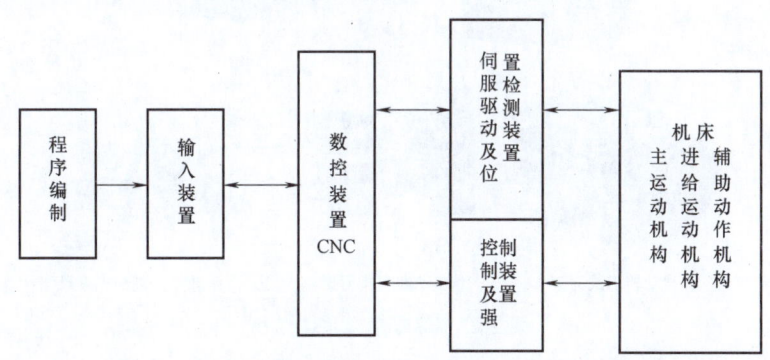

图2-20　数控车床的主要组成部分与基本工作过程示意图

（1）**数控系统**　数控系统是机床实现自动化加工的核心，主要由运算系统、控制系统、可编程控制器、各类输入输出接口、显示器及操作面板等组成。其主要功能是根据所写入的工件程序，通过控制系统译码后转为电信号，再经过控制系统与可编程控制器将所编译出的电信号有序的输送到各类输入输出接口，根据车床加工过程中的各个动作协调进行，按各检测信号进行逻辑判别，从而控制机床各个部件有条不紊地按序工作。

（2）强电控制柜　主要由各种中间继电器、接触器、变压器、电源开关、接线端子和各类电气保护元器件等组成，其作用除了提供数控系统、伺服单元等一类弱电控制系统的输入电源，以及各种短路、过载、欠电压等电气保护外，主要在可编程序控制器 PLC 的输出接口与机床各辅助装置的电气执行元器件之间起桥梁连接作用。

（3）辅助装置　它是数控车床的一些配套部件，包括液压装置、气动装置、冷却系统、润滑系统及其他辅助装置，如图 2-21 所示。

a) 液压卡盘　　　　　　b) 气动三联件　　　　　　c) 自润滑油箱

图 2-21　部分辅助装置

（4）车床主体　车床主体指的是数控车床机械实体。目前大部分数控车床都是专门设计生产的，包括主轴箱、床身、导轨、刀架、尾座、进给机构等，如图 2-22 所示。

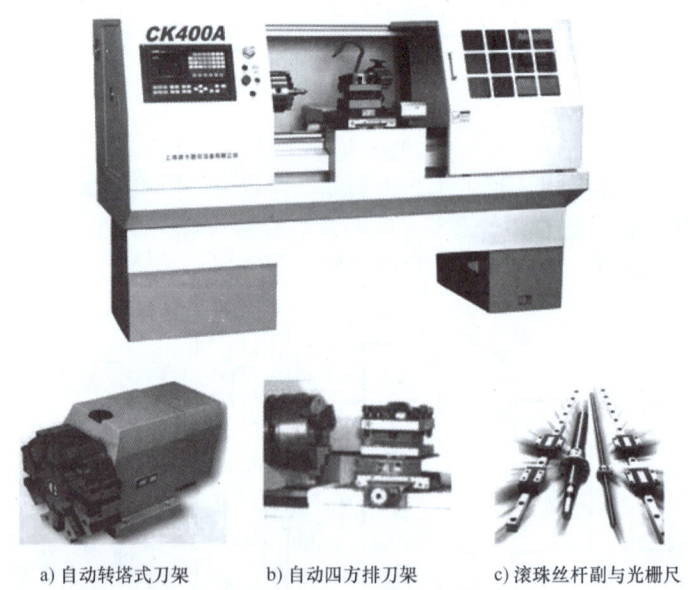

a) 自动转塔式刀架　　　b) 自动四方排刀架　　　c) 滚珠丝杆副与光栅尺

图 2-22　部分车床主体结构

3. 数控车床的工作原理

数控车床首先应将被加工工件的图样及工艺信息数字化，用规定的代码和程序格式编写成加工程序，再将所编程序指令输入到机床的数控装置中，然后数控装置将程序（代码）进行译码、运算后，向机床各个坐标的伺服机构和辅助控制装置发出信号，驱动机床各部件完成需要的辅助运动，最后加工出合格的工件。

2.2.2 数控车床定期保养的内容及方法

数控车床的保养工作，直接影响工件加工质量的好坏和生产效率的高低。为了保持数控车床的精度并延长它的使用寿命，操作工除了能熟练地操作数控车床外，还应学会对数控车床进行合理的维护与保养（见表 2-2）。

表 2-2 数控车床的日常和定期保养的内容及要求

日常保养内容和要求	定期保养的内容和要求	
	保养部位	内容和要求
一、外观保养 1. 机床表面，下班后，所有的加工面抹上机油防锈 2. 清除切屑（内、外） 3. 检查机床内外有无磕、碰、拉伤现象 二、主轴部分 1. 液压夹具运转情况 2. 主轴运转情况 三、润滑部分 1. 各润滑油箱的油量 2. 各手动加油点，按规定加油，并旋转滤油器 四、尾座部分 1. 每周一次，移动尾座清理底面、导轨 2. 每周一次，取下顶尖清理锥孔 五、电气部分 1. 检查三色灯、开关 2. 检查操纵板上各部分位置 六、其他部分 1. 液压系统无滴油、发热现象 2. 切削液系统工作正常 3. 工件排列整齐 4. 清理机床周围，保持清洁 5. 认真填写好交接班记录及其他记录	外观部分	清除各部件切屑、油垢，做到无死角，保持内外清洁，无锈蚀
	液压及切削液箱	1. 清洗过滤器 2. 油管畅通，油窗明亮 3. 液压站无油垢、灰尘 4. 切削液箱内加 5~10cm³ 防腐剂（夏天 10cm³，其他季节 5~6cm³）
	机床本体及清屑器	1. 卸下刀架尾座的挡屑板，并清洗 2. 扫清清屑器上的残余切屑，每 3~6 个月（根据工作量大小）卸下清屑器，清扫机床内部 3. 扫清回转装刀架上的全部切屑
	润滑部分	1. 各润滑油管要畅通无阻 2. 各润滑点加油，并检查油箱内有无沉淀物 3. 试验自动加油器的可靠性 4. 每月用纱布擦拭机床各部位，每半年对各运转点至少润滑一次 5. 每周检查一下过滤器是否干净，若较脏，必须洗净，最长不能超过一个月就要清洗一次
	电气部分	1. 对电动机电刷每年要检查一次（维修电工负责），不合要求者，应立即更换 2. 热交换器每年至少检查清理一次 3. 擦拭电器箱内外清洁无油垢、无灰尘 4. 各接触点良好，不漏电 5. 各开关、按钮灵敏可靠

项目 3 轴类工件加工

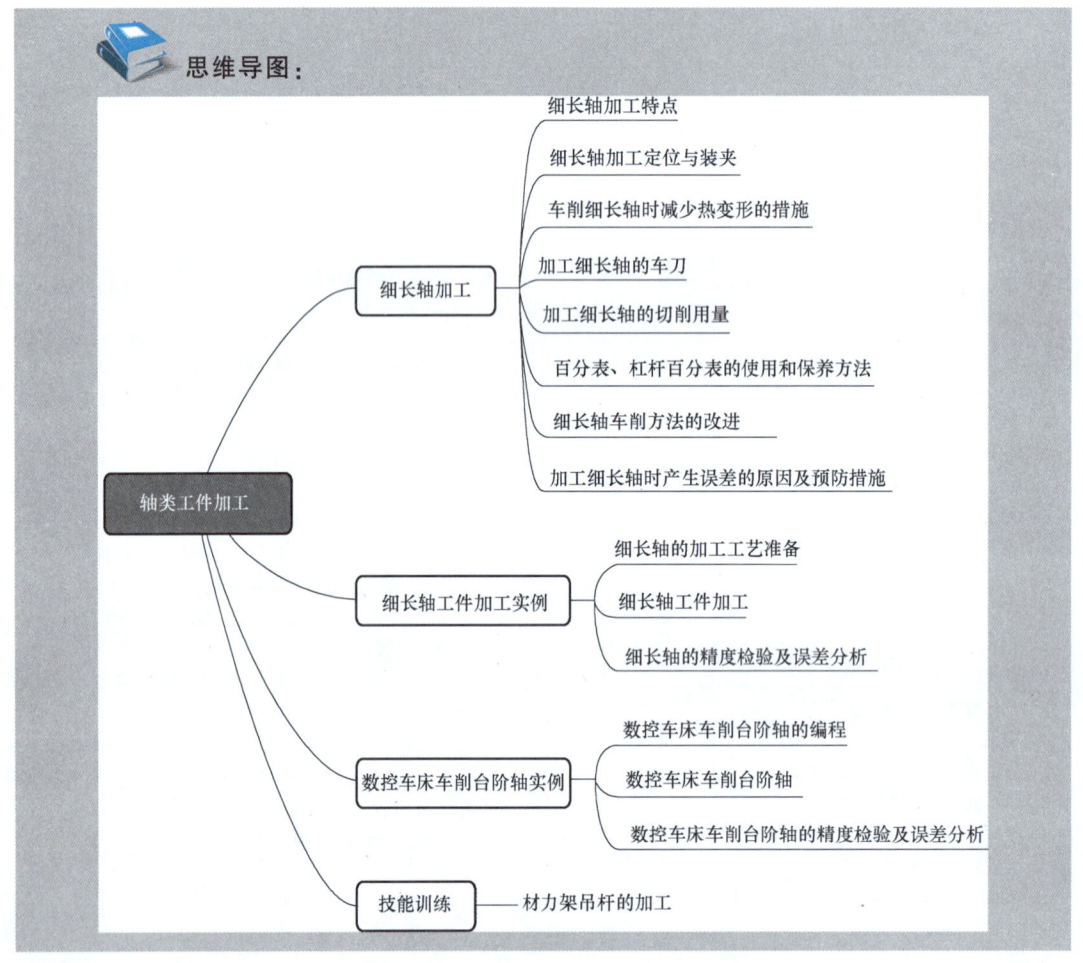

3.1 细长轴加工

3.1.1 细长轴加工特点

一般工件长度 L 与直径 d 之比大于 25 时称为细长轴。由于细长轴本身刚性差（L/d 比值越大，刚性越差），所以在车削过程中会出现以下问题：

1) 在切削过程中，工件受热伸长会产生弯曲变形，甚至会使工件卡死在顶尖间而无法加工。

2)工件受切削力作用产生弯曲,从而引起振动,影响工件的精度和表面粗糙度。

3)工件自重、变形、振动,影响工件的圆柱度和表面粗糙度。

4)工件高速旋转时,在离心力作用下,加剧工件弯曲与振动。因此,切削速度不能过高。

由此可知车削细长轴时,刀具、机床精度、辅助工具精度、切削用量的选择,以及工艺安排与操作技能都应有较高的要求。

3.1.2 细长轴加工定位与装夹

细长轴通常用一顶一夹或两顶尖装夹加工,为了增加工件的刚性,采用中心架或跟刀架作辅助支承。

1. 使用中心架支承细长轴

(1)中心架直接支承在工件中间 当工件可以分段车削时,中心架支承在工件的中间(图3-1)。采用这种支承,长径比减少一半,细长轴的刚度可增加好几倍,在工件装上中心架之前,必须在毛坯中间车一段支承中心架支承爪的沟槽,槽的直径比工件要求尺寸略大一些(以便精车)。在车这条沟槽时,进给量必须选得较小,主轴转速也不能选得过高。车好沟槽后应用纱布抛光,并达到较高的圆柱度与表面粗糙度值要求。

车削时,支承爪与工件接触处应经常加润滑油,为了使支承爪与工件接触良好,也可以在支承爪与工件之间加一层纱布或研磨剂,进行研磨抱合。

(2)使用过渡套筒支承车削 用上面方法在细长轴中间要车削一条沟槽是比较困难的。为了解决这个问题,可以用过渡套筒支承工件。使用时将套筒套在工件的沟槽处,调整套筒两端的四

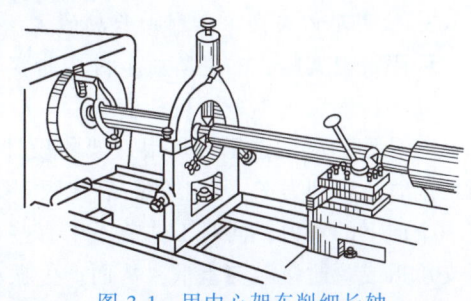

图3-1 用中心架车削细长轴

个调节螺钉,将套筒固定在工件上,用指示表找正套筒的外圆轴线与主轴旋转轴线重合(图3-2a)。然后在套筒中间的外圆上用中心架支承,支承爪的调整及润滑与工件直接支承相同(图3-2b)。

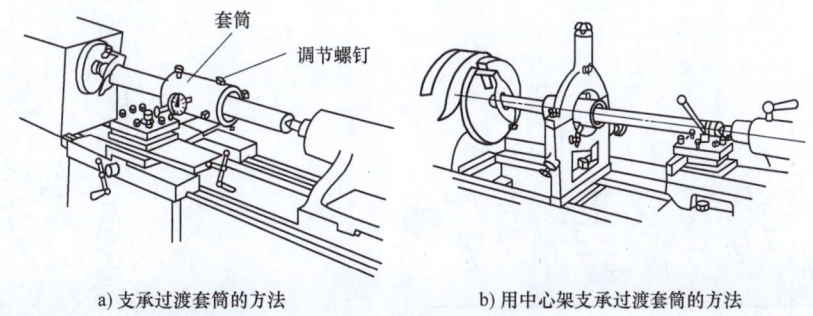

a)支承过渡套筒的方法　　b)用中心架支承过渡套筒的方法

图3-2 用过渡套筒车削细长轴

(3)中心架支承爪的调整 在调整中心架支承爪前,最好把工件两端在卡盘和顶尖之间支承好。用中心架支承的外圆是基准,必须有圆度的要求,如有误差则在整个加工中产生

仿形误差。

1）当两端支承妥当时，可选用切削时使用的速度进行试运行。

2）轻轻拧紧中心架活动臂卡爪，如图 3-3 所示。

3）拧紧靠近操作者的支承爪 C，直到感觉支承爪轻微接触到外圆为止（可结合耳听、目测等）。

4）拧紧远离操作者的支承爪 D，达到同样的效果。

5）向下拧支承爪 E，达到同样的效果。

6）用手轻轻拧动支承爪的滚花螺钉，允许它们在手指下打滑，以保证支承爪与外圆接触良好。

7）锁住下面两个支承爪。

8）在支承爪与外圆之间加油进行润滑，防止发热。

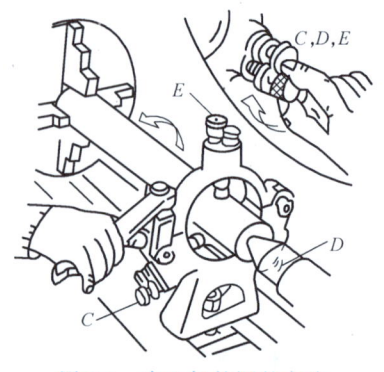

图 3-3 中心架的调整方法

综上所述，能使各个支承爪实现正确支承是很重要的，为此要求每个支承爪都能如精密配合的滑动轴承的内壁一样，保持相同的微小间隙，可自由滑动。应随时注意中心架各个支承爪的磨损情况，并及时调整和补偿。中心架的三个支承爪在工作时，由于与工件相互摩擦而产生磨损，支承爪因长期磨损至无法使用时，可用青铜、球墨铸铁或尼龙调换。

2. 使用跟刀架支承车削细长轴的方法

使用跟刀架的目的是防止工件弯曲变形及抵消背向切削力的重要措施，而且可提高细长轴的几何精度和减小表面粗糙度值。一般不允许接刀的细长轴都可使用跟刀架支承。

（1）跟刀架的选用 从跟刀架的设计原理来看，只需两只支承爪就可以了（图 3-4a）。因切削时总切削力 F，使工件贴靠在跟刀架的两个支承爪上。但是实际使用时，工件本身受有一个向下的重力，同时工件免不了有些弯曲。因此，当车削时，工件往往因离心力瞬时离开支承爪或瞬时接触支承爪，从而产生振动。如果采用三只支承爪的跟刀架支承工件，由于车刀抵住（图 3-4b），使工件上下、左右都不能移动，车削时稳定，不易产生振动。因此用三爪跟刀架支承车削细长轴是一项很重要的措施。

三爪跟刀架的结构如图 3-5 所示，用手柄转动锥齿轮，经锥齿轮转动丝杠，即可使支承爪 1 向心或离心移动。

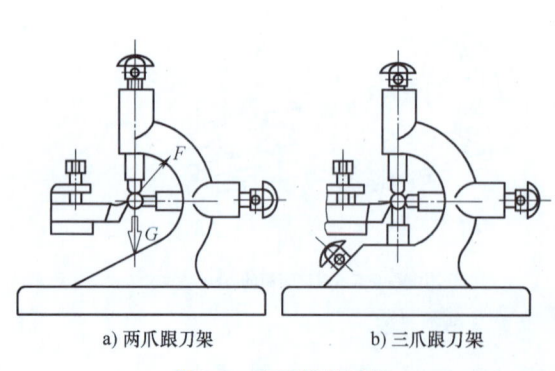

图 3-4 跟刀架的选用

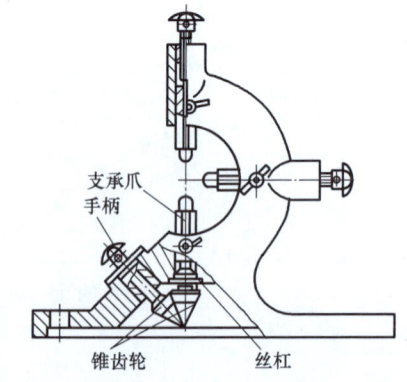

图 3-5 三爪跟刀架的结构

（2）跟刀架的使用要求 根据上面分析，车削细长轴时最好采用三个支承爪的跟刀架，使用时须注意跟刀架的支承爪跟工件的接触压力不要过大。如果压力过大，会把工件车成"竹节形"。其原因是：当刚开始时，工件在尾座端由顶尖顶住很难变形，但车削一段距离以后，由于支承爪支紧力过大，使工件压向车刀，这样背吃刀量就增加了，导致车出的直径就小了。

当跟刀架的支承爪支承到已经车小的外圆上时，工件表面会与跟刀架支承爪脱离，这时由于径向力的作用，工件向外让开，使背吃刀量减小，车出的工件直径就增大。之后，当跟刀架支承爪再支承到直径大的外圆上时，又把工件压向车刀，这样有规律地变化就会把工件车成"竹节形"。如果跟刀架的支承爪压力太小，甚至没有接触，那就不能起到跟刀架的作用。因此，在调整跟刀架支承爪的压力时，要特别注意。当支承爪在加工过程中磨损以后，也应及时调整。

（3）跟刀架支承爪的调整方法

1）在已加工表面上，调整支承爪与刀具上的支承位置的距离应小于10mm。

2）控制背吃刀量，使之在整个轴的全长上能够切除余量，不能留有黑疤和斑痕（图3-6）。

3）拧进后，支承爪要接触工件外圆，通过手摸、耳听、目视等方法有效地控制支承爪轻微接触到外圆为止。

4）拧进下支承爪和上支承爪，拧到有上述同样感觉为止。要求每个支承爪都能与轴之间保持相同的微小间隙，并可自由活动。

5）经常对每个支承爪的接触情况进行跟踪和检查，并注油润滑。跟刀架底座与床鞍的接触面应进行修刮，保证跟刀架的使用有很好的平稳性。

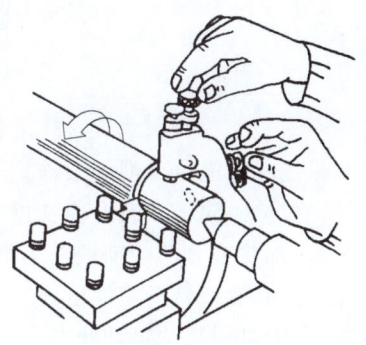

图3-6 跟刀架支承爪的调整方法

3.1.3 车削细长轴时减少热变形的措施

车削细长轴时除了要重视中心架及跟刀架的使用，还应防止工件热变形伸长及合理选择车刀几何形状等关键技术。

工件的热变形伸长：车削时，因切削热会传导给工件，使工件温度升高，工件就会产生变形，这就叫"热变形"。在车削一般轴类时可不考虑热变形问题，但是车削细长轴时，因为工件长，伸长量大，会使工件产生弯曲变形，甚至会使工件在顶尖间卡住。所以一定要考虑到热变形的影响，工件热变形伸长量 ΔL 可按下式计算

$$\Delta L = \alpha_1 L \Delta t \tag{3-1}$$

式中　α_1——材料线胀系数（$℃^{-1}$）；

　　　L——工件的总长（mm）；

　　　Δt——工件升高的温度（℃）。

例1 如车削直径 ϕ30mm，长度 $L=1500$mm 的细长轴，材料为45钢，车削时因切削热的影响，使工件比室温升高30℃，求这根细长轴热变形伸长量？

解 已知 $L=1500$mm，$\Delta t=30°$，查45钢的线胀系数 $\alpha_1=11.59\times10^{-6}℃^{-1}$。根据式（3-1）得

$$\Delta L = \alpha_1 L \Delta t = 11.59\times10^{-6}℃^{-1}\times1500\text{mm}\times30℃ = 0.522\text{mm}$$

根据上例计算可知，如果长1500mm的轴，温度升高30℃，轴会伸长0.522mm。车削

细长轴时，一般用两顶尖或用一端夹住一端顶住的方法装夹，其轴向位置都是固定的。如果产生热变形，工件就会弯曲，加工就很难进行。因此，加工细长轴时，一定要采取以下措施减少工件热变形：

1）使用弹性回转顶尖来补偿工件热变形伸长。弹性回转顶尖的结构如图3-7所示。顶尖由圆柱滚子轴承、滚针轴承承受径向力，推力球轴承承受轴向推力。在圆柱滚子轴承和推力球轴承之间，放置两片碟形弹簧。当工件变形伸长时，工件推动顶尖使碟形弹簧压缩变形，经长期生产实践证明，用弹性回转顶尖加工细长轴，可有效地补偿工件的热变形伸长，使工件不易弯曲，保证车削顺利进行。

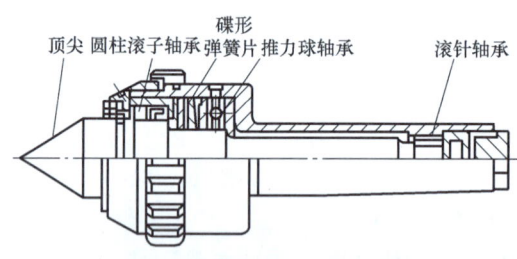

图3-7 弹性回转顶尖的结构

采用反向进给车削细长轴，也能减少弯曲变形。因为进给力作用及工件已加工部分产生的轴向拉伸，同工件温升伸长量方向一致，都向弹性顶尖压缩。

2）加注充分的切削液。车削细长轴时，不论低速切削还是高速切削，使用切削液进行冷却，能有效地降低工件温度。

3）刀具应保持锐利状态。以减少车刀与工件的摩擦发热。

4）采用乳化液作切削液。

3.1.4　加工细长轴的车刀

1. 车刀几何形状的选择

在车削工件刚性差的细长轴时，车刀不同的几何形状对其振动有明显的影响，故选择时主要考虑以下几点：

1）为减少细长轴弯曲，要求背向力越小越好，而刀具的前角和主偏角是影响背向力的主要因素。在不影响刀具强度情况下，尽量增大车刀的主偏角。车刀的主偏角 κ_r 取 $83° \sim 93°$。

2）为减小切削力和切削热，应选用较大的前角，一般 $\gamma_o = 15° \sim 30°$。

3）车刀前面应磨有 $R1.5 \sim R3mm$ 的断屑槽，使切屑容易卷曲、折断。

4）在车刀的副后面磨宽度为 $0.1 \sim 0.2mm$、副后角为 $0°$ 的消振棱，使切削过程稳定。

5）选择正刃倾角，取 $\lambda_s = +3° \sim +10°$，使切屑流向待加工表面。另一方面，车刀也容易切入工件，并可以减少切削力。

6）车刀表面粗糙度值要求在 $Ra0.4\mu m$ 以下，并保持切削刃锋利。

7）为了减小背向力，应选择较小的刀尖圆弧半径（$r_\varepsilon < 0.3mm$）。倒棱的宽度也应 r_ε 选得较小，取倒棱宽度 $b_{\gamma 1} = 0.5f$。

2. 93°细长轴精车刀

车刀的几何形状如图3-8所示。

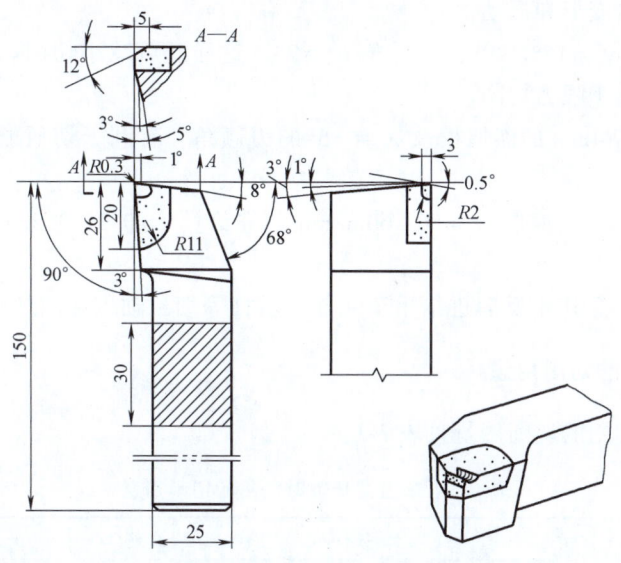

图 3-8 93°细长轴精车刀的几何形状

(1) 刀片材料 P05 硬质合金（刀杆材料为 45 钢）。

(2) 刀具特点

1) 采用主偏角 $\kappa_r = 93°$，可减小背向力。

2) 前面磨出横向断屑槽，横向前角为 $-12°$，可提高切削性能，控制切屑向待加工表面排出，保证已加工面不被切屑拉毛。

3) 刀尖磨出 $r_\varepsilon = 0.3$mm 的小圆弧，有利于加强刀尖强度。

4) 采用倒棱副前角 $\gamma_{o1} = -5°$，切削平衡，无振动。

5) 车削时，一般不需用中心架及跟刀架支承。加工后工件表面粗糙度值为 $Ra3.2\mu m$，在 1000mm 长度内圆柱度误差不超出 $0.05 \sim 0.07$mm，直线度误差不超出 $0.02 \sim 0.04$mm。

(3) 切削用量 切削速度 $v_c = 50 \sim 80$m/min，进给量 $f = 0.17 \sim 0.23$mm/r；背吃刀量 $a_p = 0.1 \sim 0.12$mm。

(4) 适用范围 适用于加工 45 钢，精车 $L/d < 50$ 的细长轴。

(5) 使用要求

1) 机床无振动现象。

2) 刀具应高于工件轴线 $0.3 \sim 0.5$mm 装夹。

3. 75°细长轴粗车刀

车刀的几何形状如图 3-9 所示。刀具特点如下：

(1) 刀片材料 采用 M10 或 K10 牌号硬质合金（刀杆材料为 45 钢）。

(2) 刀具特点

1) 采用主偏角 $\kappa_r = 75°$，以增大进给力，使工件获得较大的拉力，减小背向力，

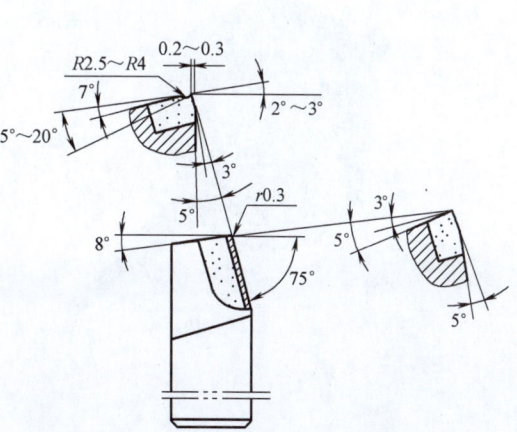

图 3-9 75°细长轴粗车刀的几何形状

有利于防止工件弯曲变形和振动。

2）磨出大前角 $\gamma_o = 15° \sim 20°$，小后角 $\alpha_o = 3°$，这样既可减小切削阻力，又可加强切削刃强度，使刀具适应于强力切削。

3）磨有 $R2.5 \sim R4mm$ 的断屑槽及 $\lambda_s = -5°$ 的刃倾角，有利于切屑顺利排出，并增强刀尖强度。

（3）切削用量　切削速度 $v_c = 50 \sim 60m/min$，进给量 $f = 0.3 \sim 0.5mm/r$，背吃刀量 $a_p = 1.5 \sim 3mm$。

（4）适用范围　适用于反向进给粗车光杠、丝杠等细长轴工件的外圆。

3.1.5 加工细长轴的切削用量

车削细长轴时常用的切削用量见表 3-1。

表 3-1　车削细长轴时常用的切削用量

工件	直径/mm			直径/mm		
	10～30			30～50		
	长度/mm			长度/mm		
	1200～1500			1500～2500		
切削用量	a_p/mm	f/(mm/r)	n/(r/min)	a_p/mm	f/(mm/r)	n/(r/min)
粗车	1～3	0.3～0.6	600	2～3	0.3～0.5	400～600
半精车	1～1.5	0.3～0.4	600～1200	1～1.5	0.3～0.4	600～750
精车	0.4～0.6	0.15～0.2	750～1200	0.4～0.6	0.15～0.2	600～750

注：表中切削用量适用于工件材料为 45 钢、不锈钢类，用 75°车刀粗车时，f 还可以加大 1/3 左右。

3.1.6 百分表、杠杆百分表的使用和保养方法

1. 百分表

百分表是一种精度较高的比较量具，主要用于检测工件的几何误差，也可用于工件的安装找正。它只能测出相对数值，不能测出绝对值。

（1）百分表结构及工作原理（图 3-10）　将被测尺寸引起的测轴微小直线移动，经过齿轮传动放大，变为指针在刻度盘上的转动，从而读出被测尺寸的大小。当测轴向上或向下移

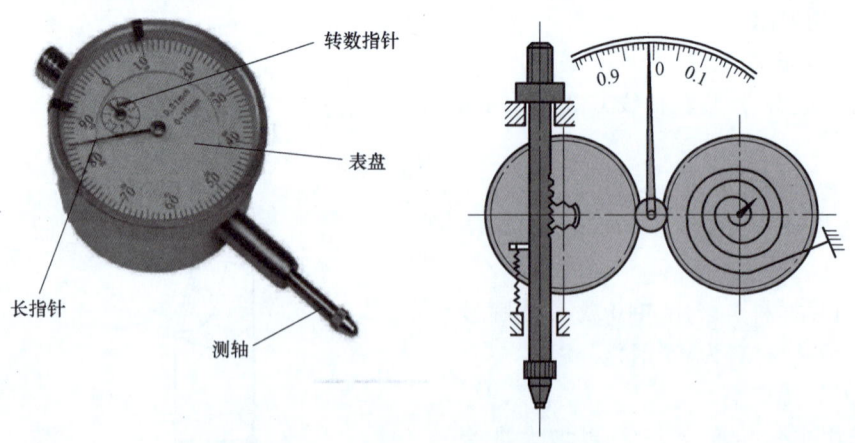

图 3-10　百分表结构及工作原理图

动 1mm 时，通过齿轮传动系统带动大指针转一圈，同时小指针转 1 格。

（2）百分表的读数方法　常用百分表（百分表）大指针每转一格读数值 0.01mm，小指针每转一格读数为 1mm。先读小指针转过的刻度线（即毫米整数）再读大指针转过的刻度线（即小数部分并乘以 0.01，然后两者相加），即得到所测量的数值。

（3）百分表的使用注意事项

1）使用前，应检查测轴活动的灵活性。即轻轻推动测轴时，测轴在套筒内的移动要灵活，没有任何轧卡现象，每次手松开后，指针就能回到原来的刻度位置。

2）测量时，不要使测轴的行程超过它的测量范围。不要使表头突然撞到工件上，也不要用百分表测量表面粗糙或有凹凸不平的工作。

3）测量平面时，百分表的测轴要与平面垂直，测量圆柱形工件时，测轴要与工件的中心线垂直。否则，将使测量杆活动不灵或测量结果不准确。

4）使用时，必须把百分表固定在可靠的夹持架上。切不可贪图省事，随便夹在不稳固的地方。否则，容易造成测量结果不准确或摔坏百分表。

5）为方便读数，在测量前一般都让大指针指到刻度盘的零位。

6）维护与保养

① 远离液体，不使切削液、水或油与内径表接触。

② 在不使用时，要摘下百分表，使表解除其所有负荷，让测量杆处于自由状态。

③ 成套保存于盒内，避免丢失与混用。

2. 杠杆百分表

杠杆百分表目前有正面式、侧面式及端面式几种类型。常用杠杆百分表（图 3-11）的分度值为 0.01mm，测量范围不大于 1mm。它的表盘是对称刻度的。杠杆百分表可用于测量几何误差，也可用于比较测量的方法测量实际尺寸，还可以测量小孔、凹槽、孔距、坐标尺寸等。体积小、精度高，适应于一般百分表难以测量的场所。杠杆百分表与百分表原理、读数方法相同。

杠杆百分表的使用注意事项如下：

1）使用前检查。

① 检查相互作用：轻轻移动测杆，表针应有较大位移，指针与表盘应无摩擦，测杆、指针无卡阻或跳动。

② 检查测头：测头应为光洁圆弧面。

③ 检查稳定性：轻轻拨动几次测头，松开后指针均应回到原位。

④ 沿测杆安装轴的轴线方向拨动测杆，测杆无明显晃动，指针位移应不大于 0.5 个分度。

2）正确使用。

① 将表固定在表座或表架上，稳定可靠。

② 调整表的测杆轴线垂直于被测尺寸线。对于平面工件，测杆轴线应平行于被测平面；对圆柱形工件，测杆的轴线要与过被测母线的相切面平行，否则会产生很大的误差。

图 3-11　杠杆百分表

③ 测量前调零位。比较测量用对比物（量块）做零位基准。几何误差测量用工件作为零位基准。调零位时，先使测头与基准面接触，压测头到量程的中间位置，转动刻度盘使零

线与指针对齐，然后反复测量同一位置 2~3 次后检查指针是否仍与零线对齐，如不齐则重调。

④ 测量时，用手轻轻抬起测杆，将工件放入测头下测量，不可把工件强行推入测头下。显著凹凸的工件不用杠杆表测量。

⑤ 不要使杠杆表突然撞击到工件上，也不可强烈振动、敲打杠杆表。

⑥ 测量时注意表的测量范围，不要使测头位移超出量程。

⑦ 不使测杆做过多无效的运动，否则会加快工件磨损，使表失去应有精度。

⑧ 当测杆移动发生阻滞时，须送计量室处理。

3.1.7 细长轴车削方法的改进

1. 减少装夹接触面积

工件用卡盘夹住，轴端伸入卡盘内约 15~20mm。在卡爪与工件之间垫入 $\phi 4mm \times 20mm$ 的钢丝，如图 3-12 所示。这样工件与卡爪之间为线接触，能起万向调节作用，避免被长卡爪夹死而引起弯曲变形。

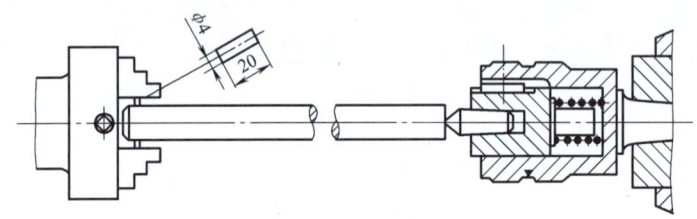

图 3-12 减少装夹接触面积

2. 改进车削方法

(1) 采用反向进给车削细长轴　车削细长轴时，采用反向进给（图 3-13），改变进给方向，使工件由受压转变为受拉伸。当采用大进给量切削时，F_f 力较大，使工件从卡盘端到车刀之间内部产生较大的拉应力，能有效地减少工件的径向圆跳动，大幅度消除振动，有利于获得较高的精度和较小的表面粗糙度值。

(2) 使用对刀切削法车削细长轴　如图 3-14 所示，用对刀切削法车削细长轴可使两刀的背向力相互抵消，这样可减少工件的弯曲变形。两刀尖距就是工件的直径，车出的工件圆柱度误差小。

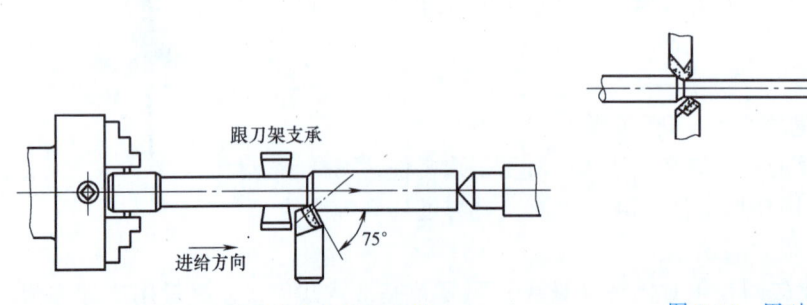

图 3-13 反向进给车削细长轴　　图 3-14 用对刀切削法车削细长轴

应用对刀切削法时,应将车床中滑板改装成有前后两个刀架,前刀架正装一把刀,后刀架反装一把刀。中滑板丝杠采用一端为右旋螺纹,一端为左旋螺纹,转动丝杠时,能使两刀架同时进刀或退刀。

3.1.8 加工细长轴时产生误差的原因及预防措施

加工细长轴时产生误差的原因及预防措施见表 3-2。

表 3-2 加工细长轴时产生误差的原因及预防措施

误差的种类	原　　因	预 防 措 施
竹节形	中心架、跟刀架支承爪压力大	合理调整支承爪压力
仿形误差	中心架支承外圆有误差	作为基准支承外圆误差要小
产生弯曲	工件热变形	采用弹性回转顶尖 充分加注切削液冷却工件 保持车刀锋利
产生振动	刀具的几何角度不正确 切削用量不正确 支承爪压力不正确	合理选择刀具的几何角度 合理选择切削用量 合理调整支承爪压力

3.2 细长轴工件加工实例

3.2.1 细长轴的加工工艺准备

1. 分析图样

图 3-15 所示的光杠,为单件加工,毛坯种类为热轧圆钢,材料为 45 钢,毛坯尺寸为 $\phi 38mm \times 1200mm$。对图样分析如下:

1)工件长度为 1200mm、直径为 $\phi 30_{-0.084}^{0}$ mm,长度与直径之比为 40:1,属于细长轴工件。

2)外圆 $\phi 30_{-0.084}^{0}$ mm 的圆度公差为 0.015mm、直线度公差为 0.20mm,表面粗糙度值为 $Ra3.2\mu m$。

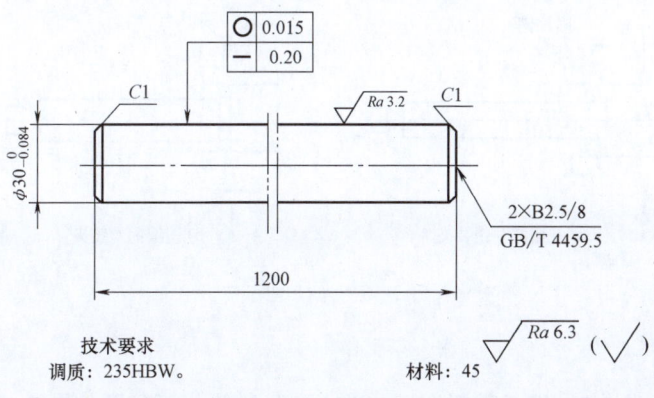

图 3-15 细长轴工件(光杠)

2. 制订加工工艺

1) 毛坯弯曲时，不允许冷校直，因为钢材在轧制过程中产生的内应力，经校直后，如不经热处理去除应力，粗车后仍会恢复原来状态。

2) 工件是一光轴，所以在粗加工前（即毛坯）进行调质处理，目的是改善材料组织、细化晶粒，消除内应力，改善切削性能。

3) 由于工件比较长，车削前必须找正尾座套筒的轴线与主轴轴线同轴，防止工件产生锥度误差。

4) 车削时，使用三爪跟刀架支承，使用时必须仔细调整各支承爪对工件的压力均匀。保持跟刀架的中心与机床顶尖间轴线重合。粗车时，即刀架支承爪在刀尖后面 3~5mm 处；精车时，支承爪在刀尖前面，这样可避免支承爪划伤已加工表面。

5) 粗车、半精车时，采用由主轴向尾座方向进给（即反向车削）的方法，使工件由受压变为拉伸，其伸长量由尾座上的弹性回转顶尖补偿，可减小车削时的振动和弯曲变形。

6) 切削用量可按表 3-1 选用。车削时应浇注充分的切削液，以减小工件热变形伸长量。

7) 安装车刀时，刀尖应略高于工件中心，使车刀后面与工件表面有微小的面接触，以减小车削时的振动。

8) 工件的精度要求比较高，在精车前应研修中心孔，用中心钻修整时，选用切削速度 $v_c = 5 \sim 10 \text{m/min}$，加注切削液。

9) 由于车床主轴轴线与尾座顶尖轴线对床鞍导轨之间的各种位置误差，会导致跟刀架支承爪在不同位置上的压力产生变化，从而影响切削。因此要在车削过程中采取相应措施，及时调整跟刀架支承爪。

10) 光杠的加工顺序安排如下：调质处理→车端面、钻中心孔→粗车、半精车外圆→调头、车端面、钻中心孔、车夹紧部分外圆→修整一端中心孔→精车外圆、倒角。

3. 工件的定位与装夹

1) 粗车、半精车外圆时，采用一端夹住，一端用回转顶尖顶住，并使用跟刀架支承。装夹工件时，为减小工件装夹时的弯曲变形，工件夹住部分不宜过长，一般为 10~15mm，或用 φ5mm×20mm 的圆柱销垫在卡爪的凹槽中并夹紧工件（图 3-16a），也可用细钢丝在工件上绕一圈后夹紧工件（图 3-16b）。

2) 精车时，采用两顶尖装夹，用跟刀架支承。

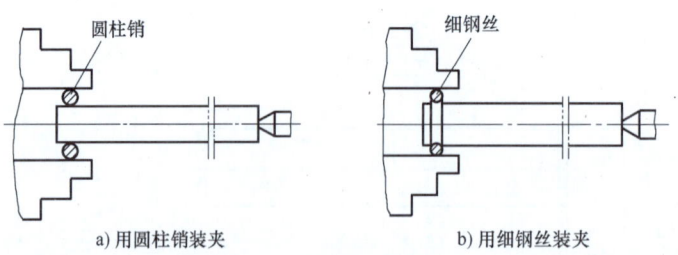

图 3-16 光杠的装夹

4. 选择刀具

粗车外圆时，选择 75°细长轴粗车刀（左），车刀的几何角度如图 3-9 所示。

精车外圆时，选择 90°细长轴车刀，车刀的几何角度如图 3-17 所示。

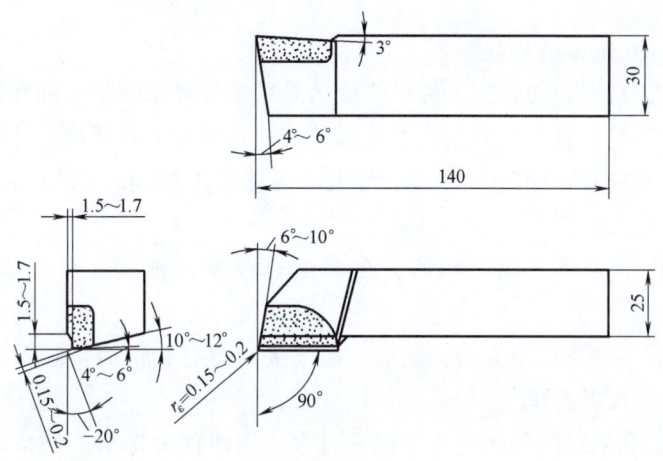

图 3-17　90°细长轴车刀

5．选择设备

选择 C6140×2000mm 型卧式车床。

3.2.2　细长轴工件加工

光杠的加工步骤如下：

1）热处理调质 235HBW。

2）用自定心卡盘夹住一端，另一端用中心架托住。

① 车端面。

② 钻中心孔 $\phi 25$mm B 型。

3）按图 3-16 所示方法装夹工件。

① 先在靠近卡爪处车一工艺台阶（图 3-18），用于较快地调整支承爪。

② 粗车、半精车外圆，留精车量 0.7~0.6mm。

③ 倒角。

4）调头，一端夹住，一端用中心架支承。

① 车端面、取长度尺寸 1200mm。

② 钻中心孔 $\phi 25$mm B 型。

③ 用顶尖轻顶，车夹紧部分外圆，并与原外圆接平。

④ 倒角。

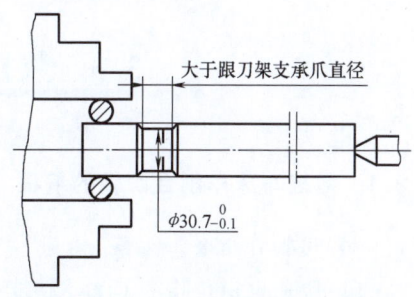

图 3-18　车跟刀架支承爪支承面

5）调头，按上面的装夹方法，用精度较好的中心钻修整中心孔。

6）将工件装夹于两顶尖之间。

① 精车外圆 $\phi 30_{-0.084}^{0}$mm。

② 两端倒角 C1mm。

3.2.3 细长轴的精度检验及误差分析

1. 圆度误差 0.015mm 的检验

在现实生产中,对这类细长轴工件一般使用外径千分尺来测量,即在同一截面上用外径千分尺对不同角度进行测量,千分尺最大读数差值的一半即为该截面上的圆度误差;按上述方法在工件全长上测量若干个截面,其中最大的误差值不应超过 0.015mm。圆度误差超差的主要原因有以下几方面:

1) 两端中心孔锥面圆度误差较大,在车削过程中反映到工件外圆上,使圆度误差超差。

2) 精车时,后顶尖支顶得太松,使前、后顶尖与中心孔锥面接触不良。车削时,使工件产生跳动,造成圆度误差超差。

3) 机床主轴锥孔轴线的径向圆跳动误差过大,用两顶尖支承工件精车外圆时,会影响工件的圆度误差。

4) 机床主轴轴承间隙过大、主轴轴颈的圆度误差过大,使工件外圆圆度超差。

2. 直线度误差 0.2mm 的检验

在测量平板上检验,将工件置于测量平板上,在工件素线与平板面之间的间隙可用塞尺测量。按此方法测量工件若干条素线,塞尺最大厚度值不应大于 0.2mm。直线度误差超差的原因主要有以下几方面:

1) 跟刀架支承爪与工件接触不良,在车削过程中使工件产生弯曲变形。

2) 车削时没有充分加注切削液,不能有效地降低工件温度,使工件产生热变形,使直线度误差超差。

3) 使用主偏角较小的车刀车削,产生过大的背向切削力,使工件在纵向截面上产生形状误差,造成直线度误差超差。

4) 前、后顶尖轴线不在同一轴线上,车削工件外圆时,产生形状误差,影响工件的直线度。

3.3 数控车床车削台阶轴实例

3.3.1 数控车床车削台阶轴的编程

1. 常用插补指令

(1) 快速点定位指令 G00 功能:使刀具以点位控制方式,从刀具所在点快速移动到目标点,如图 3-19 所示。

格式:G00 X(U)__ Z(W)__;

X、Z:绝对坐标方式时的目标点坐标,U、W:增量坐标方式时的目标点坐标。

例如:G00 X(U)30. Z(W)2.;

(2) 直线插补指令 G01 功能:使刀具以给定的进给速度,从所在点出发,直线移动到目标点,如图 3-20 所示。

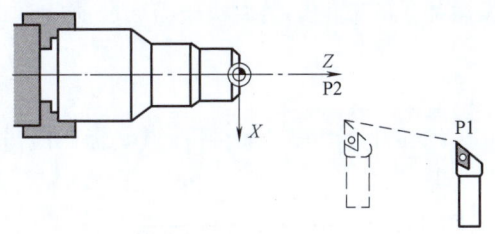

图 3-19　G00 路线图

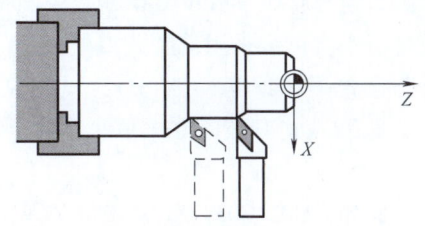

图 3-20　直线插补图

格式：G01　X(U)＿　Z(W)＿　F＿；

X、Z：绝对坐标方式时的目标点坐标，U、W 增量坐标方式时的目标点坐标，F 是进给量。

例如：G01　X(U)30.　Z(W)2.　F0.2；

例 2　加工如图 3-21 所示台阶轴工件，毛坯直径为 φ30mm 的 45 钢。车刀路径：A-B-C。

1）工艺分析：毛坯直径为 φ30mm 加工外圆到 φ26mm，背吃刀量为 4mm，工件右端面中心处作为编程零点。用外圆车刀进行车削，需要车削一次就可完成外圆及左端面的加工。

2）编程（表 3-3）。

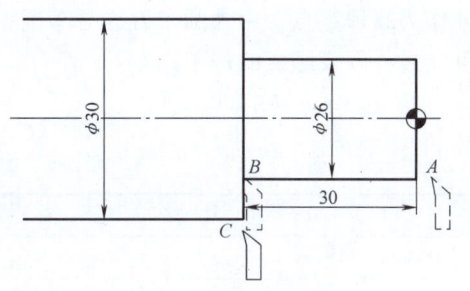

图 3-21　台阶轴

表 3-3　台阶轴加工程序

主　程　序	说　明
O3666；	程序名
T0101 M03 G99 S800；	1号刀：外圆车刀，主轴转速为 800r/min
G00 X30. Z2.；	起刀点
G01 X30. Z-30. F0.2；	外圆加工
G01 X33. Z-30. F0.2；	左端面加工
G00 X100. Z100.；	换刀点
M30；	程序结束

2. 圆弧插补指令 G02/G03

功能：使刀具从圆弧起点，沿圆弧轨迹移动到圆弧终点。图 3-22a 用 G02 指令，是逆时

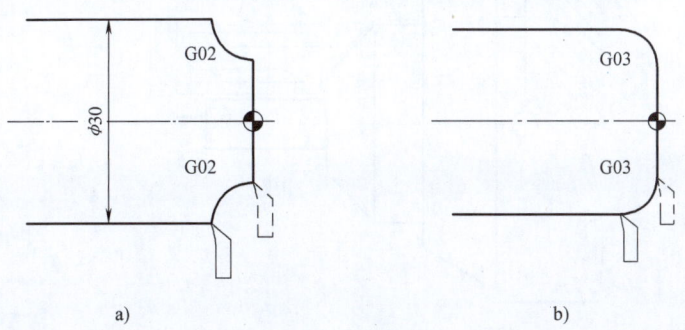

图 3-22　圆弧插补

针圆弧插补；图3-22b用G03指令，是顺时针圆弧插补。圆弧的顺逆取决于刀架的前后（本教材所举实例全采用前置式刀架）。

格式：G02/G03　X(U)__　Z(W)__　R__　F__；

X、Z：绝对坐标方式时的目标点坐标，U、W：增量坐标方式时的目标点坐标，F：进给量。

例如：G02/G03　X(U)10.　Z(W)-15.　R15.　F0.15；

例3　加工如图3-23所示带圆弧的台阶轴工件，毛坯直径为φ30mm的45钢。

1) 工艺分析：毛坯直径为φ30mm，外圆加工到φ26mm，背吃刀量为4mm，并有顺弧加工，右端面中心处作为编程零点。用外圆车刀进行车削，需要车削一次就可完成外圆及顺弧的加工。

2) 编程（表3-4）。

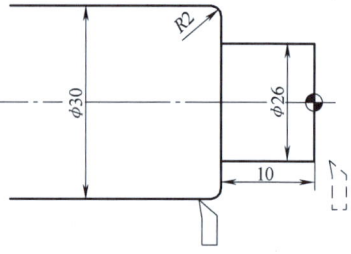

图3-23　带圆弧的台阶轴

表3-4　加工带圆弧的台阶轴程序

主　程　序	说　　明
O3668;	程序名
T0101 M03 G99 S600;	1号刀；外圆车刀，主轴转速为600r/min
G0 X26. Z2. ;	起刀点
G1 X26. Z-10. F0.2 ;	外圆加工，进给量为0.2mm/r
G03 X30. Z-12. R2. F0.15;	圆弧加工，进给量为0.15mm/r
G0 X100. Z100. ;	换刀点
M30;	程序结束

3. 外圆粗加工复合循环G71

外圆粗切循环是一种复合固定循环，适用于外圆柱面需多次进给才能完成的粗加工，如图3-24所示。

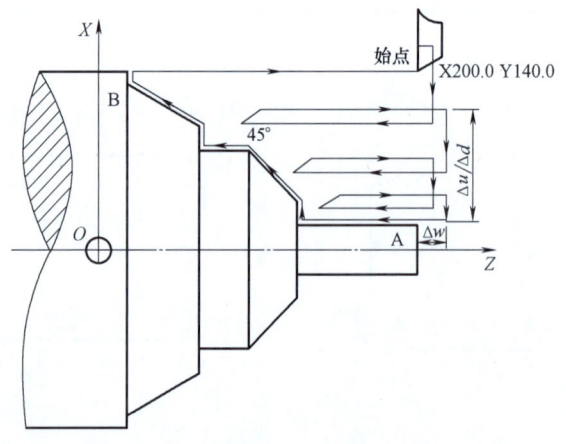

图3-24　外圆粗加工复合循环

编程格式：

G71 U(Δd) R(e)；

G71 P(ns) Q(nf) U(Δu) W(Δw) F(f) S(s) T(t)；

d：每次背吃刀量，无符号，该参数为模态值，半径指定。

e：退刀量，无符号，该参数为模态值，半径指定。

ns：指定精加工路线的第一个程序段的段号。

nf：指定精加工路线的最后一个程序段的段号。

Δu：X轴方向的精加工余量。

Δw：Z轴方向的精加工余量。

f、s、t：F、S、T代码。

注意：

1. $ns \rightarrow nf$ 程序段中的 F、S、T 功能，即使指定也对粗车循环无效。

2. 工件轮廓必须符合 X 轴、Z 轴方向同时单调增大或单调减少；X 轴、Z 轴方向非单调时，$ns \rightarrow nf$ 程序段中第一条指令必须在 X、Z 轴向同时运动时使用。

例4 加工如图3-25所示工件，编写外圆粗切循环加工程序。

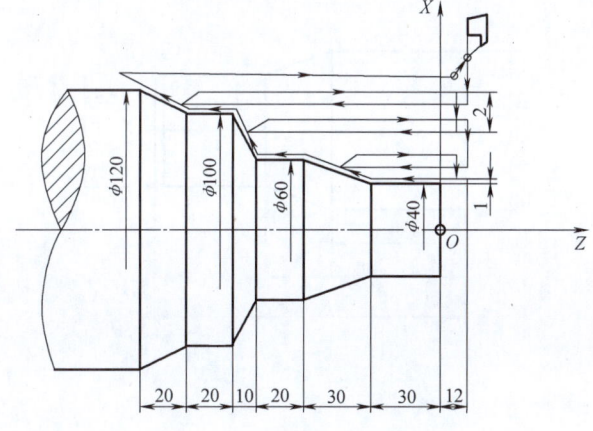

图 3-25 G71 指令应用实例

参考程序见表3-5。

表 3-5 G71 指令应用程序

主 程 序	说 明
O1301；	程序名
N10　T0101；	选择1号刀，并调用1号刀补
N20　M3　S600；	主轴以600r/min正转
N30　G0 X125. Z5.；	快速定位至循环起点
N40　G71 U1. R1.；	
N50　G71 P60 Q120 U0.5　W0　F0.2；	精加工外轮廓
N60　G00 X40.；	
N70　G01 Z-30. F0.15；	
N80　X60. Z-60.；	

(续)

主 程 序	说　明
N90　Z-80.；	精加工外轮廓
N100　X100.Z-90.；	
N110　Z-110.；	
N120　X120.Z-130.；	
N130　G00 X125.；	快速退至切出点
N140　X200.；	X 向退刀
N150　Z140.；	Z 向退刀
N160　M30；	程序结束

3.3.2　数控车床车削台阶轴

1．程序编制

编制出能够在数控车床上执行，并加工出合格工件的过程称为加工程序的编制，简称编程。加工如图 3-26 所示外轮廓的程序见表 3-6。

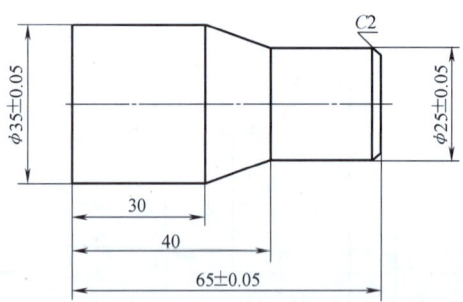

图 3-26　车削外轮廓

表 3-6　车削外轮廓程序

主 程 序	说　明
O0011（左端）；	程序号
T0101；	选择 1 号刀，并调用 1 号刀补
M3 S600；	主轴以 600r/min 正转
G0 X42. Z2.；	快速定位至循环起点
G71 U1. R1.；	加工参数设定，每层背吃刀量 1mm，退刀量 1mm
G71 P10 Q20 U0.5 W0 F0.2；	X 向精加工余量 0.5mm，Z 向为 0，粗加工进给量 0.2mm/r
N10 G0 X35.；	X 向进刀至切入点
G1Z0 F0.1；	Z 向进刀至切入点
Z-32.；	精加工外轮廓
N20 X42.；	快速退至切出点
G0 X100.；	X 向退刀

（续）

主程序	说明
Z100.；	Z 向退刀
M5；	主轴停转
M0；	程序暂停
T0101；	选择 1 号刀，并调用 1 号刀补
M3 S800；	主轴以 800r/min 正转
G0 X42. Z2.；	快速定位至起刀点
G70 P10 Q20；	精加工外轮廓
G0 X100；.	X 向退刀
Z100.；	Z 向退刀
M30；	程序结束
O0012（右端）；	程序号
T0101；	选择 1 号刀，并调用 1 号刀补
M3 S600；	主轴以 600r/min 正转
G0 X42. Z2.；	快速定位至循环起点
G71 U1. R1；.	加工参数设定，每层背吃刀量 1mm，退刀量 1mm
G71 P10 Q20 U0.5 W0 F0.2；	X 向精加工余量 0.5mm，Z 向为 0，粗加工进给量 0.2mm/r
N10 G0 X21.；	X 向进刀至切入点
G1 Z0 F0.1；	Z 向进刀至切入点
X25. Z-2.；	精加工轮廓
Z-25.；	
X35. Z-35.；	
N20 X42.；	快速退至切出点
G0 X100.；	X 向退刀

2. 工件加工（表 3-7）

表 3-7 加工步骤

步　骤	图例及说明
工件装夹、找正，正确安装刀具	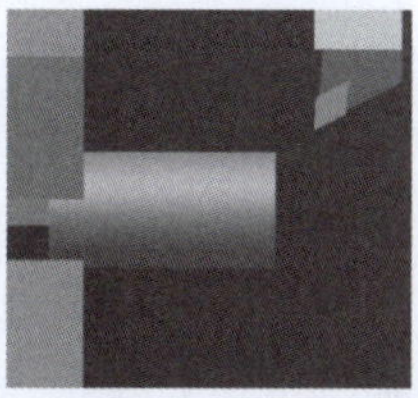

(续)

步　　骤	图例及说明
采用试切法依次完成刀具的对刀	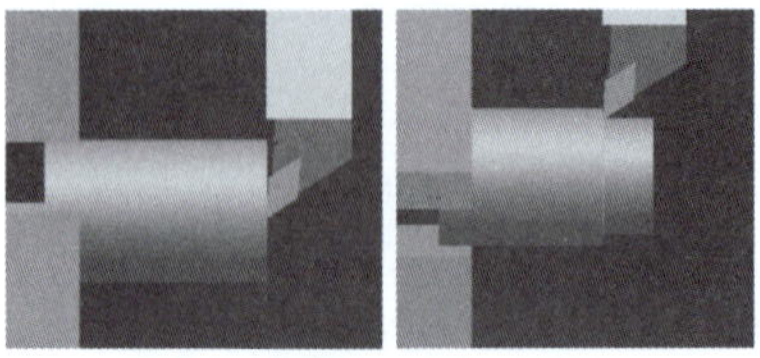
采用外圆粗车循环和精车指令加工工件的左侧外圆轮廓	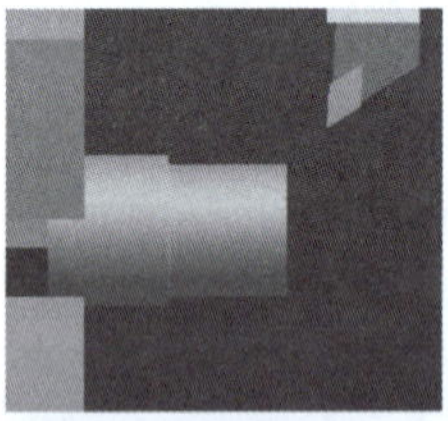
调头采用外圆粗车循环和精车指令加工工件的左侧外圆轮廓	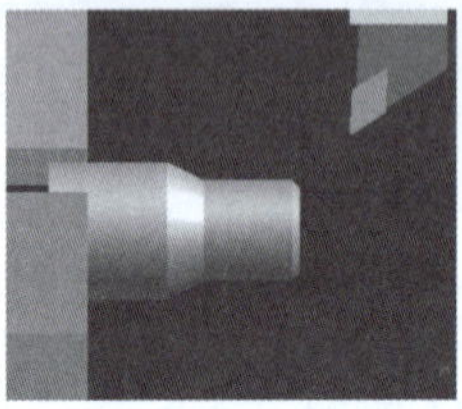
不拆除工件,用外径千分尺测量精度,并进行修正	通过改变磨耗值,不断修整外径,直到检验合格为止,图略

加工前的注意事项:

1) 开机前应对数控车床进行全面细致地检查,包括操作面板、导轨面、卡爪、尾座、刀架、刀具等,确认无误后方可操作。正确测量和计算工件坐标系,并对所得结果进行检查。

2) 数控车床通电后,检查各开关、按钮和按键是否正常、灵活、机床有无异常现象。

3) 开机先预热 15min 左右。

4) 检查电压、气压、油压是否正常。

5) 程序输入后,应仔细核对代码、地址、数值、正负号、小数点及语法是否正确。

6) 输入工件坐标系,并对坐标轴、坐标值、正负号、小数点进行认真核对。

7) 未装工件前,空运行一次程序,看程序能否顺利进行、刀具和夹具安装是否合理、有无超程现象。

8) 试切时快速倍率开关必须打到较低档位。

9) 试切进刀时,在刀具运行至工件 30~50mm 处,必须在进给保持下,验证 Z 轴和 X 轴坐标值与加工程序是否一致。

10) 试切和加工中,刃磨和更换刀具后,要重新测量刀具位置并修改刀补值和刀补号。

11) 程序修改后,要对修改部分进行仔细核对。

12) 必须在确认工件夹紧后才能起动机床,严禁工件转动时测量、触摸工件。

13) 操作中出现工件跳动、抖动、异常声音、夹具松动等异常情况时必须停机处理。

14) 紧急停机后，机床应重新进行"回零"操作，才能再次运行程序。

15) 安装刀具与工件。

安装刀具要点：刀头伸出刀架约 2/5，刀杆与刀架平行、平齐，主副偏角合理，刀尖要对准工件中心。

安装工件要点：工件伸出长度不超过工件总长的 3/5，夹紧工件时轻轻地旋转，使工件平直，夹紧后旋转主轴检查是否摆动严重，如果摆动厉害，需要重新找正、装夹。

3. 任务评价

评价表见表 3-8。

表 3-8 评价表

序号	项目与权重	考核内容及要求	配分	评分标准	检测结果	得分
1	工件加工 50%	$\phi(25\pm0.05)$mm	10	不合格全扣		
2		$\phi(35\pm0.05)$mm	10	不合格全扣		
3		(65 ± 0.05)mm	10	不合格全扣		
4		未注尺寸公差	10	不合格全扣		
5		表面粗糙度	10	每处 2 分		
6	程序编制 20%	程序正确性	10	每处错扣 2 分		
7		加工路线、切削用量合理性	10	每处错扣 2 分		
8	机床操作 15%	对刀的正确性	5	不正确全扣		
9		坐标系设定正确性	4	不正确全扣		
10		机床操作正确性	6	每处错扣 2 分		
11	文明生产 15%	安全操作	5	出错全扣		
12		机床维护与保养	5	不合格全扣		
13		工作场所整理	5	不合格全扣		
		总配分	100	总得分		

3.3.3 数控车床车削台阶轴的精度检验及误差分析

尺寸精度：径向尺寸用千分尺测量，轴向尺寸用游标卡尺或深度尺测量。

几何精度：用千分表测量。

表面粗糙度：用粗糙度样板比较。

3.4 技能训练——材力架吊杆的加工

1. 图样分析

1) 加工图 3-27 所示材力架吊杆。工件长度为 760mm、直径为 $\phi14_{-0.05}^{0}$mm，长度与直径之比为 54:1，属细长轴工件。

2) 细长轴上螺纹 M12 在车床上难以加工，实际生产中常常用板牙直接套出来。

3) 外圆 $\phi14_{-0.05}^{0}$ mm 的圆柱度公差为 0.03mm。

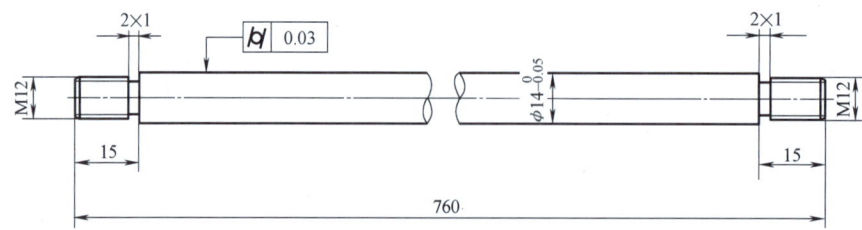

图 3-27　材力架吊杆

2. 工件加工

首先，对机床进行两方面的调整：①车床主轴的调整：车床主轴过松，很容易造成车削过程中的振动，因此要把机床主轴适当调紧，防止机床跳动和窜动对工件加工产生不利影响。②尾座的调整：如果尾座的中心线和主轴的中心线不在一条水平线上，产生同轴度误差，则车出的工件一定会出现锥度。

其次，对工件的加工工艺进行分析，确定加工工艺，见表 3-9。

表 3-9　材力架吊杆加工工艺

车削			吊杆车削工艺卡	产品名称：材力实验台		
				工件名称		吊杆
序号	工艺名称	工艺内容	工序简图	刀具	切削用量	量具辅具
1	粗车	平端面，保证总长 760mm，端面钻中心孔　一夹一顶粗车外圆至 $\phi15\text{mm}\times382\text{mm}$　调头，用一夹一顶粗车余下外圆至 $\phi15\text{mm}\times380\text{mm}$		45°外圆车刀 90°外圆车刀 中心钻	$v_c=18\text{m/min}$（即工件转速 400r/min）$f=0.1\text{mm/r}$	游标卡尺 回转顶尖
2	精车	工件伸入车床主轴孔内，露出 150mm。一夹一顶车外圆 $\phi14_{-0.05}^{0}\text{mm}\times100\text{mm}$，安装跟刀架用一夹一顶，安装调整好跟刀架，车外圆 $\phi14_{-0.05}^{0}\text{mm}\times745\text{mm}$　切槽 $2\text{mm}\times1\text{mm}$，车 M12 外螺纹外圆　加工 M12 外螺纹　调头装夹，切槽 $2\text{mm}\times1\text{mm}$，车 M12 外螺纹外圆　加工 M12 外螺纹		切槽刀 90°外圆车刀 60°外螺纹车刀	$v_c=18\text{m/min}$（即工件转速 400r/min）$f=0.06\text{mm/r}$ $a_p=0.25\text{mm}$	游标卡尺 千分尺 弹簧顶尖 跟刀架

项目 4

套类薄壁工件加工

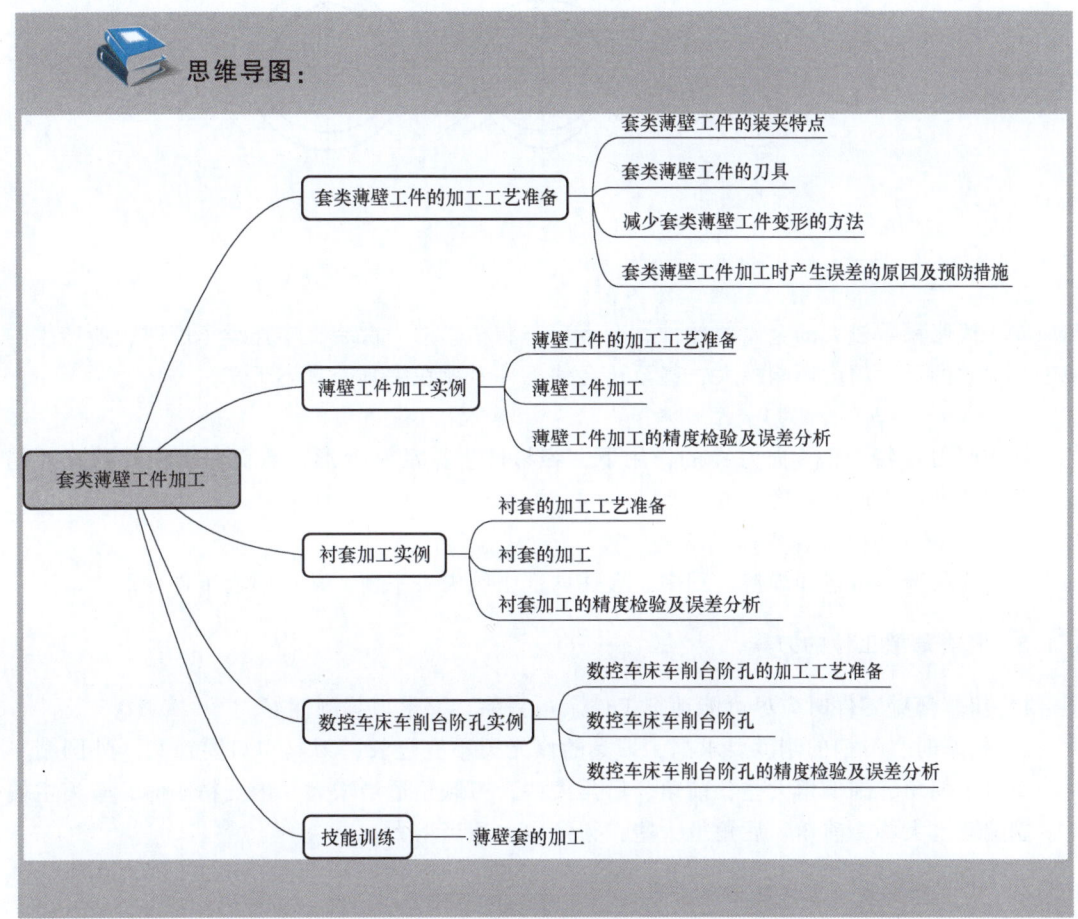

4.1 套类薄壁工件的加工工艺准备

4.1.1 套类薄壁工件的装夹特点

车薄壁工件时,由于工件的刚性差,在车削过程中,可能产生以下现象。

1. 因工件壁薄,受夹紧力变形

装夹薄壁工件时,由于薄壁工件刚性差,在夹紧力、在切削力和切削热的作用下,极易产生变形。车削薄壁工件的主要问题是工件变形,而产生变形的主要原因是由于切削力和夹紧力所造成。装夹薄壁工件时,在夹紧力的作用将产生变形,加工完去掉夹紧力后,由于工件的弹性变形恢复会使加工表面变形。在车床上加工薄壁套筒内孔的变形如图 4-1 所示。当工件在自定心卡盘中夹紧后，产生弹性变形（图 4-1a），车孔加工后恢复正确的圆柱形（图 4-1b）；车削后工件从自定心卡盘上取下来，由于工件弹性变形的恢复，已经车圆的内孔又变得不圆了（图 4-1c）。如用内径千分尺测量时，各个方向直径 D 相等，但实际上已变形，因此称为等直径变形。

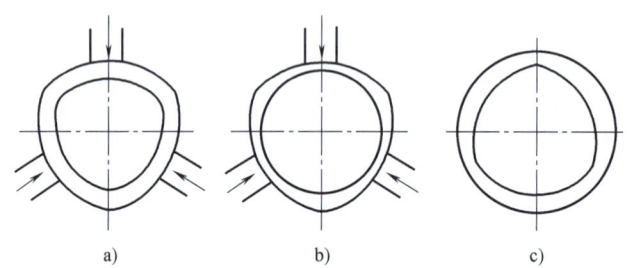

图 4-1 薄壁工件的变形

2. 因工件较薄，切削热引起工件热变形

对于线胀系数较大的金属薄壁件，在半精车和精车的一次装夹中连续车削时，所产生的切削热对它的尺寸精度影响极大，甚至还会使工件卡死在夹具上拿不下来。

3. 产生的振动和变形影响工件质量

在切削力（特别是背向力）的作用下，容易产生振动和变形，从而影响工件的尺寸精度、几何精度和表面粗糙度。

4. 残留内应力使工件变形

工件在锻造、铸造和焊接过程中，会使内部组织失去平衡，从而引起工件变形。

4.1.2 套类薄壁工件的刀具

1）粗车薄壁工件时应尽可能地把工件余量去除，要求刀具刚性好。

2）精车时，刀柄的刚度要求高，刀具的修光刃不宜过长，刀具刃口要锋利。外圆精车时，车刀主偏角、副偏角大些，前角、后角大些，刃倾角适当增大。内孔精车时，车刀主偏角、副偏角也大些，前角、后角也大些，刃倾角也适当增大。

4.1.3 减少套类薄壁工件变形的方法

(1) 工件分粗、精车　粗车时夹紧些，精车时夹松些，以消除粗车时因切削力过大而引起的变形。

(2) 合理选用刀具的几何参数　精车薄壁工件时，刀柄的刚度要求高，刀具的修光刃不宜过长（一般取 0.2～0.3mm），刀具刃口要锋利。对刀具角度参考值如下：

1) 外圆精车时：$\kappa_\gamma = 90°\sim 93°$、$\kappa'_\gamma = 15°$、$\alpha_o = 14°\sim 16°$、$\alpha'_o = 15°$、$\lambda_s$ 适当增大。

2) 内孔精车时：$\kappa_\gamma = 60°$、$\kappa'_\gamma = 30°$、$\gamma_o = 35°$、$\alpha_o = 14°\sim 16°$、$\alpha'_o = 6°\sim 8°$、$\lambda_s = 5°\sim 6°$。

(3) 增加装夹接触面　使用开缝套筒和特制的软卡爪使接触面增大，夹紧力均匀分布在工件上（图 4-2），夹紧时不易产生变形。

(4) 应用轴向夹紧　车薄壁工件时，一般不能使用径向夹紧的方法，最好应用轴向夹紧的方法（图 4-3）。工件用螺母端面来压紧工件，使夹紧力沿工件轴向分布，这样可防止

项目 4 套类薄壁工件加工

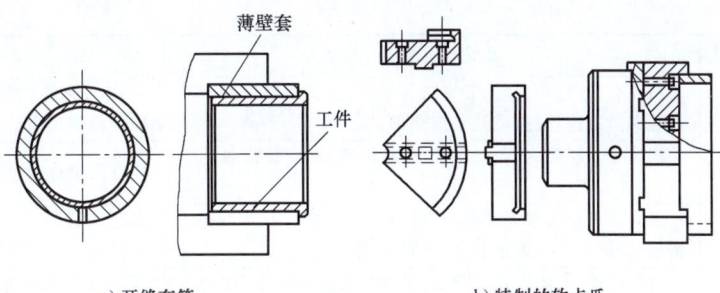

a) 开缝套筒　　　　　　　　b) 特制的软卡爪

图 4-2　增加装夹接触面减少工件变形

夹紧变形。

（5）加注切削液　降低切削热，防止热变形。

（6）增加工艺肋　在工件装夹部分特制几根工艺肋（图 4-4）。使夹紧力作用在肋上，以减少工件变形。

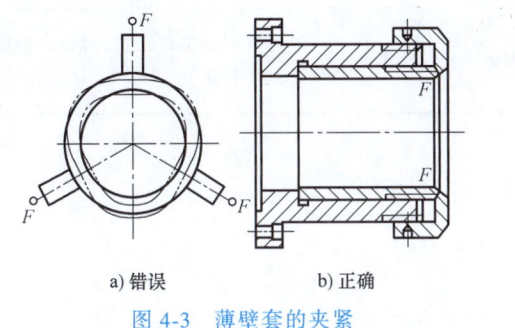

a) 错误　　　　b) 正确

图 4-3　薄壁套的夹紧

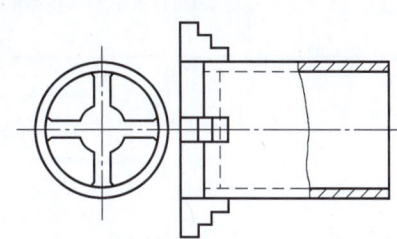

图 4-4　增加工艺肋减少工件变形

4.1.4　套类薄壁工件加工时产生误差的原因及预防措施

套类薄壁工件加工时产生误差的原因及预防措施见表 4-1。

表 4-1　套类薄壁工件加工时产生误差的原因及预防措施

误差的种类	误差产生原因	预防措施
孔径尺寸不正确	测量方法不正确或看错读数，造成孔径尺寸不正确	合理选择量具和测量方法
	镗孔刀的几何角度选择不正确，当镗到中间时，切屑不能顺利排出，挤在刀杆和孔壁之间，这样，可能将镗刀挤入工件，把孔径镗大，或将镗刀挤出工件，把孔径镗小	合理选择镗孔刀的几何角度
	镗刀安装不正确，镗到一定深度，刀杆和孔壁相碰，若刀杆外侧和孔壁相碰，将会使镗刀离开工件，导致把孔径镗小 刀杆刚性差，强度低，镗孔过程中发生"让刀"现象，切削过程中产生积屑瘤，增大吃刀量将孔径镗大	正确选择刀杆直径，伸短些，预走一遍
	工件热胀冷缩，由于镗孔散热条件差、切削温度高、没有使用切削液，镗孔时没有考虑热胀冷缩对内孔尺寸的影响，造成工件在受热状态下尺寸胀大，待工件冷却至常温后尺寸变小，导致尺寸不合格	加切削液，粗车后待工件冷却至室温再精车

(续)

误差的种类	误差产生原因	预防措施
内孔不圆	由于孔壁薄,刚性差,装夹时易变形,直接用自定心卡盘装夹进行镗孔,造成孔呈三角形	采用开缝铸铁套圈或软卡爪装夹;增加半精镗工序
	机床轴承间隙太大,导致主轴轴颈椭圆;齿轮接触不良,工件加工余量不均匀	检查调整机床
内孔有锥度	刀具材料耐磨性差,磨损严重,镗孔过程中,刀具不断磨损,镗出的孔径逐渐变小,出现锥度	提高刀具寿命,选择耐磨性能好的刀具材料
	刀杆尺寸小,刚性差,背吃刀量和进给量又较大,使切削力较大,造成刀杆变形,产生"让刀"现象	尽量选择大尺寸的刀杆,减小切削用量,减小切削力,尽量减小刀杆变形
	镗刀安装不正确,镗孔过程中刀杆和孔壁相碰	正确安装镗刀
	车床主轴轴线和床身导轨不平行,床身导轨歪曲或磨损严重	校正机床水平、精度和导轨平行度
表面粗糙度达不到要求	镗刀的刀面和切削刃研磨不好,表面粗糙,刃口有缺陷	仔细研磨刀面和切削刃
	镗刀的几何角度选择不正确,造成切削不顺利,排屑不畅快,镗刀过度磨损,切削时产生振动	合理选择镗刀的几何角度
	镗刀安装不正确,刀尖低于工件中心,切削时产生"扎刀"现象,切削用量选择不正确、刀杆太细、刚性差,产生振动	尽量选粗的刀杆,装刀时使刀尖略高于工件中心

4.2 薄壁工件加工实例

4.2.1 薄壁工件的加工工艺准备

1. 分析图样

加工图4-5所示薄壁螺套,加工数量每批2~3件,材料为45钢,毛坯种类为热轧圆钢,

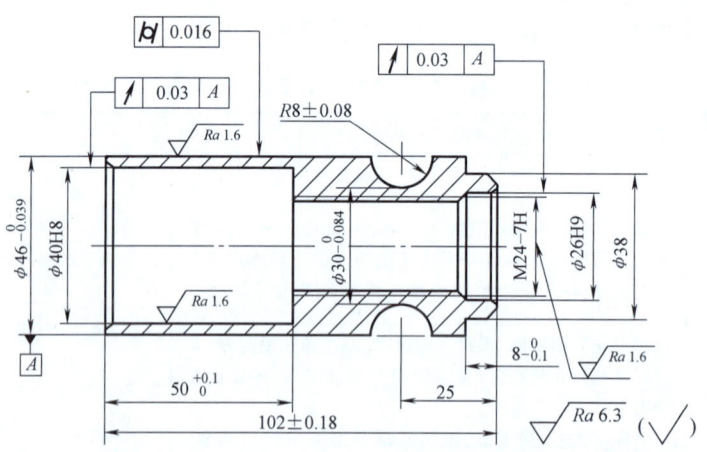

图 4-5 薄壁螺套

毛坯尺寸为 φ50mm×105mm。图样分析如下：

1）基准外圆 $φ46_{-0.039}^{0}$ mm 的圆柱度公差为 0.016mm。

2）孔 $φ40H8×50_{0}^{+0.1}$ mm 处孔壁厚为 3mm。

3）离右端面 25mm 处圆弧尺寸为 $R(8±0.08)$ mm×$φ30_{-0.084}^{0}$ mm。

4）孔 φ40H8、φ26H9 轴线对外圆 $φ46_{-0.039}^{0}$ mm 轴线径向圆跳动公差为 0.03mm。

5）主要表面粗糙度值为 $Ra1.6μm$，其余为 $Ra6.3μm$。

2. 制订加工工艺

1）查表，内螺纹 M24 的螺距为 3mm，中径尺寸为 φ22.051mm，小径尺寸为 φ20.752mm。根据螺纹精度等级，查极限偏差表得小径为 $φ20.752_{0}^{+0.063}$ mm，中径为 $φ22.051_{0}^{+0.335}$ mm。要求较低，可以用丝锥攻螺纹。

2）车削孔 φ40H8 时，由于孔壁较薄，应注意热变形及装夹变形。

3）为改小热变形以及便于车削 M24 内螺纹（或攻螺纹），在车外圆前，先钻孔 φ19mm，并粗车孔 $φ40H8×(50_{0}^{+0.1})$ mm 至 φ34mm×50mm。

4）车圆弧 $R(8±0.08)$ mm 时，可先用 R6mm 圆弧车刀粗车，然后用 R8mm 圆弧车刀精车。

5）薄壁螺套的加工顺序安排如下：钻孔 φ19mm、粗车孔 φ40H8→粗、精车端面及外圆 $φ46_{-0.039}^{0}$ mm→粗、精车外圆 φ38mm 及 $R(8±0.08)$ mm 圆弧→攻（车）内螺纹 M24-7H→粗、精孔 φ40H8。

3. 工件定位与夹紧

1）钻孔时，可采用自定心卡盘夹住毛坯外圆。

2）车削外圆时，装夹在两顶尖之间（前顶尖用梅花顶尖、后顶尖用回转顶尖）。

3）攻（车）内螺纹 M24 及 $R(8±0.08)$ mm 圆弧时，可用软卡爪装夹。

4. 选择刀具

1）攻内螺纹 M24-7H 可选用公差带代号 H3 的丝锥。

2）$R(8±0.08)$ mm 圆弧车刀用 20mm×20mm×150mm 高速钢刀坯自磨成形刀（图 4-6）进行车削。刀具刃磨前，先车削衬套，内孔尺寸为 $φ(16±0.01)$ mm，用透光方法刃磨圆弧车刀。

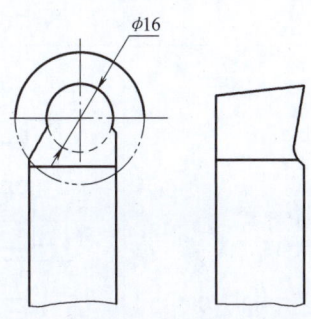

图 4-6 刃磨 R8mm 圆弧车刀

5. 选择设备

选用 CA6140 型卧式车床。

4.2.2 薄壁工件加工

薄壁螺套的加工步骤见表 4-2。

表 4-2　薄壁螺套的加工步骤

工序号	工序内容	简图
1	自定心卡盘夹住毛坯外圆 1）车端面，车出即可 2）钻孔 $\phi 19mm$（钻通） 3）粗车孔 $\phi 40H8 \times (50^{+0.1}_{0})$ mm 至 $\phi 34mm \times 50mm$	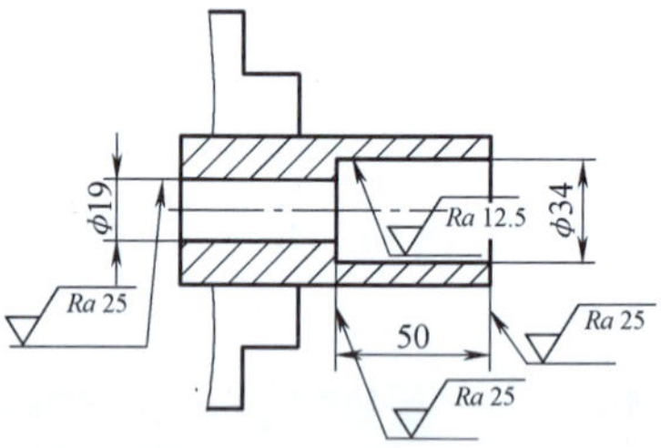
2	一端用梅花顶尖，$\phi 34mm$ 孔一端用回转顶尖顶住 1）车端面，表面粗糙度值 $Ra3.2\mu m$ 2）车外圆 $\phi 46^{0}_{-0.039}mm$，与端面垂直度误差不大于 $0.01mm$，圆柱度误差不大于 $0.016mm$ 3）锐边倒钝	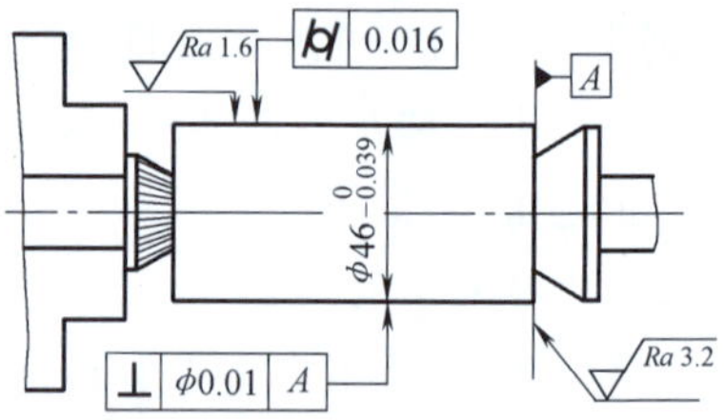
3	用软卡爪夹住外圆长度不少于 45mm，用百分表检测外圆径向圆跳动 不大于 0.02mm 1）车端面，取总长尺寸（102 ± 0.18）mm 2）车外圆 $\phi 38mm \times 8^{0}_{-0.1}mm$ 3）粗、精车圆弧 $R(8\pm 0.08)mm$ 4）锐边倒钝	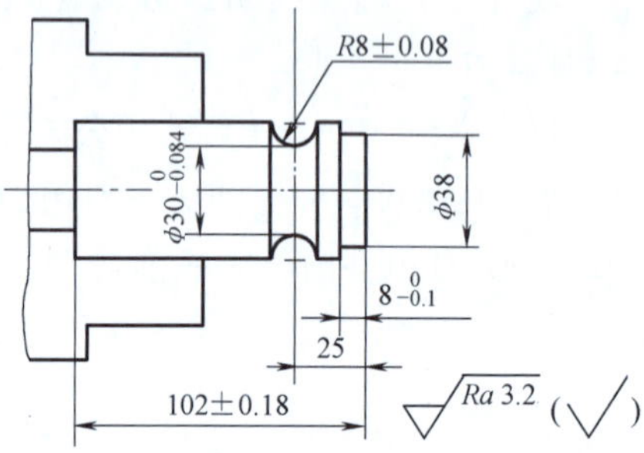
4	仍按上述装夹方法 1）车 M24 螺纹底孔至 $\phi 21^{+0.3}_{0}mm$ 2）车孔 $\phi 26H9(^{+0.052}_{0}) \times 8^{0}_{-0.1}mm$ 3）用内螺纹车刀在螺孔口倒角 4）攻（车）内螺纹 M24-7H 5）孔口倒角 C1mm	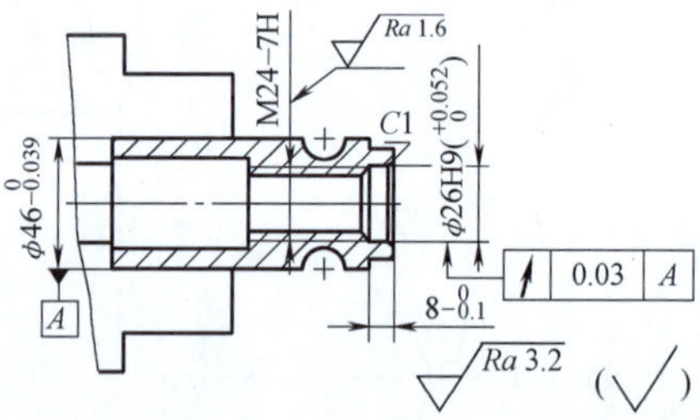

（续）

工序号	工序内容	简图
5	调头，用软卡爪夹住外圆 $\phi46_{-0.039}^{0}$ mm，用百分表检测外圆，径向圆跳动不大于 0.02mm 1）粗、精车孔 $\phi40H8(_{0}^{+0.052})\times(50_{0}^{+0.1})$ mm 2）孔口倒角 $C1$ mm	

4.2.3 薄壁工件加工的精度检验及误差分析

（1）圆弧尺寸 R（8±0.08）mm 的检验 可用 $R8$mm 样板检测，也可用自制光面塞规，将光面塞规做成"通""止"端。

（2）尺寸 $\phi30_{-0.084}^{0}$ mm 的检验 用分度值为 0.02mm 的游标卡尺测量。

（3）孔深度尺寸 $50_{0}^{+0.1}$ mm 或肩长尺寸 $8_{-0.1}^{0}$ mm 的检验用分度值为 0.02mm 的游标卡尺的深度尺沿孔内台阶上均匀分布的三点进行测量，取其平均测量作为被测孔的深度。

（4）圆弧中心尺寸 25mm 的检验 测量方法如图 4-7 所示。将工件 $\phi38$mm 端面放于测量平板上，在 $R8$mm 圆弧中放置一根 $\phi16$mm 量棒，用百分表找正量棒两端上素线在同一读数内，并记录读数，用量块比较测量。量块组成尺寸为 25mm+8mm＝33mm，移动百分表至量块面，比较两者读数是否在误差范围内。

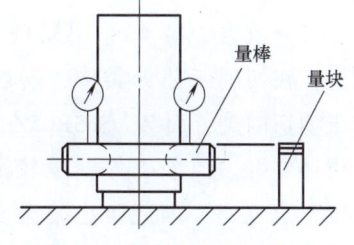

图 4-7 测量圆弧中心尺寸

（5）圆柱度误差 0.016mm 的检验 测量时，将工件放在测量平板上的 V 形架内（V 形架的长度应大于工件的长度），用百分表测量，测量方法如图 4-8 所示。在被测工件回转一周过程中，测量一个横截面上的最大与最小读数。按上述方法，连续测量若干个横截面，然后取各截面内所测得的所有读数中最大与最小读数的差值的一半，即为该工件的圆柱度误差。

（6）孔 $\phi40H8$、$\phi26H9$ 轴线对外圆轴线径向圆跳动误差 0.03mm 的检验 将工件放在测量平板上的 V 形架内，轴向固定，用百分表测量，测量方法如图 4-9 所示。测量时，使百分表测头接触孔的下素线，工件转动一周，百分表指针的最大摆动量即为单个测量平面上的

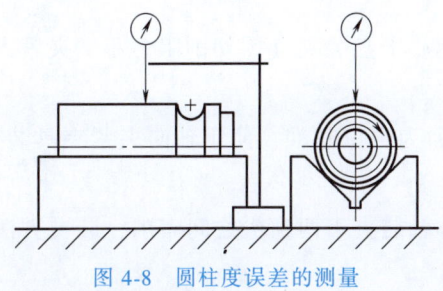

图 4-8 圆柱度误差的测量

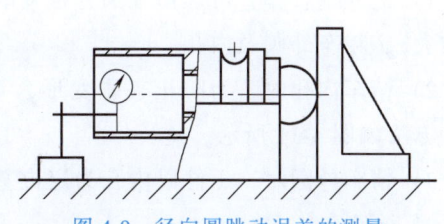

图 4-9 径向圆跳动误差的测量

径向圆跳动。按上述方法测量若干个截面,取各截面上的百分表最大摆动量即为该工件的径向圆跳动误差。

4.3 衬套加工实例

4.3.1 衬套的加工工艺准备

1. 分析图样

加工图 4-10 所示铜衬套,每批加工数量为 50 件。毛坯为铸件,毛坯尺寸两处外圆分别为 $\phi 126$mm 及 $\phi 110$mm,内孔为 $\phi 82$mm,长度为 52mm。图样分析如下:

1)外圆 $\phi 104e9$($_{-0.159}^{-0.072}$)、内孔 $\phi 90H6$($_{0}^{+0.022}$),壁厚较薄。外圆轴线对内孔轴线的同轴度公差为 0.02mm。

2)外圆 $\phi 120$mm 两端面、外圆 $\phi 104e9 \times$($10_{0}^{+0.1}$)mm 处端面对孔轴线的垂直度公差为 0.02mm。

3)主要表面的表面粗糙度值为 $Ra0.8\mu m$。

2. 制订加工工艺

1)该工件的材料是铸造用锡青铜,因铅的质量分数为 2%~4%,其切削工艺性能得到改善,在切削工艺分类中,一般有色金属都属于易切削类,而 ZCuSn5Pb5Zn5 比一般有色金属还要好。但该工件壁厚较薄,并且加工精度要求又高,因此防止装夹变形及热变形是关键。

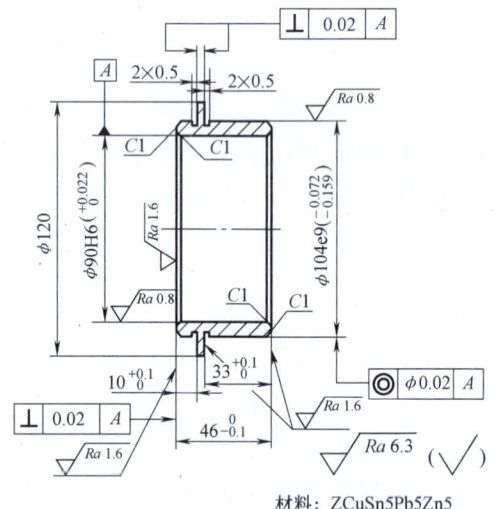

图 4-10 铜衬套

2)为防止工件的热变形影响尺寸精度及几何精度,因此粗车后一定要等工件完全冷却后才能精车。

3)铜衬套的加工顺序安排如下:粗车外圆→粗车内孔→装于夹具精车内孔→用心轴装夹精车外圆。

3. 工件的定位与夹紧

1)毛坯壁较厚,可选择外圆为粗基准,用自定心卡盘装夹(因切削阻力小,夹紧力不要太大),粗车外圆及内孔。

2)精车内孔时,为防止夹紧变形,工件以端面为定位基准,使用轴向夹紧夹具装夹,装夹方法如图 4-11 所示。

3)精车外圆时,工件以内孔为定位基准,用心轴装夹于两顶尖之间车削,装夹方法如图 4-12 所示。

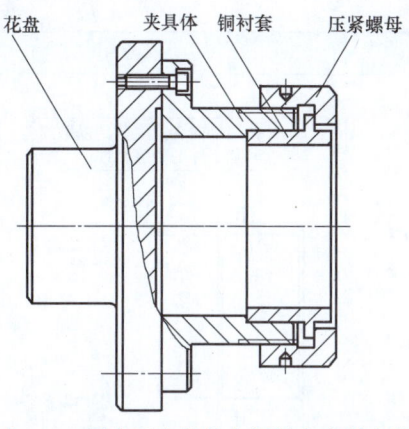
图 4-11 用专用夹具装夹铜衬套车削内孔

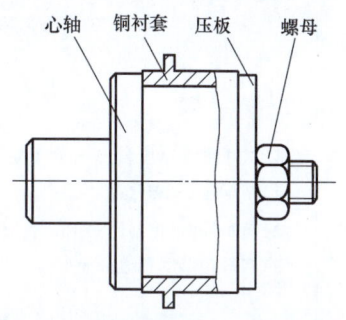
图 4-12 用心轴装夹铜衬套车削外圆

4. 选择设备

选用 C620-1 型车床或 C6140 型车床。

4.3.2 衬套的加工

铜衬套的加工步骤见表 4-3。

表 4-3 铜衬套的加工步骤

工序号	工序内容	简图
1	用自定心卡盘夹住 $\phi104e9$ 毛坯外圆 1) 粗、精车端面 2) 车外圆 $\phi120mm$ 3) 车外圆 $\phi104e9 \times 33_{0}^{+0.1}mm$ 至 $\phi104.7_{-0.05}^{0}mm \times 33_{-0.2}^{-0.1}mm$	
2	用软卡爪夹住外圆 $\phi104.7_{-0.05}^{0}mm$ 1) 车端面,控制总长至 $46.5_{0}^{+0.1}mm$ 尺寸 2) 车外圆 $\phi104e9 \times 10_{0}^{+0.1}mm$ 至 $\phi104.7_{-0.1}^{0}mm \times 10_{-0.1}^{0}mm$ 3) 粗车内孔 $\phi90H6$ 至 $\phi89.5_{0}^{+0.1}mm$	

(续)

工序号	工序内容	简图
3	以工件端面为基准,以外圆为定位,装夹于夹具 1) 精车孔 $\phi 90H6(^{+0.022}_{0})$ 2) 精车端面,控制尺寸 $46^{0}_{-0.1}$ mm 3) 两端孔口倒角 $C1$ mm	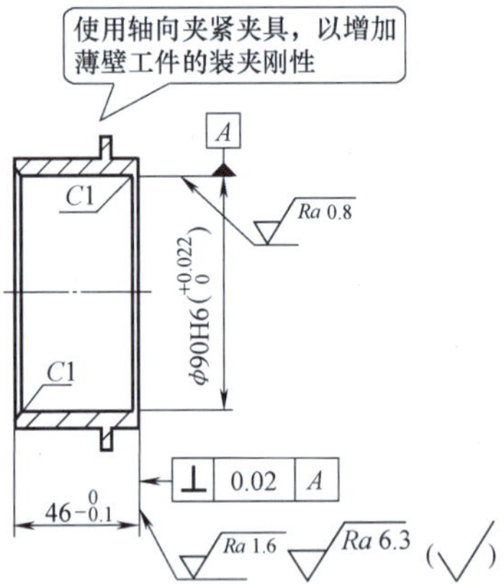
4	以工件内孔定位,套心轴,装夹于两顶尖之间 1) 精车外圆 $\phi 104e9(^{-0.072}_{-0.159})$,并控制尺寸 $33^{+0.1}_{0}$ mm 2) 用 $90°$(左)外圆车刀,精车外圆 $\phi 104e9(^{-0.072}_{-0.159})$,控制尺寸 $10^{+0.1}_{0}$ mm 3) 车两侧沟槽 2mm×0.5mm 4) 倒角 $C1$mm	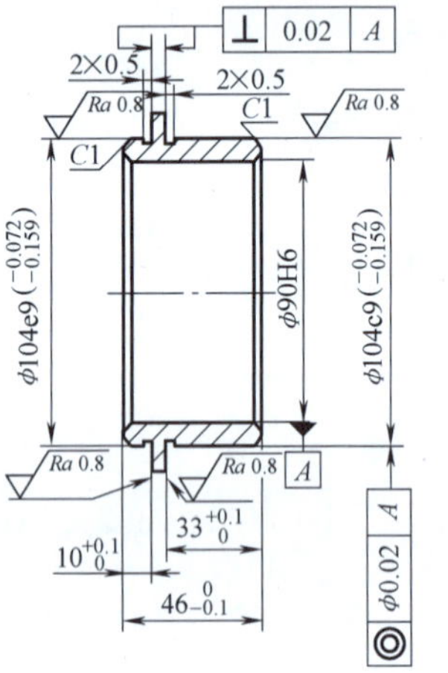

4.3.3 衬套加工的精度检验及误差分析

(1) 内孔 $\phi 90H6(^{+0.022}_{0})$ 的检验　用标准套规调整内径百分表指针零位,测量时,将内径百分表插入工件内孔中,沿被测孔的轴线方向测量三个截面,对每个截面要在相互垂直的两个部位上各测一次。若百分表指针在 0~$+0.022$mm 范围内摆动,说明被测孔是合格的。

(2) 外圆 $\phi 104e9$ 轴线对孔 $\phi 90H6$ 轴线的同轴度误差 $\phi 0.02$mm 的检验　用径向变动测量装置测量,测量方法如图 4-13 所示。测量时,调整孔 $\phi 90H6$ 轴线使其与测量装置同轴,并用可调支承使其端面垂直于回转轴线。在同一张记录纸上记录基准和被测要素的轮廓。由轮廓图形用最小区域法求各自的圆心,取两圆心距离的 2 倍值作为该工件的同轴度误差。

(3) 外圆 $\phi 120$mm 两端面对孔 $\phi 90H6$ 轴线垂直度误差 0.02mm 的检验　测量方法如图 4-14 所示。测量时,将基准孔轴线调整到与平板测量面垂直,然后测量整个被测表面,并记录读数,取最大读数差值作为该端平面的垂直度误差。

项目4 套类薄壁工件加工

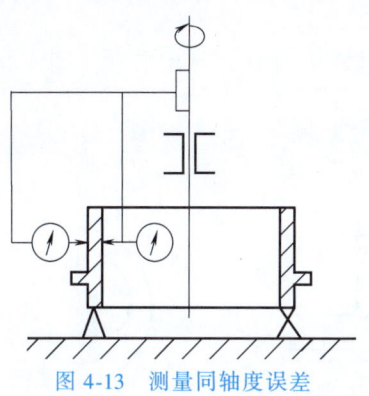

图4-13 测量同轴度误差

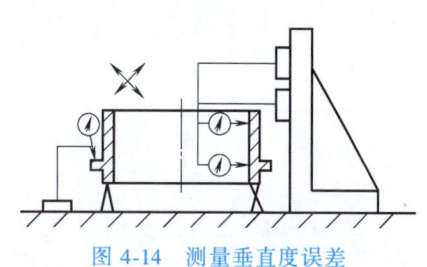

图4-14 测量垂直度误差

4.4 数控车床车削台阶孔实例

4.4.1 数控车床车削台阶孔的加工工艺准备

使用G71指令编程,加工如图4-15所示内轮廓。

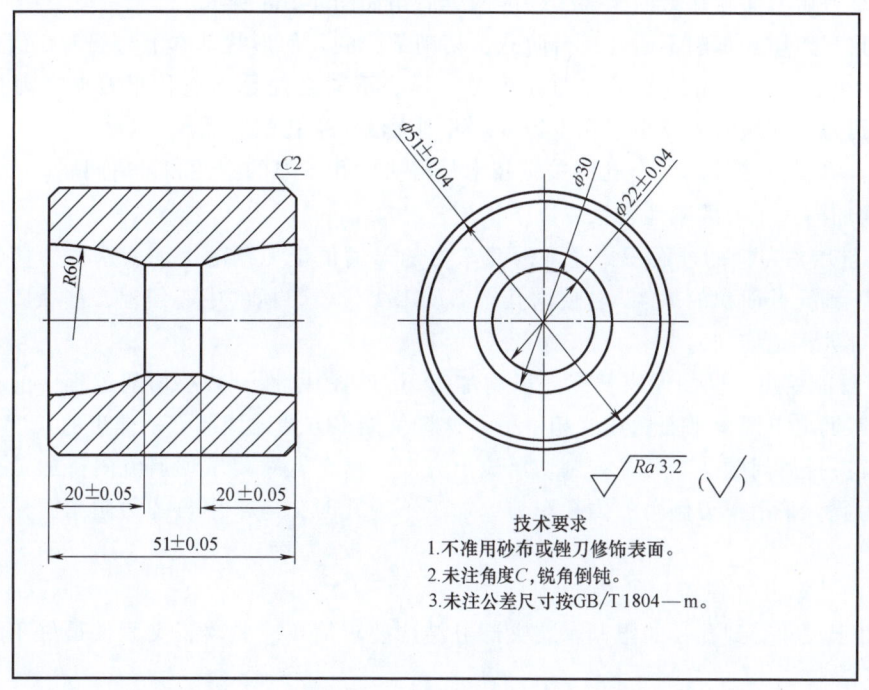

图4-15 G71车削内轮廓

1. 粗车循环指令G71车削内轮廓的格式

G71 U_ R_ ;

G71 P_ Q_ U_ W_ F_ S_ T_ ;

U——固定循环编写内孔加工程序时,应注意其加工余量为"负"值。其他参数含义同外轮廓。

2. 内孔加工的工艺知识

（1）内孔车刀的种类　根据不同的加工情况，内孔车刀可分为通孔车刀（图 4-16a）和不通孔车刀（图 4-16b）两种。

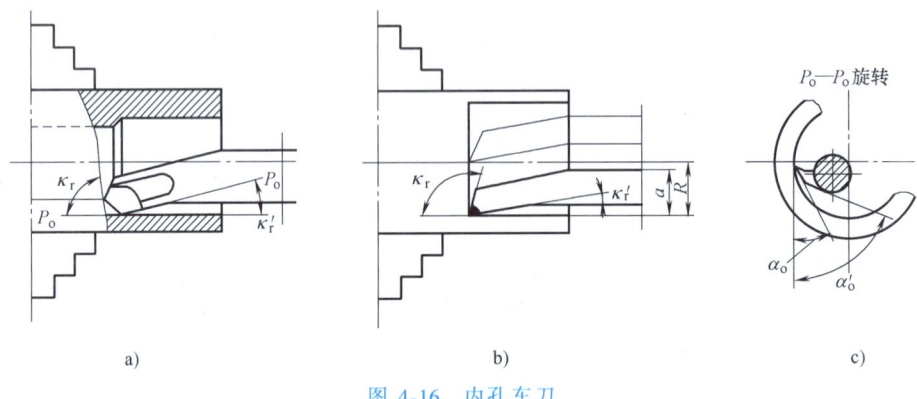

图 4-16　内孔车刀

通孔车刀切削部分的几何形状基本上与外圆车刀相似，为了减小径向切削抗力，防止车孔时振动，主偏角 κ_r 应取得大些，一般在 60°~75°之间，副偏角 κ_r' 一般为 15°~30°。为了防止内孔车刀后刀面和孔壁的摩擦，一般两个后角如图 4-16c 所示。

不通孔车刀用来车削不通孔或台阶孔，切削部分的几何形状基本上与偏刀相似，它的主偏角大于 90°，一般后角的要求和通孔车刀一样。不同之处是不通孔车刀夹在刀杆的最前端，刀尖到刀杆外端的距离小于孔半径 R，否则无法车平孔的底面。

（2）车孔的关键技术　车孔的关键技术是解决内孔车刀的刚性和排屑问题。

1）增加内孔车刀的刚性可采取以下措施：

① 尽量增加刀柄的截面积，通常内孔车刀的刀尖位于刀柄的上面，这样刀柄的截面积较小，还不到孔截面积的 1/4，若使内孔车刀的刀尖位于刀柄的中心线上，那么刀柄在孔中的截面积可大大地增加。

② 尽可能缩短刀柄的伸出长度，以增加车刀刀柄的刚性，减小切削过程中的振动，此外还可将刀柄上下两个平面做成互相平行，这样就能很方便地调节刀柄伸出的长度。

2）解决排屑问题。主要是控制切屑流出方向。精车孔时要求切屑流向待加工表面（前排屑）。为此，采用正刃倾角的内孔车刀；加工不通孔时，应采用负的刃倾角，使切屑从孔口排出。

（3）内孔车刀（镗刀）的特点

1）由于尺寸受到孔径的限制，装夹部分结构要求简单、紧凑，夹紧件最好不外露，夹紧可靠。

2）刀杆使用过程中伸出刀架部分较长，刚性差，为增强刀具刚性，尽量选用大断面的刀杆，并减少刀杆伸出长度。

3）内孔加工的断屑、排屑比外圆车刀更重要，因而刀具头部要留有足够的排屑空间。

（4）内孔车刀的安装

1）内孔车刀安装时，刀尖应对准工件中心或略高一些，这样可以避免镗刀在切削压力下弯曲产生扎刀现象，而把孔镗大。

2）内孔车刀的刀杆应与工件轴心平行，否则镗到一定深度后，刀杆后半部分会与工件孔壁相碰。

3）为了增加内孔车刀刚性，防止振动，刀杆伸出长度尽可能短一些，一般比工件孔深长 5~10mm。

4）为了确保镗孔安全，通常在镗孔前把内孔车刀在孔内试走一遍，这样才能保证镗孔顺利进行。

5）加工台阶孔时，主切削刃应和端面成 3°~5° 的夹角，在镗削内端面时，要求横向有足够的退刀余地。

（5）内孔车刀的对刀　首先 Z 轴对刀，刀尖接近工件外端面，试切削工件外端面，然后在刀具补偿→刀偏表→试切长度一栏中输入"0"，Z 轴对刀完成；X 轴对刀，沿 Z 轴切削工件内孔表面，沿 Z 轴切削深度控制在 10mm 左右，刀具沿 $+Z$ 方向退刀，主轴停转，测量工件内孔直径，并在刀具补偿→刀偏表→试切直径一栏中输入测得的直径值，完成 X 轴对刀。

（6）切削速度的选用　在车床上镗孔要比车外圆困难，因镗杆直径比外圆车刀细得多，而且伸出很长，因此往往因刀杆刚性不足而引起振动，所以背吃刀量和进给量都要比车外圆时小些，切削速度也要小 10%~20%。镗不通孔时，由于排屑困难，所以进给量应更小些。

在被加工直径相同的条件下，加工内孔的切削速度应是加工外圆的切削速度的 70%~80%。

（7）内径千分尺　图 4-17 所示为内径千分尺。

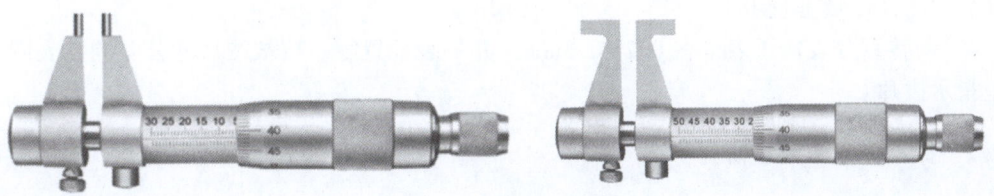

图 4-17　内径千分尺

测量方法：

1）内径千分尺在测量及其使用时，必须用尺寸最大的接杆与其测微头连接，依次顺序接到测量触头，尽量减少轴线弯曲。

2）测量时应观察测微头固定和松开时的变化量。

3）在日常生产中，用内径尺测量孔时，将其测量触头测量面支承在被测表面上，调整微分筒，使微分筒一侧的测量面在孔的径向截面内摆动，找出最小尺寸。然后拧紧紧定螺钉取出并读数。若不拧紧螺钉直接读数，易造成测量误差。

4）内径千分尺测量时支承位置要正确。接长后的大尺寸内径尺因重力产生变形，可能产生直线度、平行度、垂直度等几何误差。其刚度的大小可反映在"自然挠度"上。理论和实验结果表明，由工件截面形状所决定的刚度对支承的重力变形影响很大。对于不同截面形状的内径尺，虽长度 L 相同，当支承点在（2/9）L 时，都能使其实测值误差符合要求。但支承点稍有不同时，其直线度变化就较大。所以在国家标准中将支承点移到最大支承距离位置时的直线度称为"自然挠度"。为保证其刚性，我国国家标准中规定了内径尺的支承点要在（2/9）L处和在离端面200mm处，测量时变化量最小，将内径尺每转90°检测一次，其示值误差均不应超过要求。

（8）内径百分表　内径百分表（图4-18）是内径杠杆式测量架和百分表的组合，是将测头的直线位移变为指针的角位移的量具，可用比较测量法测量或检验工件的内孔、深孔直径及其几何精度。

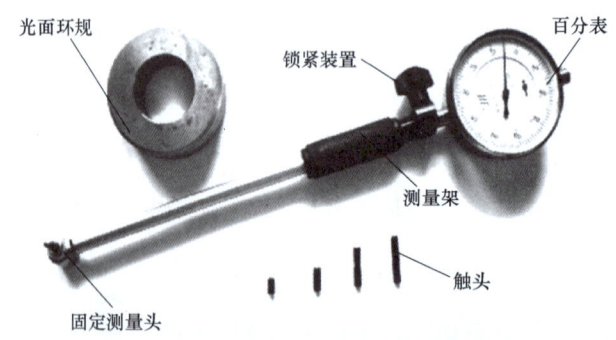

图4-18　内径百分表（分度值0.01mm）

测量方法：

1）根据被测尺寸情况，先选择一个量程适合的千分尺。

2）把千分尺调整到被测值名义尺寸并锁紧。

3）一手握内径百分表，一手握千分尺。将表的测头放在千分尺内进行校准，注意要使百分表的测杆尽量垂直于千分尺。

4）调整百分表使压表量在0.2~0.3mm，并将表针置零。按被测尺寸公差调整表圈上的误差指示拨片。

4.4.2　数控车床车削台阶孔

1. 程序编制

内轮廓加工程序见表4-4。

表4-4　内轮廓加工程序

主程序(右端)	说明
O2301;	程序号
T0101;	选择1号刀，并调用1号刀补
M3 S600;	主轴以600r/min 正转
G0 X16. Z2.;	快速定位至循环起点
G71 U1. R1.;	加工参数设定，每层背吃刀量1mm，退刀量1mm
G71 P10 Q20 U-0.5 W0 F0.2;	X向精加工余量0.5mm，Z向为0，粗加工进给量0.2mm/r
N10 G0 X30.;	X向进刀至切入点
G1 Z0 F0.1;	Z向进刀至切入点
G3 X22. Z-20. R60.;	精加工轮廓描述
G1 Z-32.;	
N20 G1 X16.;	

(续)

主程序(右端)	说明
G0 Z60.;	Z 向退刀
G0 X20.;	X 向退刀
M5;	主轴停转
M00;	程序暂停
T0101;	选择 1 号刀,并调用 1 号刀补
M3 S800;	主轴以 800r/min 正转
G0 G41 X16.Z3.;	快速定位至起刀点并建立刀具半径补偿
G70 P10 Q20;	精加工外轮廓
G0 Z100.;	Z 向退刀
G40 G0 X50.;	X 向退刀,撤销刀具半径补偿
M30;	程序结束

2. 工件加工

内轮廓加工步骤见表 4-5。

表 4-5 内轮廓加工步骤

操作步骤	示意图
安装毛坯	
安装内孔车刀	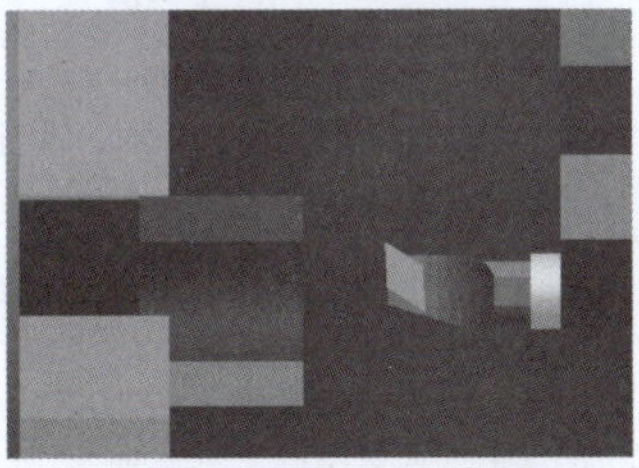
对刀操作	

（续）

操作步骤	示意图
工件坐标系设置	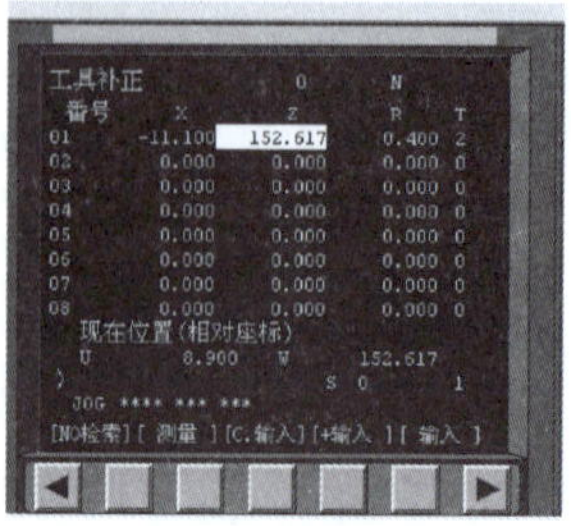
输入程序并校验	
粗精加工内轮廓并进行检测	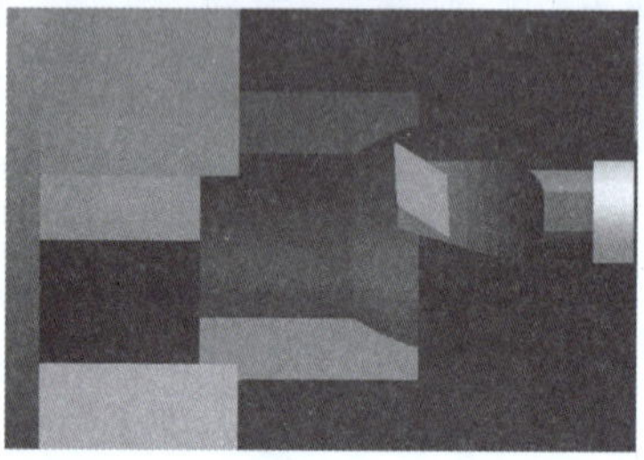

3. 误差分析

内孔加工误差分析见表 4-6。

表 4-6　内孔加工误差分析

问题现象	产生原因	预防和消除措施
工件内孔尺寸超差	刀具参数不准确 切削用量选择不当，产生让刀 程序误差 工件尺寸计算错误	调整或重新设定刀具参数 合理选择切削用量 检查、修改程序 正确计算工件尺寸
内孔表面粗糙度差	切削速度太低 镗孔刀尖高度安装误差 切屑缠绕工件表面 刀具磨损 切削液选择不合理	选择较高的主轴转速 调整镗刀安装高度 选择合理的进刀方式和背吃刀量，注意排屑 及时更换刀具和刀片 正确选择切削液
台阶处不清角	程序错误 刀具选择错误 刀具损坏	检查、修改程序 正确选择加工刀具 更换刀片
加工时扎刀致工件报废	进给量过大 切屑阻塞 工件安装不合理	降低进给速度 采用断、退屑方式切入 检查工件安装，增加刚度 正确选择刀具

(续)

问题现象	产生原因	预防和消除措施
台阶断面出现倾斜	程序错误 车刀安装不正确	检查、修改程序 正确安装刀具
工件圆度超差或产生锥度	车床主轴间隙过大 程序错误	调整车床主轴间隙 检查、修改程序

4．任务评价

评价表见表4-7。

表4-7 评价表

序号	项目与权重	考核内容及要求	配分	评分标准	检测结果	得分
1	工件加工 50%	$\phi(22\pm0.02)$mm	10	不合格全扣		
2		(51 ± 0.05)mm	10	不合格全扣		
3		(20 ± 0.05)mm	10	不合格全扣		
4		未注尺寸公差	10	不合格全扣		
5		表面粗糙度	10	每处2分		
6	程序编制 20%	程序正确性	10	每处错扣2分		
7		加工路线、切削用量合理性	10	每处错扣2分		
8	机床操作 15%	对刀的正确性	5	不正确全扣		
9		坐标系设定正确性	4	不正确全扣		
10		机床操作正确性	6	每处错扣2分		
11	文明生产 15%	安全操作	5	出错全扣		
12		机床维护与保养	5	不合格全扣		
13		工作场所整理	5	不合格全扣		
	总配分		100	总得分		

4.4.3 数控车床车削台阶孔的精度检验及误差分析

$\phi(22\pm0.04)$mm内孔采用内径百分表测量，测量时先将千分尺校正一下再使用，量表通过中心并垂直孔轴线。

4.5 技能训练——薄壁套的加工

1．图样分析

加工图4-19所示薄壁套，每批加工数量为2~3件。材料为35钢，毛坯为铸件，外圆 $\phi45$mm，长度为65mm，内孔 $\phi30$mm。图样分析如下：

1）外圆 $\phi41_{-0.1}^{0}$mm、内孔 $\phi34_{+0.04}^{+0.08}$mm，壁厚较薄。外圆轴线对内孔轴线的同轴度公差为0.05mm。

2）主要表面的表面粗糙度值为 $Ra1.6\mu m$。

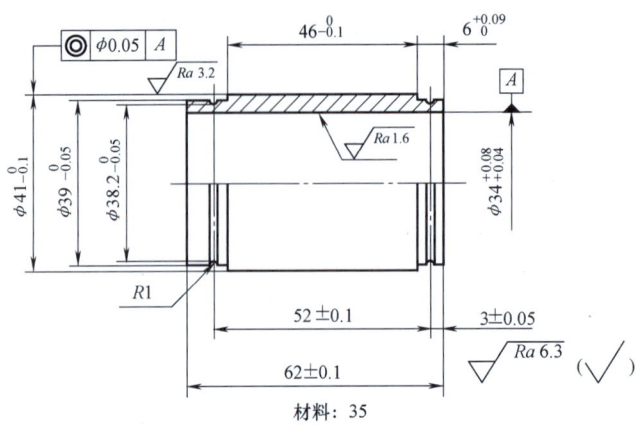

图 4-19 薄壁套

2. 工件加工

(1) 用自定心卡盘夹住毛坯外圆

1) 粗、精车端面。

2) 车外圆 $\phi 41_{-0.1}^{0}$ mm×52mm 至 $\phi 41.7_{-0.05}^{0}$ mm×$52_{-0.2}^{-0.1}$ mm。

3) 车外圆 $\phi 39_{-0.05}^{0}$ mm×$6_{0}^{+0.09}$ mm 至 $\phi 39.7_{-0.05}^{0}$ mm×$6_{-0.2}^{-0.1}$ mm。

4) 粗车 R1mm 槽至 $\phi 38.5$mm。

(2) 用软卡爪夹住外圆 $\phi 41.7_{-0.05}^{0}$ mm

1) 车端面,取总长 (62±0.1) mm。

2) 车外圆 $\phi 39_{-0.05}^{0}$ mm×10mm 至 $\phi 39.7_{-0.1}^{0}$ mm×$10_{-0.1}^{0}$ mm。

3) 粗车 R1 槽至 $\phi 38.5$mm。

4) 粗车内孔 $\phi 34_{-0.04}^{+0.08}$ mm 至 $\phi 34.5_{0}^{+0.1}$ mm。

5) 精车内孔 $\phi 34_{+0.04}^{+0.08}$ mm。

(3) 一端用梅花顶尖,$\phi 34$mm。孔一端用回转顶尖顶住

1) 精车外圆 $\phi 41_{-0.1}^{0}$ mm×$52_{0}^{+0.1}$ mm。

2) 精车外圆 $\phi 39_{-0.05}^{0}$ mm×$6_{0}^{+0.09}$ mm。

3) 用左偏刀车外圆 $\phi 39_{-0.05}^{0}$ mm,保证长度 $46_{-0.1}^{0}$ mm。

4) 车 R_1mm 槽,保证离端面 (3±0.05) mm,外圆 $\phi 38.2_{-0.05}^{0}$ mm。

5) 车 R_1mm 另一槽,保证槽中心距 (52±0.1) mm,外圆 $\phi 38.2_{-0.05}^{0}$ mm。

6) 锐边倒钝。

(4) 用软卡爪夹住外圆 $\phi 41$mm

孔口倒角。

项目 5

偏心工件、曲轴及畸形工件加工

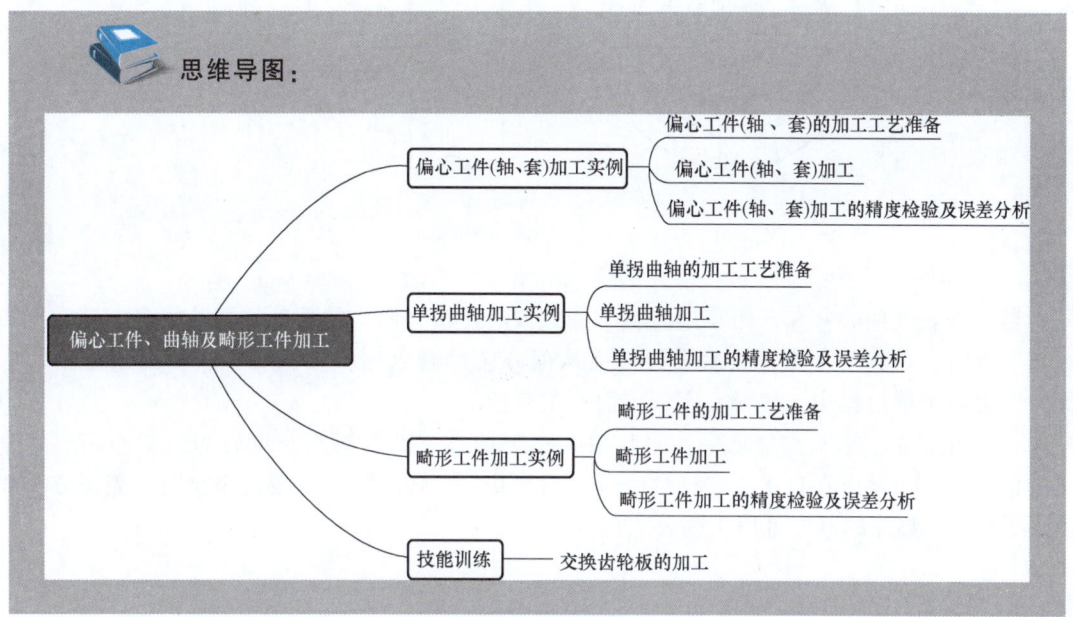

思维导图：

5.1 偏心工件（轴、套）加工实例

在机械传动中，把回转运动变为往复直线运动或把直线运动变为回转运动，一般都是用偏心轴或曲轴来完成的。例如，车床主轴箱中用偏心轴带动润滑油泵。当外圆和外圆的轴线或内孔和外圆的轴线不在同一轴线上，平行而不重合（偏距）的工件，叫作偏心工件。外圆与外圆偏心的工件叫作偏心轴；内孔与外圆偏心的工件叫作偏心套。两轴线之间的垂直距离叫作偏心距。

5.1.1 偏心工件（轴、套）的加工工艺准备

1. 偏心工件的车削方法

偏心轴、偏心套一般都在车床上加工。它们的加工方法和一般轴、套类工件基本相同，不同的是保证偏心部分轴线与基准轴线的偏心距精度和位置精度。为解决这一问题，主要是在装夹方面采取不同的措施，即把需要加工的偏心部分的轴线找正到与车床主轴回转轴线重合。一般是按照工件加工批量、精度要求相应地选择各种偏心工件的车削方法。车偏心工件一般有以下几种方法：

（1）**用单动卡盘装夹车削偏心工件** 如果工件数量较少、长度较短，不便于在两顶尖之间装夹，这时可装夹在单动卡盘上车削偏心工件。在单动卡盘上加工偏心工件的方法如图

5-1所示。车削前,应把已车成的光轴划出偏心轴线,然后装夹在单动卡盘中,用划线盘找正偏心轴线与主轴轴线重合(对偏心距精度要求较高的可用指示表找正偏心位置),即可车削。

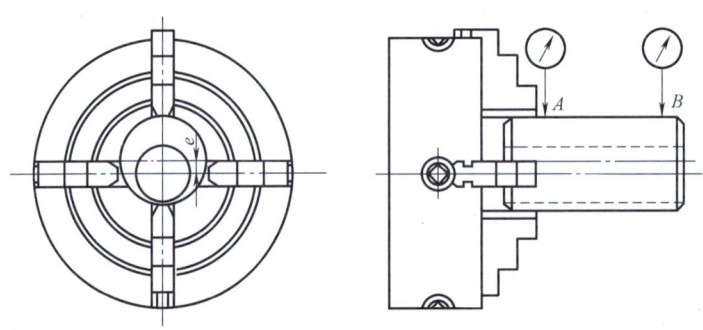

图 5-1 在单动卡盘上加工偏心工件

若工件装夹偏心,在开始车削时,工件做偏心回转,两边的切削量相差很多,应在车刀远离工件后,再起动车床,然后车刀刀尖从偏心的最高点逐步切入工件,切削用量不宜太大,以免在车削过程中,使偏心距移位而产生事故。

(2)在自定心卡盘上增加一块垫片装夹车削偏心工件 对于长度较短、偏心距要求不高的偏心工件,可以在自定心卡盘的卡爪上增加垫片,使工件产生偏心来车削,装夹方法如图 5-2 所示。垫片的厚度可用下列公式计算

$$x = \frac{1}{2}(3e + \sqrt{d^2 - 3e^2} - d) \tag{5-1}$$

式中 x——垫片厚度(mm);
　　　e——工件偏心距(mm);
　　　d——自定心卡盘夹住的工件部位直径(mm)。

以上计算方法计算时比较麻烦,也可用以下近似公式计算

$$x = 1.5e \pm K$$
$$K \approx 1.5\Delta e \tag{5-2}$$

式中 x——垫片厚度(mm);
　　　e——工件偏心距(mm);
　　　K——偏心距修正值,正负值按实测结果确定(mm);
　　　Δe——试切削后,实测偏心距误差(mm)。

在自定心卡盘上车削偏心工件,应注意以下几点:

1)装夹工件后,同样需要用百分表找正工件的上素线和侧面素线,使偏心轴线与基准轴线平行。

2)选用硬度较高的材料作为垫片,以防止在装夹时发生变形。

3)卡爪表面应平整,并与主轴轴线平行,不能呈锥形,以防工件装夹不牢固,在车削时弹出伤人。

4)第一件加工结束后,应对垫片接触的卡爪做记号(图5-2),以便在加工以后的工件时,使垫片始终接触同一卡爪,防止因垫片与卡爪接触不一致造成偏心距误差。

(3)**在两顶尖之间装夹车削偏心工件** 一般的偏心轴,只要两端面上能钻中心孔,有鸡心夹头的装夹位置,都采用在两顶尖间车削偏心件。

如图5-3所示偏心轴,工件已车成光轴,尺寸为φ38f7×140mm,两端中心孔已车去。为了装夹在两顶尖之间车削偏心外圆(图5-4),两端偏心中心孔可通过划线在钻床上钻出(偏心要求高的中心孔可在坐标镗床上钻出)。偏心轴的划线方法如下:

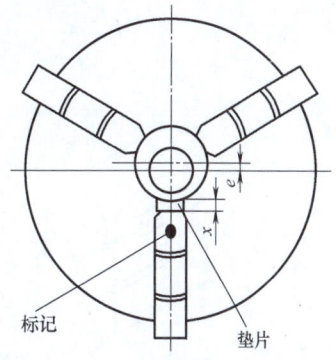

图5-2 在自定心卡盘上加垫片车削偏心工件

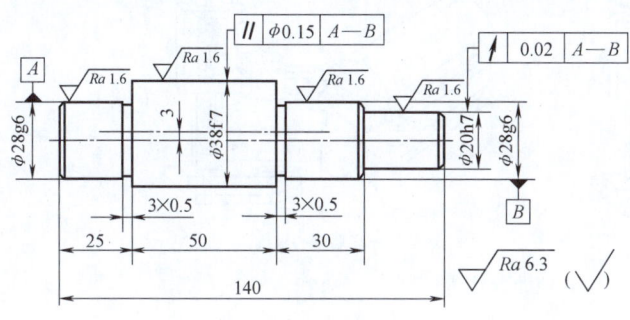

图5-3 偏心轴(一)

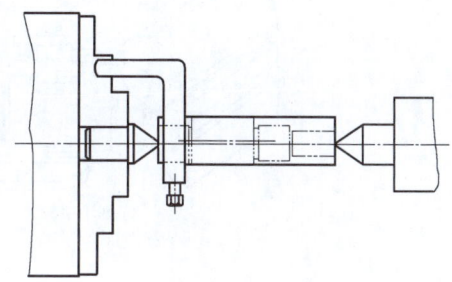

图5-4 在两顶尖之间车削偏心轴的方法

1)在轴的两端面和四周涂上一层蓝色涂剂,待干燥后置于平板上V形铁槽中(图5-5)。

2)用游标高度卡尺量出光轴最高点,记录尺寸读数,再把游标高度卡尺游标下移工件半径尺寸(即19mm)。在工件的两端面上和外圆两侧划出线痕(为保证偏心外圆φ38f7表面不被划伤,该外圆长度内可不划出线痕),如图5-5a所示。划好以后把工件转过180°,并找正端面线水平位置,再在端面上试划线,检查是否与原来的线痕重合,如果重合,说明此线在中心位置。若两条线不重合,则调整游标高度卡尺的游标高度,即游标移动的尺寸是垂直距离的一半。

3)把工件转过90°,用直角尺对齐已划好的端面基准线(图5-5b),再用上面已调整好的游标高度卡尺在工件的两端及外圆两侧划线,划出十字轴线(图5-5c)。

4)把游标高度卡尺的游标上移(或下移)一个所需要的偏心距(即3mm),并在两端面上划线,找出偏心轴线,如图5-5d所示交点A即是偏心轴的中心。

5)在所划的线条上打样冲眼(φ38f7外圆段不允许打样冲眼),以防止线条擦掉而失去基准。

由于偏心轴偏心距要求不高,两端的偏心中心孔可根据划线在钻床上钻出,但图样要求偏心轴线与基准轴线的平行度公差为φ0.15mm,所以应把工件装夹在V形块上钻出中心孔,即可装夹在两顶尖之间车削2×φ28g6、φ20h7外圆。

在两顶尖之间车削偏心工件时,应注意以下几点:

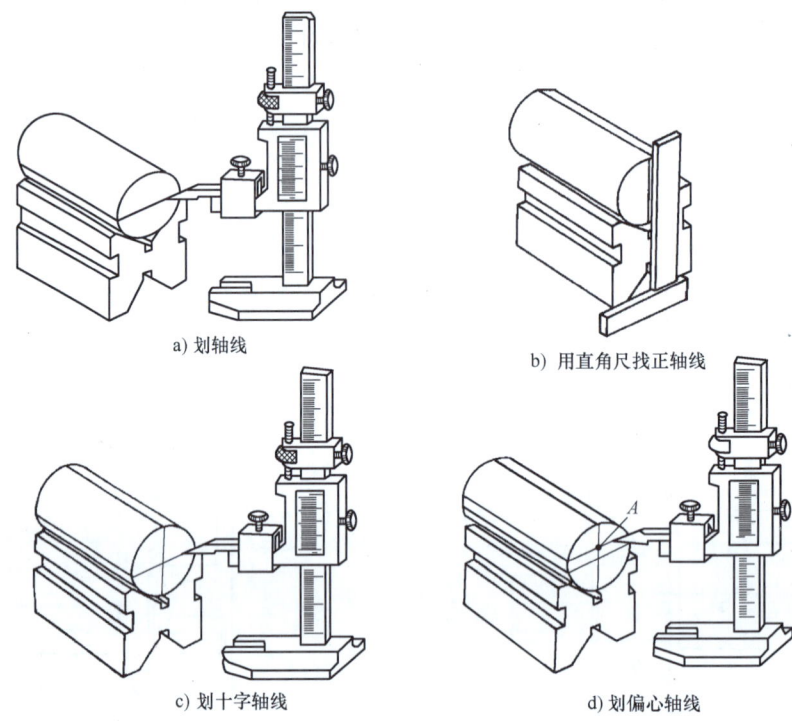

a) 划轴线　　　　　　b) 用直角尺找正轴线

c) 划十字轴线　　　　d) 划偏心轴线

图 5-5　偏心轴的划线方法

1) 顶尖与工件的接触松紧适当,后顶尖可使用精度较高的回转顶尖。

2) 在断续切削时,应选用较小的切削用量。

3) 偏心距较小的偏心轴,偏心中心孔可能与原来中心孔相互干涉,这时可加大两个中心孔的深度。

(4) 在双重卡盘上装夹车削偏心工件　当偏心工件的偏心距要求不高而加工批量较大时,为减少找正偏心的时间,可在双重卡盘上车削偏心工件,即把自定心卡盘装夹在单动卡盘上,并使自定心卡盘轴线与主轴轴线偏移一个偏心距 e,工件直接用自定心卡盘夹住即可车削(图 5-6)。为保证工件装夹定位的正确性,可将自定心卡盘的卡爪调换成软卡爪(按

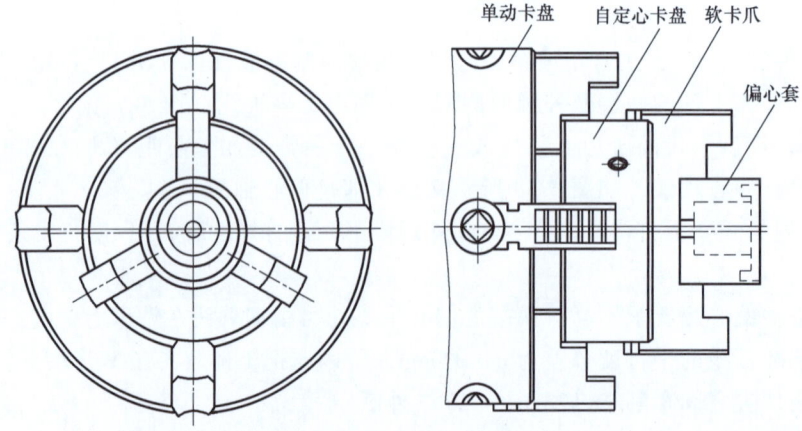

图 5-6　在双重卡盘上车偏心套

工件的基准外圆车出有台阶的软卡爪)。

用这种方法车削一批偏心工件时,只要第一个工件偏心距找正后,其余工件的偏心距就不必再找正了。但第一次找正比较困难,而且两只卡盘重叠在一起,刚性比较差,故适用于车削偏心距不大、长度较短的偏心工件。

使用这种装夹方法装卸工件时,应选择自定心卡盘的一个方孔以保证装夹精度。

(5) 在花盘上装夹车削偏心工件 长度短而偏心距较大的偏心工件(偏心套),不便于用上述几种方法装夹,可装夹在花盘上车削偏心孔。方法如下:

1) 先将外圆、两端平面加工好,两平面平行度误差不大于 0.01mm(可以通过平面磨削达到)。

2) 将工件放在平板上的角铁面,在端面上划线,划出偏心距和偏心孔线(图 5-7)。

3) 先将花盘面在车床上精车一刀,擦净工件端面,根据花盘内孔和偏心孔划线位置放正工件,用压板轻轻压紧(为防止端面上被压板压出痕迹,可在压板与工件端面之间放两层砂布,有砂粒面不允许与端面接触),如图 5-8 所示。

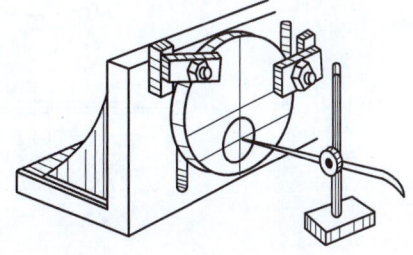

图 5-7 偏心轮的划线方法

4) 根据划线,用划针找正偏心孔。

5) 加平衡块,使花盘各点平衡。

6) 试车偏心孔,用游标卡尺测量(图 5-9),游标卡尺读数应是最厚、最薄孔壁之差(即偏心距的两倍)。如果测量不符要求,可稍稍松开压板,不移动工件位置,用百分表根据差距用铜棒敲击找正偏心距,再压紧压板。若工件数量较多,可在花盘上靠近偏心件外圆处装上两块成 90°角的定位板(注意外圆误差不能太大,否则会造成偏心距超差)。

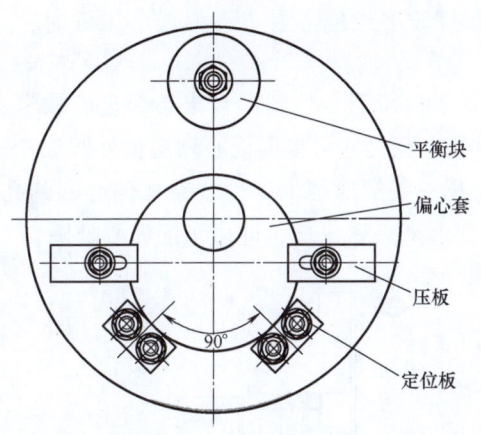

图 5-8 在花盘上装夹车削偏心孔

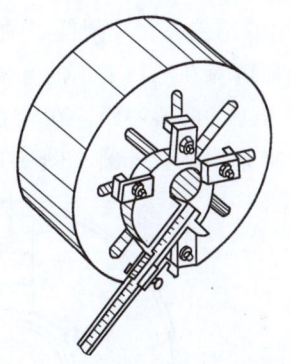

图 5-9 用游标卡尺测量偏心距

(6) 用偏心卡盘装夹车削偏心工件 偏心卡盘的结构如图 5-10 所示。偏心卡盘分两层,花盘用螺钉固定在车床主轴的连接盘上,偏心体与花盘燕尾槽相互配合。偏心体上装有自定心卡盘。利用丝杠 1 来调整卡盘的中心距,偏心距 e 的大小可在两个测量头 1、2 之间测得。当偏心距为零时,测量头 1 和 2 正好相碰。转动丝杠时,测量头 2 逐渐离开测量头 1,离开的尺寸即是偏心距。如果偏心距要求很精确，在两测量头之间可用量块测量。当偏心距调整好后，用四个螺钉紧固，把工件装夹在自定心卡盘上，就可以进行车削。

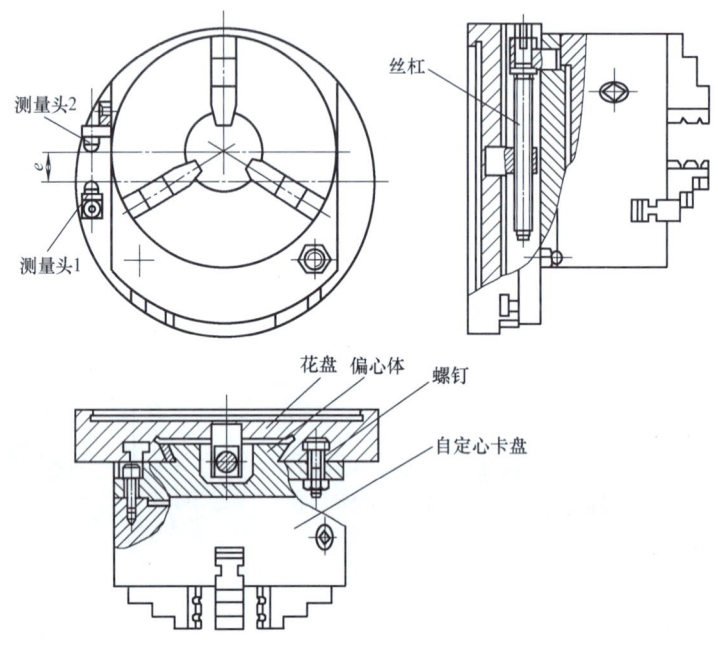

图 5-10　偏心卡盘

由于偏心卡盘的偏心距可用量块或百分表测得，因此可获得较高的精度。其次，偏心卡盘调整方便，通用性强，是一种较为理想的偏心夹具。

（7）用专用夹具装夹车削偏心工件　加工数量较多或偏心要求高的偏心工件时，一般可制造专用夹具。

1）用专用偏心套车削偏心轴。偏心套外圆做成台阶形，外圆用自定心卡盘的软卡爪夹住，台阶面可靠在三只卡爪的平面上。偏心套的偏心孔尺寸可根据偏心轴定位外圆加工，其偏心距等于工件的偏心距。在偏心套的较薄处铣开一条窄通槽，工件装夹在偏心套的孔中，使软卡爪夹紧偏心套外圆（图 5-11）。依靠弹性变形来夹紧工件，即可车削偏心外圆。

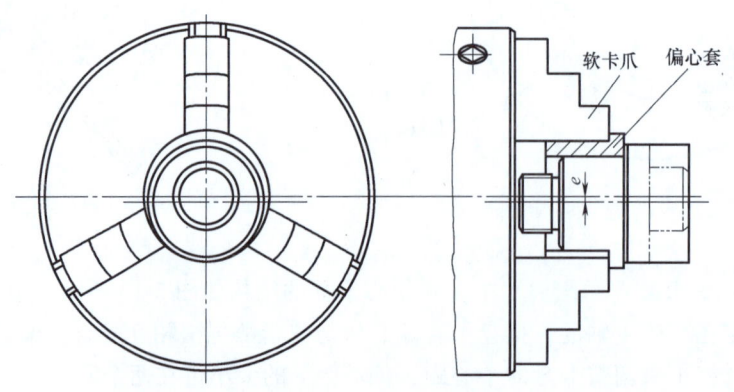

图 5-11　用偏心套装夹车削偏心轴

2）用专用偏心心轴车削偏心套筒。偏心套筒如图 5-12 所示。此工件外圆轴线对偏心孔轴线平行度公差为 0.03mm，8×φ5mm 孔与偏心位置有一定关系，其加工方法如下：

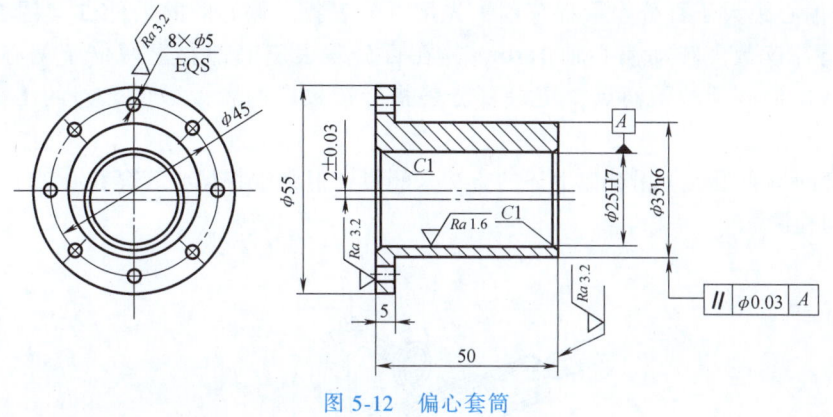

图 5-12　偏心套筒

① 外圆部位粗车，留精车余量 5~5.5mm。
② 夹住外圆钻、车、铰 φ25H7mm 孔。
③ 用钻模或划线方法钻 8×φ5mm 孔。
④ 装夹在偏心心轴上（图 5-13）。心轴预先按偏心套的偏心距 $e=2$mm 做准确，并按偏心位置装定位销 1，控制工件 8×φ5mm 孔与偏心轴线位置。使用时把工件装夹在偏心心轴上，使销对准其中一个 φ5mm 孔确定方向，用螺母 3 和偏心垫圈 2 紧固工件。
⑤ 偏心心轴装夹于两顶尖之间，就可以车削 φ55mm 及 φ35h6mm 外圆。

用这种方法加工方便，并能保证精度，但比较浪费材料。

2. 偏心距的检测方法

（1）用游标卡尺检测偏心距　这是一种最简单的测量方法，适用于测量精度要求不高的偏心工件。测量偏心轴的方法如图 5-14 所示。用游标卡尺的深度尺测量基准外圆与偏心外圆间最深和最浅的距离，偏心距即等于两外圆间最深、最浅距离差值的 1/2。对于偏心套，用游标卡尺测量基准外圆与偏心孔之间的最厚孔壁及最薄孔壁的厚度（图 5-9）。偏心距即等于最厚孔壁与最薄孔壁差值的 1/2。

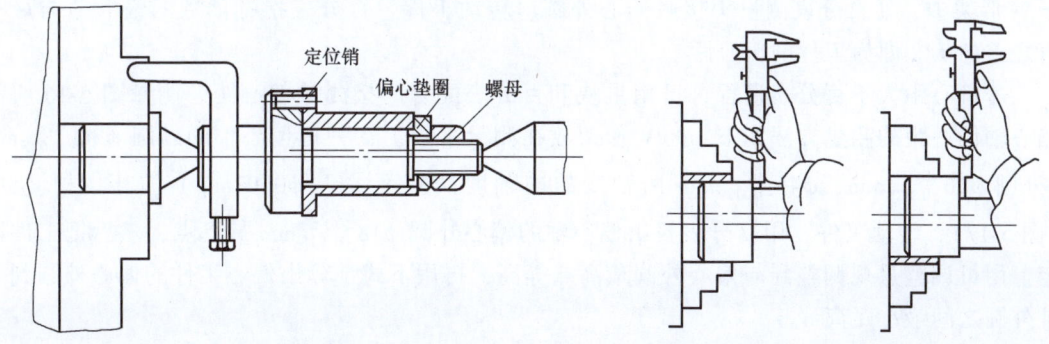

图 5-13　车偏心套筒用的偏心心轴　　　　图 5-14　用游标卡尺测量偏心轴偏心距

（2）在两顶尖之间检测偏心距　两端有中心孔的偏心轴，可装夹在测量架或车床上的两顶尖之间测量。测量方法如下：

1) 若偏心距小于百分表的量程范围，测量时，把百分表的测量头接触偏心轴部位（图 5-15a），用手转动偏心轴，百分表上的最大值和最小值之差的 1/2 就等于偏心距。

2) 若偏心距大于百分表量程范围，先用百分表找出偏心圆的最低点（图 5-15b），记录百分表指针读数。转动偏心轴 180°，并在百分表表座底部垫上两倍于偏心距的量块，用百分表找出偏心圆的最高点，记录百分表指针读数，两者读数值之差的 1/2 即为偏心距误差。

偏心套的偏心距也可用类似上述的方法来测量，但必须将偏心套套在心轴上，再装夹在两顶尖之间检测。

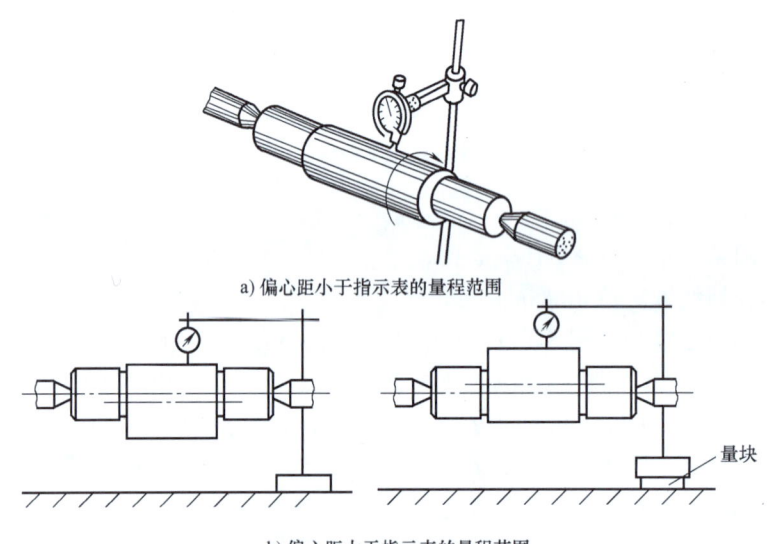

a) 偏心距小于指示表的量程范围

b) 偏心距大于指示表的量程范围

图 5-15　在两顶尖之间检测偏心轴的偏心距

(3) 在 V 形架上检测偏心距　无中心孔的偏心工件，就不能用上述方法测量，这时可放在 V 形架上测量，测量方法如下：若偏心距小于指示表量程，则将偏心工件的基准外圆置于 V 形架中，使百分表测量头接触偏心外圆，转动工件，百分表指针读数的最大值与最小值之差的 1/2 即为工件的偏心距。

若偏心距大于百分表量程，可用量块和百分表配合间接测量偏心距。测量图 5-16 所示偏心轴偏心距的测量方法如下：把 V 形架放在测量平板上，并把偏心轴的外圆 $\phi 36_{-0.025}^{0}$ mm（外圆 $\phi 36_{-0.025}^{0}$ mm、$\phi 46_{-0.039}^{0}$ mm 两轴线的同轴度误差不大于 $\phi 0.01$ mm）置于 V 形架中（图 5-17），转动工件，用百分表找出偏心轴的偏心外圆 $\phi 18_{-0.018}^{0}$ mm 最高点，然后把工件固定。用可调整量规调整到与偏心外圆最高点等高，再用下式计算出偏心工件的偏心外圆到基准外圆之间最小距离 a。

$$a = D/2 - d/2 - e \tag{5-3}$$

式中　a——偏心外圆到基准外圆之间最小距离（mm）；

D——基准圆直径的实际尺寸（mm）；

d——偏心圆直径的实际尺寸(mm);

e——工件偏心距(mm)。

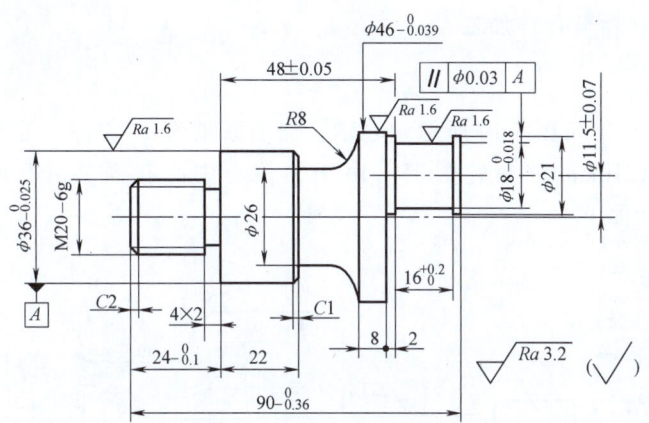

图 5-16 偏心轴(二)

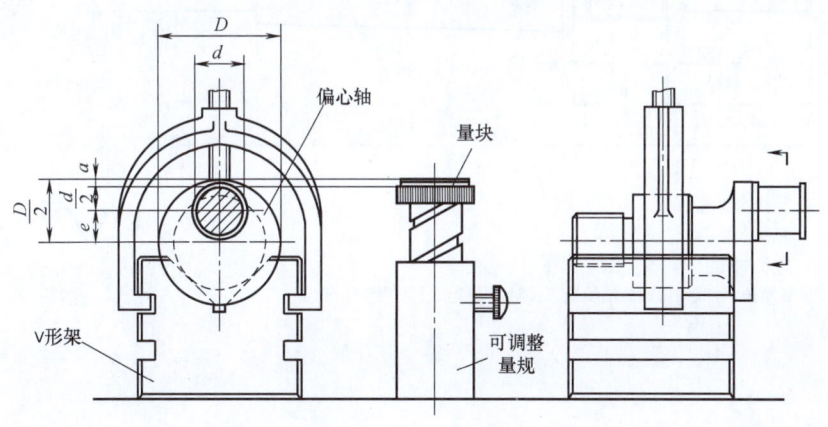

图 5-17 在 V 形架上检测偏心距方法

用量块组成与距离 a 相等的尺寸,并安放在可调整量规上。水平移动百分表测量基准外圆最高点读数,再测量量块读数。看两者读数是否在偏心距误差范围内(即±0.07mm),若读数在偏心距误差范围内,说明偏心轴的偏心距符合要求。

(4)在车床上用百分表与中滑板刻度配合检测偏心距 对于偏心距较大,长度较长的偏心工件,可以在车床上测量,利用中滑板的刻度来补偿百分表的测量范围,如图 5-18 所示。测量时,首先使百分表与工件偏心外圆偏心值最大处接触,记录百分表读数及中滑板刻度值,随后将工件转过 180°,再移动中滑板,使百分表与工件外圆偏心值最小处接触,并保持原读数,这时从中滑板

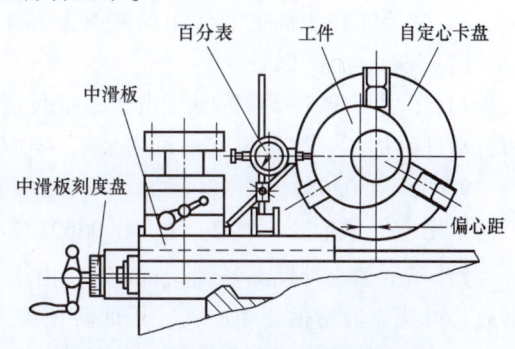

图 5-18 在车床上检测偏心距方法

的刻度盘上读出的移动距离即等于两倍的偏心值。

用这种方法测量偏心距，应找正偏心轴线与主轴轴线平行。

5.1.2 偏心工件（轴、套）加工

1. 工艺准备

（1）分析图样　加工图5-19所示偏心轴，加工数量为2~3件，毛坯材料为45钢，毛坯尺寸为φ58mm×210mm的热轧圆钢（由于钻偏心中心孔需要，毛坯长度尺寸应加长6mm）。对图样分析如下：

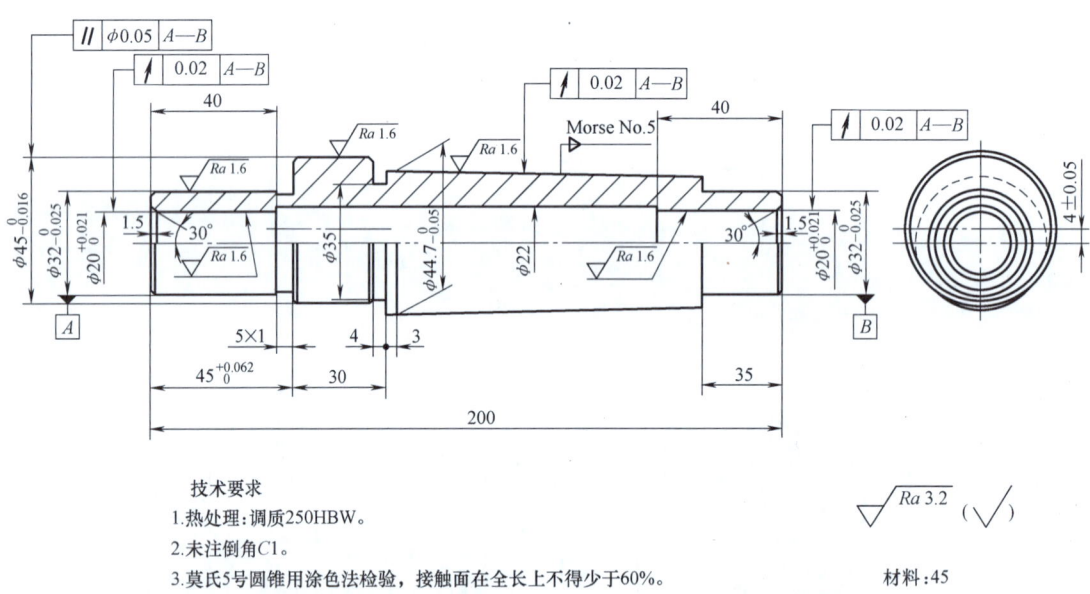

图 5-19　偏心轴

1）外圆 $2×φ32_{-0.025}^{0}$mm 为基准外圆。

2）偏心外圆 $φ45_{-0.016}^{0}$mm 轴线对基准外圆轴线偏心距为4mm，偏差为±0.05mm，平行度公差为 φ0.05mm。

3）莫氏5号圆锥表面对基准外圆 A、B 公共轴线径向圆跳动公差为 0.02mm。

4）两个孔 $φ20_{0}^{+0.021}$mm 表面分别对基准外圆 A、B 公共轴线径向圆跳动公差为 0.02mm。

5）主要工作表面的表面粗糙度值为 $Ra1.6μm$。

（2）制订加工工艺

1）车削莫氏5号圆锥时，由于圆锥长度较长，表面粗糙度值较小，可采用偏移尾座法和自动进给加工。尾座偏移量可用公式 $S=(C/2)×L_0$ 计算。查表得莫氏5号圆锥的锥度 $C=1:19.002=0.05623$。

则尾座偏移量 $S=(C/2)×L_0=0.05623/2×200$mm $≈5.26$mm

2）车削偏心外圆 $φ45_{-0.016}^{0}$mm 时，由于外圆车削量较大，为防止工件产生移动而发生事故，可找正后钻偏心中心孔，用回转顶尖支承后车削。

3）偏心轴的加工顺序安排。热处理：调质→车端面、钻中心孔→粗车偏心外圆、莫氏

5 号圆锥，粗、精车基准外圆→车去偏心外圆一端的基准中心孔→半精车、精车偏心外圆→钻、车、铰孔→半精车、精车莫氏 5 号圆锥。

（3）工件的定位与夹紧

1）由于 $2\times\phi32_{-0.025}^{0}$ mm 外圆为基准外圆，为保持有较高的同轴度，应装夹在两顶尖之间车削。

2）车削偏心外圆 $\phi45_{-0.016}^{0}$ mm，偏心距精度要求一般，偏心长度较短，可在自定心卡盘的任一卡爪上垫一块垫片的夹紧方法，垫片的厚度可用式（5-1）计算。即垫片厚度

$$x = \frac{1}{2}(3e+\sqrt{d^2-3e^2}-d)$$
$$= \frac{1}{2}(3\times4+\sqrt{45^2-3\times4^2}-45)\text{mm}$$
$$= 5.73\text{mm}$$

3）加工 $2\times\phi20_{0}^{+0.021}$ mm 孔时，可采用软卡爪夹住一端，另一端用中心架支承（中心架支承爪材料应使用尼龙或夹布胶木，防止将工件外圆拉毛）。

（4）选择刀具

1）钻孔时，由于一般麻花钻无法在一次装夹中将孔钻穿，故可选用接长钻，这样可在一次装夹中将孔钻穿。

2）加工 $2\times\phi20_{0}^{+0.021}$ mm 孔时可用机用铰刀。

3）车削 $\phi20$mm×40mm 孔可用不通孔车刀。

（5）选择设备　可使用 C620-1 型车床、CA6140 型车床或适合于车削该工件的其他卧式车床。

2. 工件加工

偏心轴的加工步骤见表 5-1。

表 5-1　偏心轴的加工步骤

工序号	工种	工序内容	简图
1	热处理	调质 250HBW	
2	车	自定心卡盘夹住毛坯外圆，找正（两次装夹） 1）车端面，光出即可 2）钻中心孔 $\phi2.5$mm A 型，表面粗糙度值为 $Ra1.6\mu$m 3）调头，车端面，长度尺寸 206mm（当基准外圆完工后，车去一端中心孔） 4）钻中心孔 $\phi2.5$mm A 型，表面粗糙度值为 $Ra1.6\mu$m	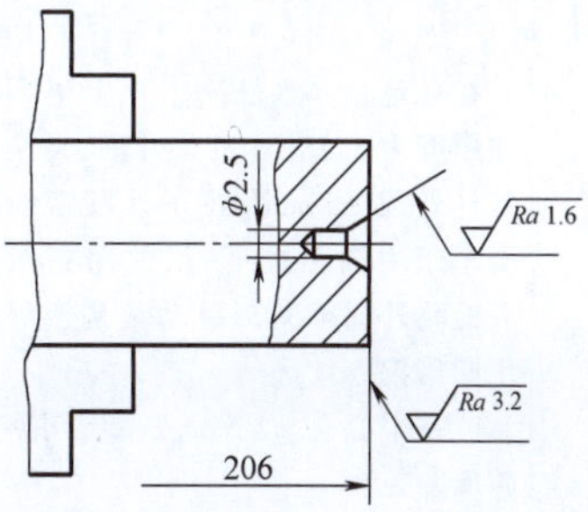

（续）

工序号	工种	工序内容	简图
3	车	装夹于两顶尖之间（两次装夹） 1）车偏心外圆 $\phi 45_{-0.016}^{0}$ mm，莫氏5号圆锥大端直径 $\phi 47.4_{-0.05}^{0}$ mm 均车至 $\phi 55$ mm 要求：圆柱度 0.01mm，对 $2\times\phi 32_{-0.025}^{0}$ mm 基准外圆公共轴线同轴度 $\phi 0.01$ mm，备车偏心外圆时找正 2）车外圆 $\phi 32_{-0.025}^{0}$ mm，长度为 35mm 3）倒角 $C1$ mm 4）调头，控制尺寸 $120_{0}^{+0.2}$ mm，车外圆 $\phi 32_{-0.025}^{0}$ mm 5）车外沟槽 5mm×1mm 6）控制尺寸 30mm，车外沟槽 $\phi 35$ mm×4mm 7）倒角 $C1$ mm	这是保证偏心外圆对基准外圆满足偏心距、平行度公差的工艺措施 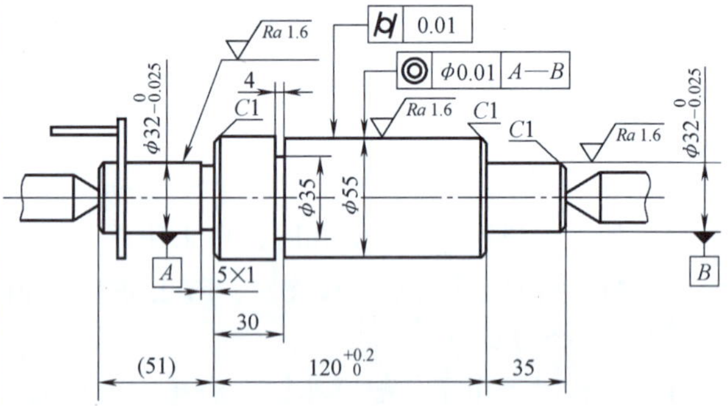
4	车	自定心卡盘夹住 $\phi 55$ mm 外圆，找正 1）控制尺寸 $45_{0}^{+0.062}$ mm，车去一端中心孔 2）倒角 $C1$ mm	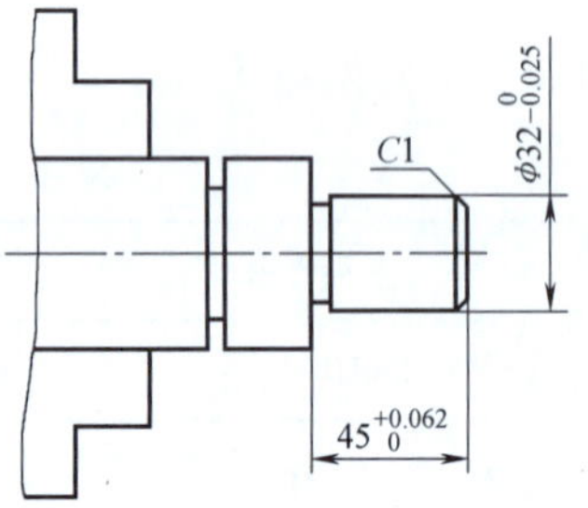
5	车	在自定心卡盘任一卡爪上垫一块厚度为 5.78mm 的垫片后，夹住工件外圆 $\phi 55$ mm，找正外圆素线与车床主轴轴线平行，并用指示表检测外圆径向圆跳动量是否等于两倍偏心量 1）钻中心孔 $\phi 2.5$ mm A型，用回转顶尖支承 2）车偏心外圆 $\phi 45_{-0.016}^{0}$ mm 3）倒角 $C1$ mm	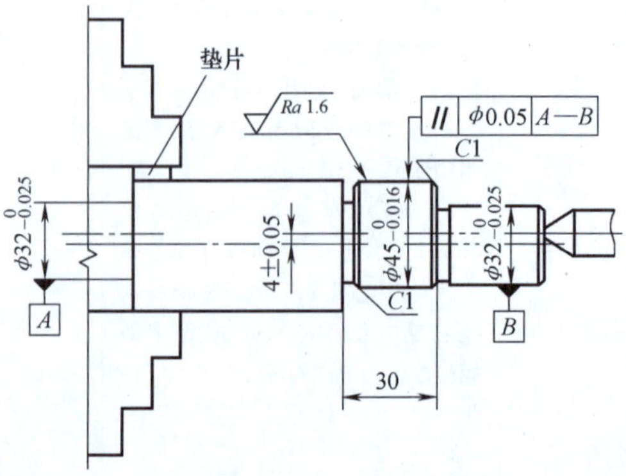

(续)

工序号	工种	工序内容	简图
6	车	用软卡爪夹住一端，另一端用中心架支承，找正外圆径向圆跳动量不大于 0.01mm 1）钻孔 φ18mm（钻通） 2）车孔 $\phi 20_{0}^{+0.021}$ mm 至 $\phi 19.8_{0}^{+0.05}$ mm 3）车内沟槽孔 φ22mm，长度 120mm 至尺寸（即 120mm = 200mm-40mm-40mm） 4）铰孔 $\phi 20_{0}^{+0.021}$ mm 5）孔口倒角 1.5mm×60°，表面粗糙度值为 $Ra1.6\mu m$	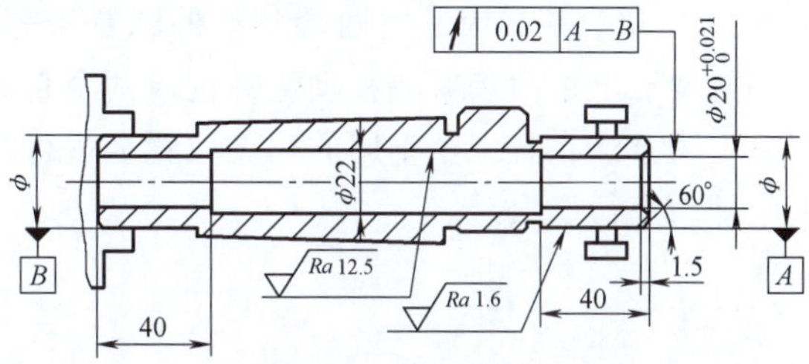
7	车	调头，按原方法装夹 1）车孔 $\phi 20_{0}^{+0.021}$ mm 至 $\phi 19.8_{0}^{+0.05}$ mm 2）铰孔 $\phi 20_{0}^{+0.021}$ mm 3）孔口倒角 1.5mm×60°，表面粗糙度值为 $Ra1.6\mu m$	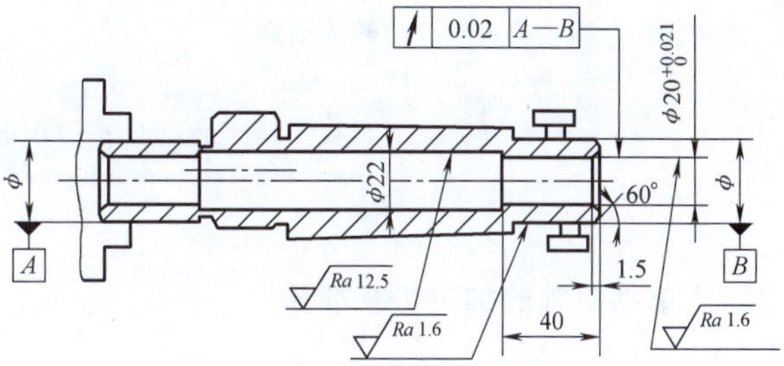
8	车	装夹于两顶尖之间，偏移尾座 1）粗、精车外圆 $\phi 44.7_{-0.05}^{0}$ mm 2）控制长度尺寸 3mm，车莫氏 5 号圆锥，用涂色法检验，接触面在全长上不得少于 60% 3）锐边倒角 C0.5mm	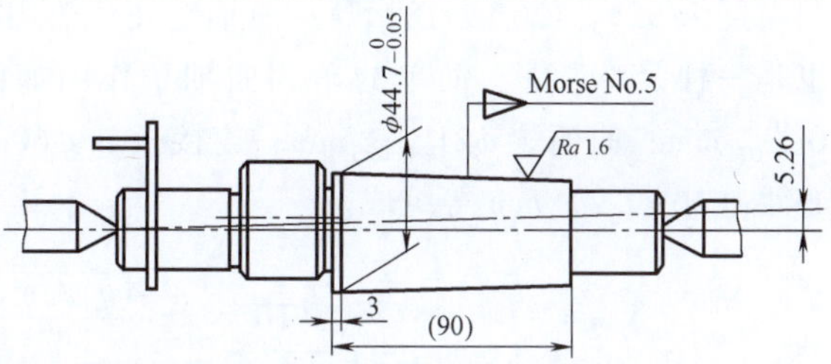

5.1.3 偏心工件（轴、套）加工的精度检验及误差分析

1）长度 $45_{0}^{+0.062}$ mm 检验时，可用深度千分尺测量。

2）莫氏 5 号圆锥涂色检验具体方法是：用显示剂（红油、红丹粉）在工件表面顺着圆锥素线均匀地涂上三条线，涂色要均匀，检验时，手握圆锥套规轻轻套在工件圆锥上，稍加轴向推力并将套规转动半周，若三条显示剂全长上擦去均匀，说明圆锥接触良好，锥度正确。

3）偏心距 $e=(4\pm 0.05)$ mm 检验时，把偏心轴的两端基准外圆置于测量平板上的等高 V 形架槽中，百分表触头接触偏心外圆，转动偏心轴，百分表指针示值的最大值和最小值之差为 7.9~8.1mm，即偏心距合格。

4）莫氏 5 号圆锥轴线对基准外圆公共轴线径向圆跳动的检验测量方法如图 5-20 所示。测量时，将基准外圆置于测量平板上的等高 V 形架槽中，并在轴向定位。百分表触头接触圆锥面，工件转动一周，百分表读数最大差值即为单个测量平面上的径向圆跳动。按上述方

法测量若干个截面，取各截面上测得的跳动量的最大值即为径向圆跳动量。

5）$2\times\phi20^{+0.021}_{0}$mm 孔轴线对基准外圆公共轴线的径向圆跳动的检验方法基本上与上面检验方法相同，不同之处就是百分表触头与内孔表面接触。

6）偏心外圆 $\phi45^{0}_{-0.016}$mm 轴线对基准外圆公共轴线的平行度误差 0.05mm 的检验方法如图 5-21 所示。测量时，将两端基准外圆置于等高支承上，并调整其轴线与测量平板面平行。测量架沿上下两条素线移动，并记录两个百分表读数差值的 1/2。然后在 0°～180°范围内，按上述方法在若干个不同的角度位置上进行测量。取各个测量位置上测得差值之半中的最大值即为平行度误差。

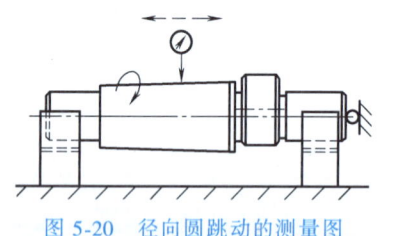

图 5-20 径向圆跳动的测量图

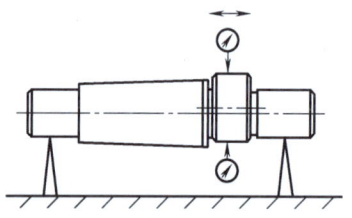

图 5-21 平行度误差的测量

5.2 单拐曲轴加工实例

5.2.1 单拐曲轴的加工工艺准备

根据发动机性能和用途的不同，曲轴有单拐、两拐、四拐、六拐及八拐等几种。曲柄颈之间角度为 90°、120°及 180°等。曲轴毛坯一般用锻造或球墨铸铁浇注成形。单拐曲轴实质上也是一种偏心工件，简单的单拐曲轴工作图如图 5-22 所示。它的结构主要由主轴颈 $2\times\phi20^{0}_{-0.021}$mm、曲柄颈 $\phi21^{0}_{-0.025}$mm、连接板 $2\times\phi60$mm、轴肩、曲柄颈轴线与主轴颈轴线间的偏心距（16±0.2）mm 等组成。

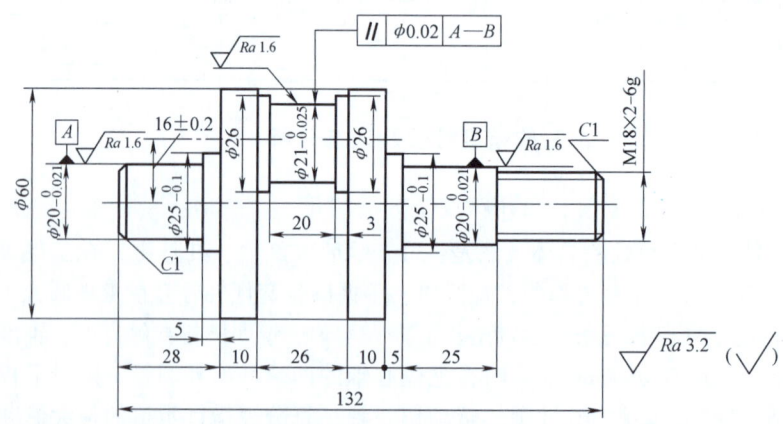

图 5-22 单拐曲轴工作图

1. 单拐曲轴的车削方法

单拐曲轴的曲柄颈轴线与主轴颈轴线在同一平面内平行，并偏离一定距离，所以说单拐曲轴相似于偏心轴，它的加工原理与偏心轴基本相同，一般可用下面几种方法装夹车削。

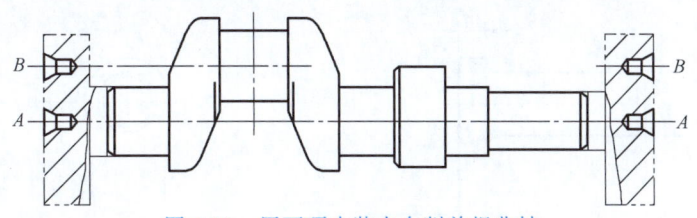

图 5-23　用两顶尖装夹车削单拐曲轴

（1）在两端面上钻中心孔，装夹在两顶尖之间车削　一般单拐曲轴，曲柄颈轴线对主轴颈轴线都有平行度要求，并保持要求的偏心距公差。为保证上述要求，曲轴车削前一般在坐标镗床上钻出主轴颈中心孔 A 和曲柄颈中心孔 B。两端主轴颈的尺寸较小，一般不能直接在轴端钻曲柄颈中心孔，所以两端应留工艺轴颈（图 5-23）。当两顶尖装夹中心孔 A 中时，可车削各级主轴颈外圆，当两顶尖装夹在中心孔 B 中时，可车削曲柄颈。加工完毕后，车去两端工艺轴颈，取总长。

（2）用偏心夹板装夹车削　对于偏心距较大，无法在两端面上钻偏心中心孔的曲轴，在经过加工的曲轴两端主轴颈（直径应留有余量的工艺尺寸）上，安装一对偏心夹板（图 5-24）。偏心夹板上钻有精确的中心孔，将偏心夹板装在曲轴上代替曲轴的偏心中心孔，其加工原理与在工件端面上钻偏心中心孔车曲轴相同。

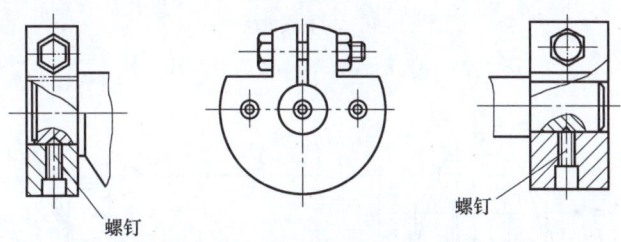

图 5-24　用偏心夹板装夹车削

偏心夹板装上后，要确保曲柄颈有足够的加工余量，因此，装夹偏心夹板后必须进行找正。同时偏心夹板仅靠一个螺钉的支紧力是不够的，此时两端主轴颈上应留有一定加工余量，可用螺钉定位，并在工件上配钻一凹孔，以保证偏心夹板在车削过程中不致移位。

（3）使用专用夹具装夹车削　图 5-25a 所示为曲柄轴，其他工序已完成，本工序须加工曲柄颈 $\phi22_{-0.021}^{0}$ mm 工件外形虽不复杂，但偏心距较大，根据工件的结构无法用上面的方法装夹加工，所以应设计专用夹具装夹加工。

工件以主轴颈 $\phi32_{-0.021}^{0}$ mm 定位，装夹在 90°V 形块上（图 5-25b），固定主轴颈，即可对曲柄外圆 $\phi21_{-0.021}^{0}$ mm 进行加工。

曲轴车削要先进行粗加工，再进行精加工，防止由于刚性差、切削不平稳、切削力等原因造成工件变形。

2. 偏心距及轴线平行度的检测方法

（1）曲柄颈轴线与两端主轴颈公共轴线偏心距的检测　测量如图 5-26 所示单拐曲轴的偏心距 $e=(57.5\pm0.1)$ mm，方法如下：将单拐曲轴放置于两等高 V 形架槽中，在测量平板上进行测量。测量时，转动工件，用百分表找出曲柄颈的最高点，固定工件，用可调整量规调整到与基准主轴颈上素线等高，再计算出曲柄颈最高点到基准主轴颈最高点之间的距离 a。

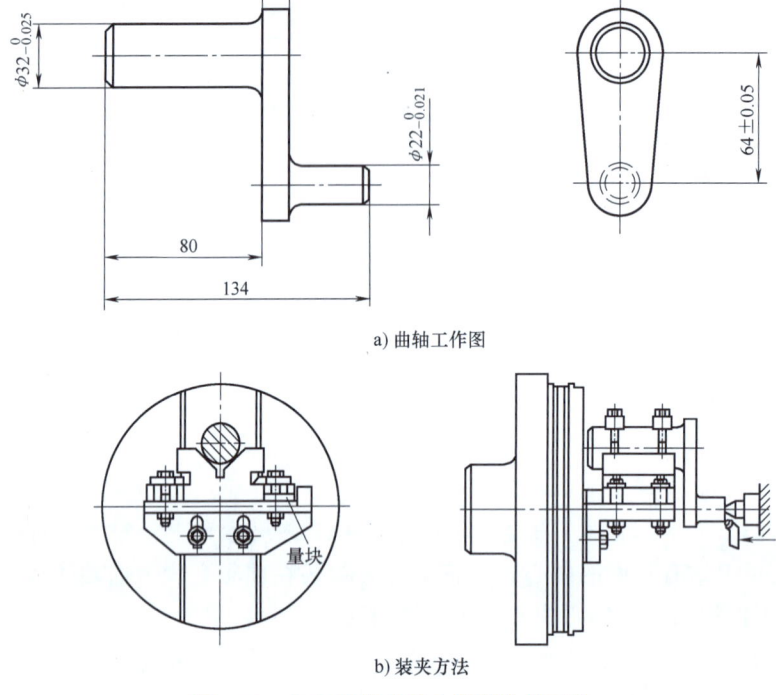

图 5-25 在 V 形块夹具上车削曲轴工件

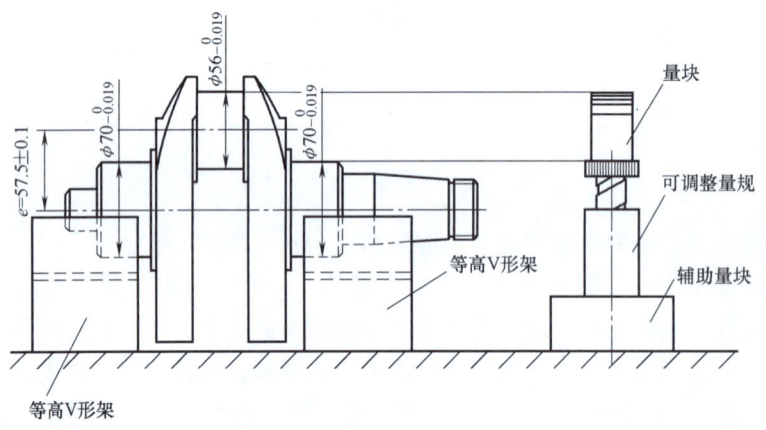

图 5-26 测量单拐曲轴偏心距

距离 a 可用下式计算

$a = e - 1/2$ 基准主轴颈直径 $+ 1/2$ 曲柄颈直径 $= 57.5\text{mm} - 70\text{mm}/2 + 56\text{mm}/2 = 50.5\text{mm}$

用量块组成与距离 $a = 50.5\text{mm}$ 相等的尺寸,并安放到可调整量规上。用百分表测出曲柄颈的最高点,调整百分表指针至零位,水平移动百分表,使触头接触量块面。若百分表指针在 $-0.1 \sim +0.1\text{mm}$ 范围内摆动,说明偏心距合格。

(2) 曲柄颈轴线对基准主轴颈公共轴线平行度误差的检测　检测方法如图 5-27 所示。测量时,将工件两端基准主轴颈置于两等高 V 形架上,在测量平板上进行操作。用百分表调整其轴线与测量平板平行。测量架沿上、下两条素线移动,并记录两百分表读数的差值之半。在 0°~180° 范围内,按上述方法在若干个不同的角度位置上进行测量。取各个测量位置上测得差值 1/2 中的最大值，如不超过图样上标注的平行度公差即合格。

平行度精度达不到要求，主要有以下原因：

1）顶尖及支承螺杆过紧。对于偏心距大的单拐曲轴，为了增加工件刚性，在车削过程中可使用支承螺杆支承在曲柄颈对面空当处（图 5-28）。如果支承螺杆支顶过紧，使曲轴旋转轴线弯曲，会增大曲柄颈轴线和主轴颈轴线的平行度误差，并产生圆度误差。

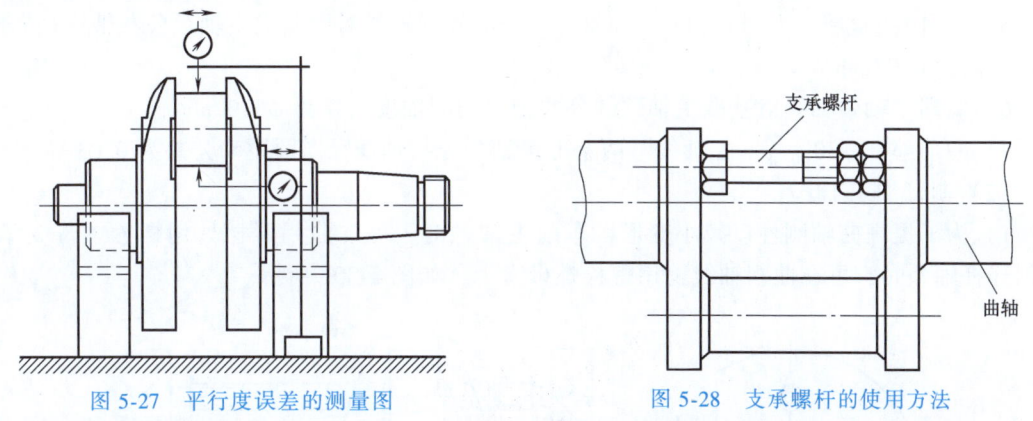

图 5-27 平行度误差的测量图　　　　图 5-28 支承螺杆的使用方法

2）切削力的影响。由于工件没有分粗、精车，或切削用量选择过高，使切削力增大，造成工件弯曲变形，增大平行度误差。

3）中心孔钻得不正确。这样会使工件旋转时产生不同轴度，从而产生圆度误差和平行度误差，损坏中心孔和顶尖，甚至造成事故。

5.2.2 单拐曲轴加工

1. 工艺准备

（1）分析图样　加工图 5-29 所示的单拐曲轴。加工数量为单件生产毛坯为铸件，材料

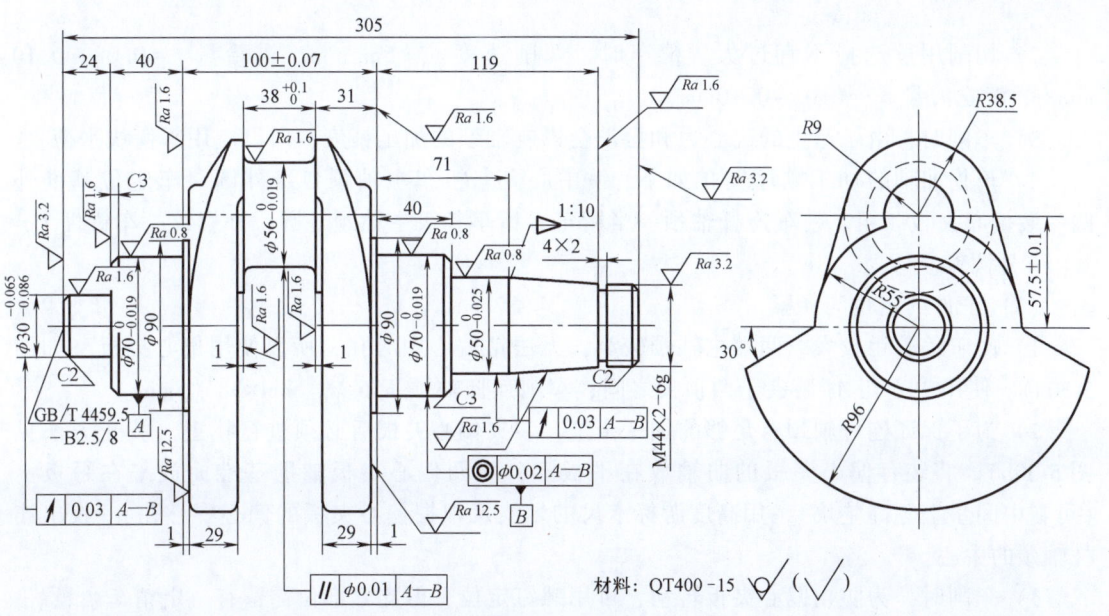

图 5-29 单拐曲轴

为 QT400-15 球墨铸铁。对图样分析如下：

1）两主轴颈 $\phi 70_{-0.019}^{0}$ mm 为基准圆。

2）连杆轴颈 $\phi 56_{-0.019}^{0}$ mm 轴线与主轴颈公共轴线的偏心距为 57.5mm、偏差 ±0.1mm。

3）连杆轴颈开档尺寸为（$38_{0}^{+0.1}$）mm。

4）连杆轴颈轴线对两基准主轴颈公共轴线的平行度公差为 ϕ0.01mm。

5）1∶10 外圆锥、与外圆锥相连 $\phi 50_{-0.025}^{0}$ mm 外圆轴线对两基准主轴颈公共轴线径向圆跳动公差为 0.03mm。

6）右端主轴颈轴线对基准主轴颈的公共轴线的同轴度公差为 ϕ0.02mm。

7）左端外圆 $\phi 30_{-0.086}^{-0.065}$ mm 轴线对两基准主轴颈公共轴线径向圆跳动公差为 0.03mm。

（2）制订加工工艺

1）为了提高曲轴刚性以减小变形，车削主轴颈时，可在曲拐开档处用螺栓螺母支承；车削连杆轴颈时，可在曲拐轴线上用螺栓螺母支承，如图 5-30b 所示。

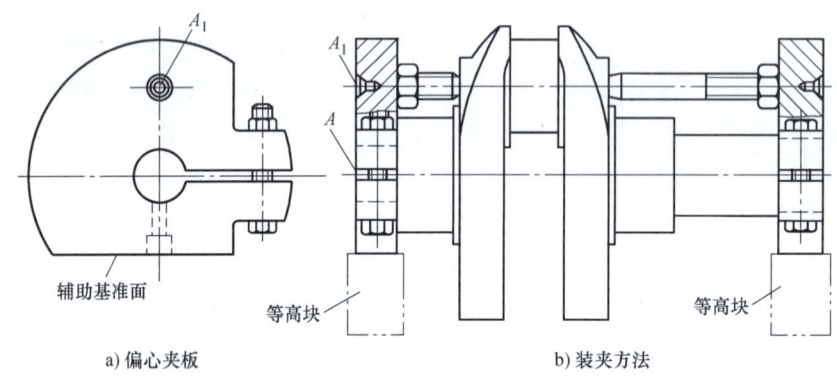

a) 偏心夹板　　　　b) 装夹方法

图 5-30　单拐曲轴的装夹方法

2）切削用量选择不宜过大。精车时，切削速度 v_c < 5m/min，进给量 f = 0.08 ~ 0.10 mm/r，背吃刀量 a_p = 0.05 ~ 0.10mm。

3）车削时，由于产生的离心力和振动会影响轴颈的加工精度，所以应用平衡块平衡。

4）单拐曲轴的加工顺序安排如下：钻中心孔、粗车主轴颈各级外圆→车定位基准外圆→装偏心夹板→粗、精车连杆轴颈→半精车、精车各级主轴颈外圆、外螺纹→车锥度 C = 1∶10 外圆锥。

（3）工件的定位与夹紧

1）由于偏心距较大，两端主轴颈较小，无法钻偏心中心孔，所以使用偏心夹板（如图 5-30a）。使用中心孔 A_1 装夹于两顶尖之间，车削连杆轴颈 $\phi 56_{-0.019}^{0}$ mm × $38_{0}^{+0.1}$ mm。

2）为了保证连杆轴颈有足够的加工余量，装夹偏心夹板后必须进行找正（找正方法见图 5-30b）。将装有偏心夹板的曲轴放在平板上，使两偏心夹板辅助基准面放平在平板上（可在中间垫上等高垫块），用高度游标卡尺的划线尺根据偏心夹板的偏心中心孔 A_1 找出连杆轴颈的中心。

3）车削时，为防止偏心夹板转动，可用螺钉定位，但支紧部位需留有一定精车余量。

（4）选择刀具　粗车连杆轴颈时，由于车削余量不均匀，可将直槽刀头部磨成圆弧形，以增强切削部分的强度,然后再用平直主切削刃的直槽刀切平两端的圆弧部分。

精车时,可选用如图 5-31 所示的直槽刀。主切削刃磨成两段,以减少与工件的接触面,使背向力和振动减小。刀具下部做成凸圆弧形(鱼肚形),增加了刀头的支承强度。

2. 工件加工

单拐曲轴的加工步骤见表 5-2。

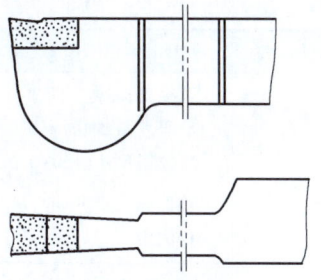

图 5-31 直槽精车刀

表 5-2 单拐曲轴的加工步骤

工序号	工序内容	备注
1	自定心卡盘夹住毛坯外圆并找正,按工艺图加工 1)钻中心孔 $\phi 2.5$mm,用回转顶尖支承 2)车外圆 $\phi 92$mm 3)控制长度尺寸 31mm,车外圆 $\phi 74$mm 4)控制长度尺寸 40mm,车外圆 $\phi 54$mm 5)控制长度尺寸 72mm,车外圆 $\phi 48_{-0.016}^{0}$mm 至 $\phi 50$mm 6)倒角	
2	调头,用软卡爪夹住外圆 $\phi 54$mm,按工艺图加工 1)车端面,保证尺寸 165mm(即 165mm=102mm+40mm+23mm) 2)钻中心孔 $\phi 2.5$mm B 型,表面粗糙度值为 $Ra1.6\mu$m 用回转顶尖支承 3)车外圆 $\phi 92$mm 4)控制尺寸 102mm,车外圆 $\phi 74$mm 5)控制尺寸 40mm、23mm,车外圆 $\phi 35_{-0.016}^{0}$mm 至 $\phi 37$mm 6)倒角	
3	调头,用软卡爪夹住一端,另一端用中心架支承,按工艺图加工 1)车端面,长度尺寸 305mm 2)钻中心孔 $\phi 2.5$mm B 型,表面粗糙度值为 $Ra1.6\mu$m	
4	装夹于两顶尖之间(二次装夹),按工艺图加工 1)车外圆 $\phi 48_{-0.016}^{0}$mm,并光出肩平面 2)调头,车外圆 $\phi 35_{-0.016}^{0}$mm,并光出肩平面 3)倒角	
5	以两端外圆 $\phi 48_{-0.016}^{0}$mm、$\phi 35_{-0.016}^{0}$mm 为基准,装上偏心夹板,并在曲拐轴线上用螺栓、螺母支承,并用平衡块平衡 1)用直槽刀粗车连杆轴颈至 $\phi 58$mm,开档尺寸 37mm 2)半精车、精车连杆轴颈至 $\phi 56_{-0.019}^{0}$mm$\times 38_{0}^{+0.1}$mm	这是掌握车削曲轴的关键工序。偏心夹板的装夹方法和如何防止车削时产生振动要掌握好
6	卸去偏心夹板,用两顶尖装夹,并在曲轴开档处用螺栓、螺母支承,并用平衡块平衡 1)车外圆 $\phi 90$mm,保持尺寸 29mm 2)控制尺寸 31mm,车外圆 $\phi 70_{-0.019}^{0}$mm 3)控制尺寸 40mm,车外圆 $\phi 50_{-0.025}^{0}$mm 4)控制尺寸 119mm,车螺纹 M44×2mm 大径至 $\phi 44_{-0.30}^{-0.20}$mm 5)车外沟槽 4mm×2mm 6)车螺纹 M44×2mm 7)倒角	

(续)

工序号	工序内容	备注
7	调头,仍装夹于两顶尖之间 1)车外圆 $\phi 90$mm 2)控制尺寸(100±0.07)mm,车外圆 $\phi 70_{-0.019}^{0}$mm 3)控制尺寸 40mm、24mm,车外圆 $\phi 30_{-0.086}^{-0.065}$mm 4)倒角	
8	按上面装夹方法,用尾座偏移法(若用靠模车削更佳) 1)车锥度 1:10 外圆锥,保持尺寸 71mm,用锥度环规涂色检验,接触面大于 70% 2)倒角	

5.2.3 单拐曲轴加工的精度检验及误差分析

1)连杆轴颈长度尺寸 $38_{0}^{+0.1}$mm 的检验时,可用量块组成尺寸 38mm 及 38.1mm 为通、止端量规来检验。

2)右端主轴颈轴线对基准主轴颈公共轴线同轴度公差 $\phi 0.02$mm 的检验方法可参照图 5-32。两百分表触头接触右端主轴颈上、下素线的同截面上,轴向测量,取两百分表在垂直于基准轴线的正截面上测得各对应点的读数差值(绝对值)作为该截面上的同轴度误差。然后转动工件,按上述方法测量若干个截面,各截面测得的读数差中的最大值(绝对值)不大于 0.02mm。

3)锥度为 1:10 的外圆锥及外圆 $\phi 50_{-0.025}^{0}$mm、$\phi 30_{-0.086}^{-0.065}$mm 对基准主轴颈公共轴线的径向圆跳动误差 0.03mm 的检验。检测方法可参阅本节训练偏心轴加工中的精度检验及误差分析。

4)连杆轴颈轴线与两主轴颈公共轴线的偏心距 $e=(57.5\pm 0.1)$mm 的检验、连杆轴颈 $\phi 56_{-0.019}^{0}$mm 轴线对基准主轴颈 $2\times\phi 70_{-0.019}^{0}$mm 公共轴线平行度误差 $\phi 0.01$mm 的检验。检验方法可参照图 5-26、图 5-27,这里不再重复。

5.3 畸形工件加工实例

5.3.1 畸形工件的加工工艺准备

在车削加工中,往往会碰到一些外形不规则的工件,如轴承座、双孔连杆等。有时外形虽规则,但车削加工部位不在规则部位上,如在圆柱外圆上车削圆柱孔,这些非整圆孔工件,就称为畸形工件。不能用自定心卡盘直接装夹加工,一般须用机床附件或装夹在专用夹具上加工。当数量较少时,一般不设计专用夹具,而使用单动卡盘、花盘、角铁等一些车床附件。

1. 畸形工件的加工方法

(1)在单动卡盘上加工工件的方法　单动卡盘的特点是每个卡爪可以单独在卡盘范围内移动位置,四个卡爪组成"十字向",使工件轴线移位与车床主轴旋转轴线重合,通过百分表找正可达到很高的位移精度。单动卡盘可以装夹外形复杂、用自定心卡盘无法装夹的工件，而且单动卡盘的夹紧力比自定心卡盘大，工件装夹牢固。用单动卡盘装夹车削工件的类型如下：

1) 外形较复杂而又非圆柱体工件。这类工件基本上以铸锻件为主，例如车床的中、小滑板、方刀架及交换齿轮箱中的扇形板等，毛坯类铸锻件的加工前首先进行划线工序，然后才进入机械加工工序（车、铣、刨等工序）。

用单动卡盘装夹上述工件进行车削前，必须先用划针找正划线，是否按照划线进行车削是质量检验的项目之一，这样才可以保证下一道工序的正常进行。

2) 偏心类工件如偏心轴、偏心套等工件。这类工件有两个以上轴线，基准轴线与其他轴线之间有尺寸精度和位置度要求。为了找正方便，一般也在已加工表面上进行划线，用划针进行粗找正，然后用百分表进行精确找正，找正难度大。偏心类工件的偏心距不能太大，因为钟面式百分表测距有限，另外很难找正"十字向"相对应位置点的数值。

3) 有孔间距要求的工件。车削这类工件实际上同车削偏心类工件相似，使孔的中心线移动一个位置，移动后空间距离的尺寸精度和孔中心线的位置精度通过找正才能达到，移动距离不能太大，要在单动卡盘能夹紧的范围内。孔间距较大的工件一般在花盘或角铁上加工，或选择其他机床加工。

4) 车削位置精度及尺寸精度要求较高的工件。在单动卡盘上装夹这类工件，要求在水平平面内找正对称度、平行度及位置度。在垂直平面内找正垂直度、平行度、对称度及位置度，并在坐标系平面内找正尺寸精度。找正过程中由于找正精度相互影响，必须通过四爪移动反复纠正，找正的技术难度大。可能在找正过程中已花费很大的精力和时间，还未找正工件的精度，这是由于没有掌握好找正规律和找正技术等。

（2）在花盘上加工工件的方法　花盘是一铸铁大圆盘，它的形状基本上与单动卡盘相同，花盘可以直接装夹在车床主轴上，盘面上有许多条通槽以及T形槽，用来安装各种螺钉，以紧固工件，花盘平面必须与主轴轴线垂直，盘面应平整，表面粗糙度值不大于 $Ra1.6\mu m$。

被加工表面的旋转轴线与定位基准面垂直、外形比较复杂的工件，如支承座、半螺母、双孔连杆等，可以装夹花盘上加工。

（3）在角铁上加工工件的方法　被加工表面的旋转轴线与基面相互平行（或相交）、外形不规则的工件，可以装夹在花盘的角铁（或不成90°的角铁）上，最常见的在角铁上加工的工件有轴承座、减速器壳体、液压泵盖等。

2. 防止畸形工件变形的方法

由于畸形工件形状不规则，如装夹不当，往往会产生变形，影响工件的尺寸及几何精度。现将防止工件变形的主要方法介绍如下：

1) 选择角铁要具有一定的刚性，以防止装夹变形。

2) 合理选择定位基准面。尽可能选使工件稳定可靠的表面作为定位基准，以防止工件在装夹时产生变形。

3) 增加可调支承或工艺撑头。对于部位悬伸在基准面之外、刚性较差、在加工过程中容易产生振动和变形的工件，为增加刚性，可以增加可调支承或工艺撑头。

4) 压板压紧部位必须正确，以保证装夹牢固和防止压紧时造成变形。

3. 加工外形不规则工件达到几何公差要求的方法

外形不规则工件在花盘、角铁上装夹加工时，怎样达到工件的几何公差要求，除了防止

工件变形外,还应注意以下几点:

1) 精度要求高的工件,它的定位基准面必须经过平磨或刮研,以保证接触良好。

2) 花盘平面最好在本车床上精车出来,角铁必须经过精刮,以保证安装基准面的准确性。

3) 在花盘、角铁上装夹工件后,必须使其平衡。

4) 机床主轴及滑板等间隙过大或导轨不直,都会影响工件的几何精度。

5) 要达到中心距和中心高的尺寸和位置公差,主要是测量手段问题。用外径千分尺及量块测量,精度可控制在 0.01mm 左右。

4. 注意事项

在花盘、角铁上装夹和加工工件时应注意以下几点:

1) 尽可能选择牢固可靠的表面作为装夹基准。

2) 切削用量应选择恰当,尤其是转速不宜太高。如转速太高,因离心力的影响,很容易使工件松动而发生事故。

3) 在花盘、角铁上加工工件时,应特别注意安全。若工件形状不规则,并有螺钉、压板等露在外面,容易不小心引起严重的工伤事故。

5.3.2 畸形工件加工

1. 工艺准备

(1) 分析图样 加工图 5-32 所示的半螺母,加工数量为 20 件,毛坯为带孔铸件(为了

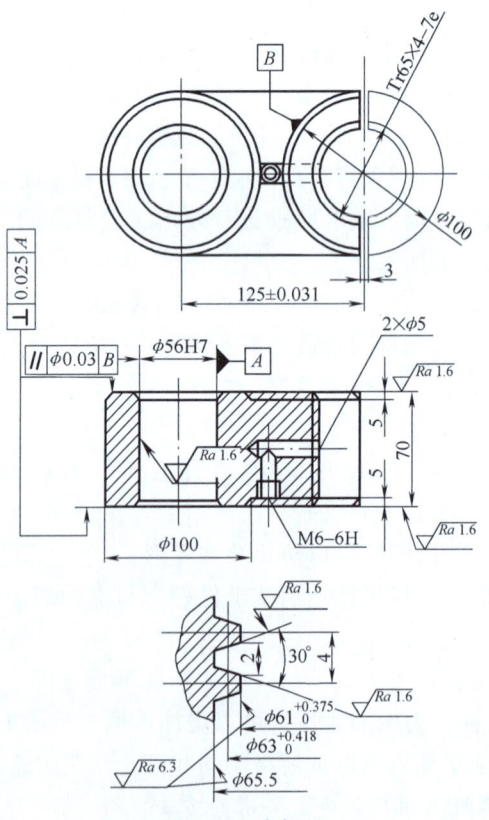

图 5-32 半螺母

便于加工和测量，应将螺纹部分铸造成整体，然后再铣削成半螺纹孔）。毛坯材料为 HT200 铸铁。对图样分析如下：

1) 螺孔 Tr65×4 轴线与孔 φ56H7 轴线的中心距为 125mm，偏差 ±0.013mm。
2) 两端平面相对于 φ56H7 孔轴线的垂直度公差为 0.025mm。
3) 孔与螺孔的两轴线的平行度公差为 φ0.03mm。
4) 内孔、梯形内螺纹齿面及两平面的表面粗糙度值均为 $Ra1.6\mu m$。

(2) 制订加工工艺

1) 在加工过程中为找正孔中心距，需制作一定位套（图 5-33），定位套外圆与工件内孔 φ56H7 为间隙配合，一端面对外圆轴线的垂直度公差为 0.005mm。

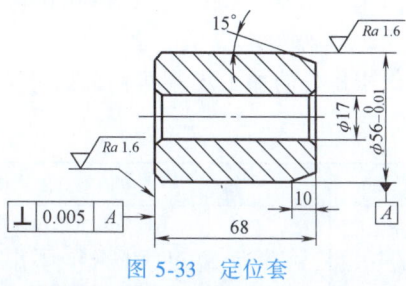

图 5-33　定位套

2) 在加工第一孔 φ56H7 时，为保证孔与外形对称，应先在端面上划线，划出两孔轴线及尺寸线（每批工件只需划一件）。

3) 使用可浮动铰刀铰孔时，为了减小表面粗糙度值，选用黏度较小的煤油作为切削液。

4) 半螺母的加工顺序安排如下：铣（或刨）两平面→平磨两平面→粗、半精车孔，铰孔 φ56H7→车梯形内螺纹 Tr65×4-7e 铣削半螺纹孔→修毛刺、钻孔、攻螺纹。

(3) 工件的定位与夹紧　工件的孔与螺纹孔轴线与基准面垂直，并两孔中心距离较大，适合于装夹在花盘上车削，其装夹和找正方法如下。

1) 车削 φ56H7 孔的装夹与找正方法。

① 装夹工件于花盘面上，根据花盘内孔和工件内孔位置，大致找正工件，并用压板轻轻压紧工件。

② 根据平面上的划线，用划线盘找正内孔 φ56H7 轴线与主轴轴线重合，压紧压板。

③ 用 V 形块作为定位基准，紧靠工件圆弧形表面后固定，以后加工工件时就不需再找正。

④ 装平衡块，将主轴箱手柄放在空档，用手转动花盘，使花盘转至任一角度都能停止，说明平衡适当。

2) 找正中心距（125±0.031）mm（找正方法见图 5-34）。

① 先在主轴孔中装夹一专用心轴，并用百分表检查心轴径向圆跳动误差应不大于 0.01mm，再在花盘上装夹定位套，用螺钉、螺母将定位套固定。

② 用外径千分尺测量专用心轴到定位套之间的距离。因中心距公差为 ±0.031mm，测量值在中间公差范围内。

③ 中心距找正后，固定定位套，取下专用心轴，并将工件装到定位套上，找正工件外形位置，

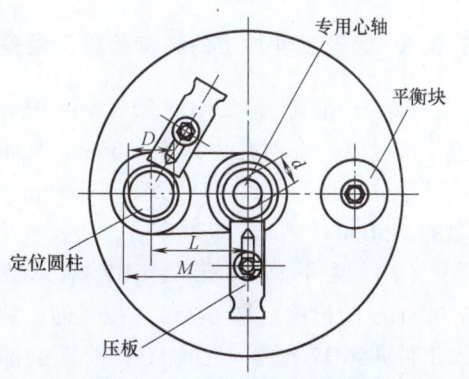

图 5-34　在花盘上车削半螺母时，找正中心距的方法

固定工件,并在工件侧面用定位销定向,这样继续加工工件时不需再找正。

(4) 选择刀具

1) 选用高速钢梯形内螺纹车刀车削 Tr65×4 内螺纹。

2) 精加工 $\phi 56H7$ 孔时,选用可浮动铰刀铰孔。

(5) 选择设备　可使用 C620-1 型车床、C6150 型车床及 C6140 型车床等。

2. 工件加工

半螺母的加工步骤见表 5-3。

表 5-3　半螺母的加工步骤

工序号	工种	工序内容	备注
1	铣	工件装夹于机用虎钳,找正,两次装夹 1) 铣两端平面尺寸 70mm 至 $70^{+0.4}_{+0.2}$mm 2) 修去四周毛刺	
2	平面磨	工件吸于台面,两次装夹 磨两平面至尺寸 70mm 要求:两平面平行度误差不大于 0.01mm	
3	钳工	划线:划孔 $\phi 56H7$、螺纹孔 Tr65×4 轴线及尺寸线	
4	车	工件装夹于花盘面,找正划线,固定工件 1) 粗车、半精车 $\phi 56H7$ 孔至 $\phi 55.8^{+0.05}_{0}$mm 2) 铰孔至 $\phi 56H7$ 3) 孔口倒角 $C1$mm	
5	车	调头,工件以孔 $\phi 56H7$ 定位,装夹于花盘面上,找正,固定工件 1) 车 Tr65×4 螺纹底孔至 $\phi 61^{+0.03}_{0}$mm(备工件完工后检测用) 2) 孔口倒角 $C2$mm 3) 粗、精车 Tr65×4-7e 至尺寸	
6	钳工	划线:划半螺纹孔尺寸线 3mm	
7	铣	工件装夹于工作台面平铁上,找正划线用 3mm 厚锯片铣刀铣削半螺纹孔	
8	钳工	1) 划钻孔 2×$\phi 5$mm 2) 攻螺纹 M6×1 3) 修去毛刺	

5.3.3　畸形工件加工的精度检验及误差分析

(1) 中心距 (125±0.031) mm 用外径千分尺检验　测量时,在两孔中放入 $\phi 56$mm 及 $\phi 61$mm 量棒,外径千分尺读数值在 $M = 125$mm+56mm/2+61mm/2 = (183.5±0.031) mm 即为合格。

(2) 两平面对孔 $\phi 56H7$ 轴线垂直度误差 0.025mm 的检验(图 5-35)　测量时,将测量心轴塞入工件 $\phi 56H7$ 孔内(心轴与孔的接触部分做成小锥度,以消除配合间隙),心轴连同工件装夹于 V 形架上,在测量平板上测量,用百分表测量整个平面,

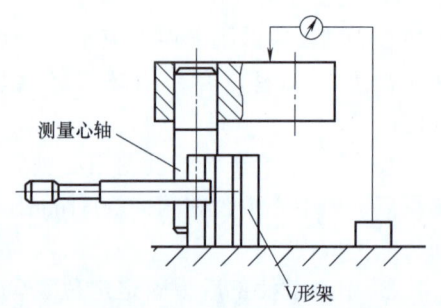

图 5-35　垂直度误差的测量

百分表最大读数差不大于 0.025mm 即为合格。

（3）φ56H7 孔轴线对螺孔轴线的平行度误差 φ0.03mm 的检验测量方法如图 5-36 所示。测量时，将测量心轴分别塞入 φ56H7 及 Tr65×4mm 孔内。并置于等高支承块上，用百分表在测量距离为 L_2 的两个位置上测得读数分别为 M_1、M_2。测得平行度误差 f_1 为

$$f_1 = L_1/L_2 \times |M_1-M_2|$$

式中　L_1——为被测轴线的长度（mm）。

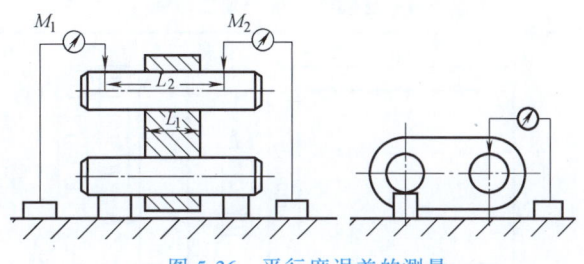

图 5-36　平行度误差的测量

工件连同测量心轴转 90°，按上述测量方法测量，测得平行度误差 f_2，取 f_1、f_2 中最大值即为平行度误差。

5.4　技能训练——交换齿轮板的加工

1. 分析图样

加工图 5-37 所示的交换齿轮板，加工数量为 1~2 件。毛坯为铸件，材料为 HT250 铸铁。对图样分析如下：

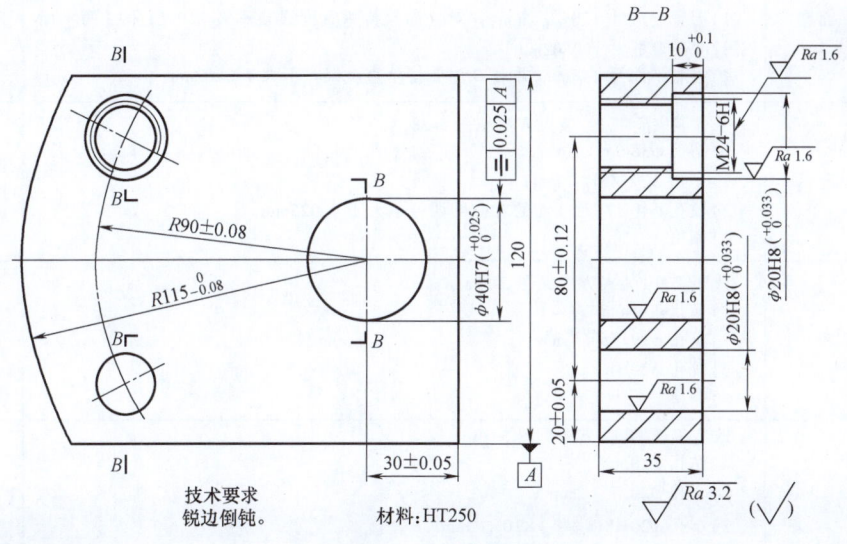

图 5-37　交换齿轮板

1）孔 φ40H7 轴线到底平面的距离为（30±0.05）mm，并对 A 面的对称度公差为 0.025mm。

2）孔 φ20H8 轴线到孔 φ40H7 轴线的孔间距离为 R（90±0.018）mm，到 A 面的距离为

（20±0.05）mm。

3）螺孔 M24、沉孔 φ20H8 轴线到孔 φ40H7 轴线的孔间距离为 R（90±0.018）mm，并到 φ20H8 轴线的距离为（80±0.12）mm。

4）圆弧面到孔 φ40H7 轴线尺寸为 $R115_{-0.08}^{0}$ mm。

2. 工件加工

交换齿轮板的加工步骤见表5-4。

表 5-4　交换齿轮板的加工步骤

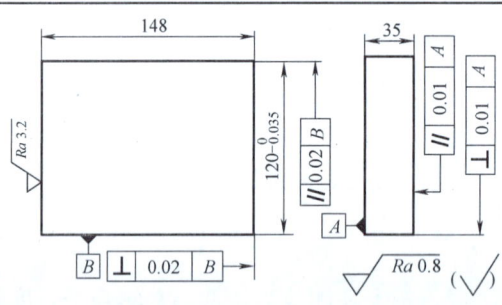

工序号	工种	工序内容	备注
1	铣	工件装夹于机用虎钳，找正，多次装夹，按工艺图加工 1）铣两平面，尺寸 35mm 铣至 $35_{+0.3}^{+0.5}$ mm 2）铣宽度尺寸 $120_{-0.035}^{0}$ mm 至 $120_{+0.4}^{+0.6}$ mm 3）铣长度尺寸 148mm 至 $(148_{+0.1}^{+0.3})$ mm	
2	平面磨	工件吸于台面，二次装夹，按工艺图加工磨两平面，尺寸为 35mm，平行度误差不大于 0.01mm	
3	平面磨	将角铁装于台面，找正后吸牢，工件以 A 面为基面，装夹于角铁面（多次装夹），按工艺图加工 1）磨宽度尺寸 $120_{-0.035}^{0}$ mm，并对 A 面保持垂直度误差不大于 0.01mm，两平面平行度误差不大于 0.02mm 2）磨底平面至 148mm，并对 B 面保持垂直度误差不大于 0.02mm	
4	车	工件装夹于花盘，装夹方法见图 5-38 1）钻孔 φ38mm 2）车孔 $φ39.85_{0}^{+0.05}$ mm 3）铰孔 φ40H7，对 A 面的对称度误差不大于 0.025mm 4）倒角	该工序是保证以后工序达到图样要求的关键
5	车	改装工件，装夹方法见图 5-39a 1）钻孔 φ18mm 2）车孔 $φ19.85_{0}^{+0.05}$ mm 3）铰孔 φ20H8 4）倒角	
6	车	改装工件，装夹方法见图 5-39b 1）钻孔 φ18mm 2）车孔 $φ20.7_{0}^{+0.3}$ mm 3）车孔 $φ20H8(_{0}^{+0.021}) \times 10_{0}^{+0.3}$ mm 4）倒角 5）攻螺纹 M24-6H	
7	车	改装工件，工件以孔 φ40H7 定位，侧面定向，装夹方法见图 5-40 1）车圆弧面至 $R115_{-0.08}^{0}$ mm 2）修去圆弧面处毛刺	

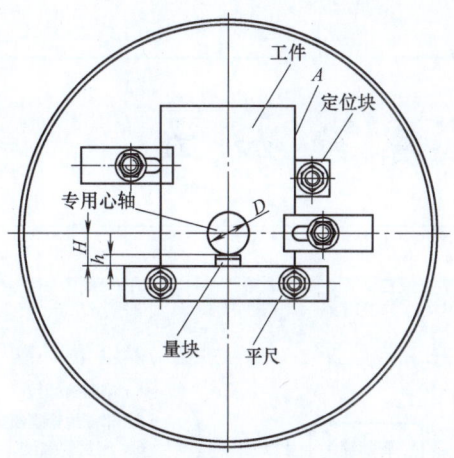

图 5-38 在花盘上装夹车削交换齿轮板基准孔

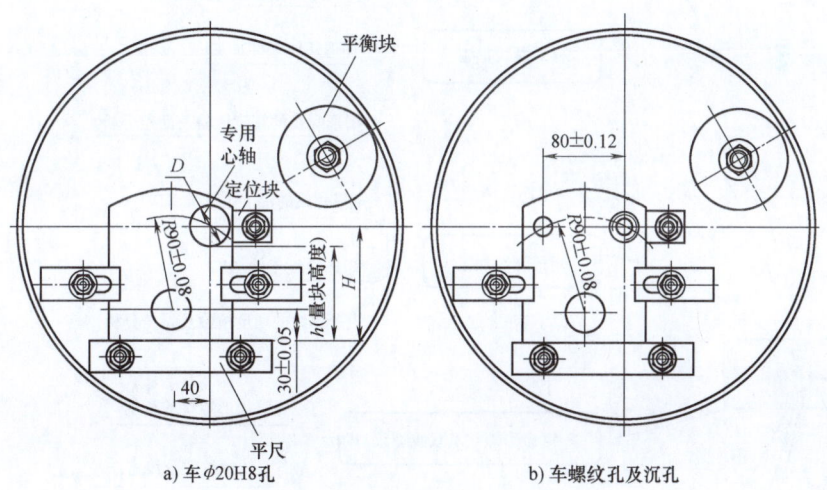

a) 车φ20H8孔   b) 车螺纹孔及沉孔

图 5-39 装夹在花盘上车孔

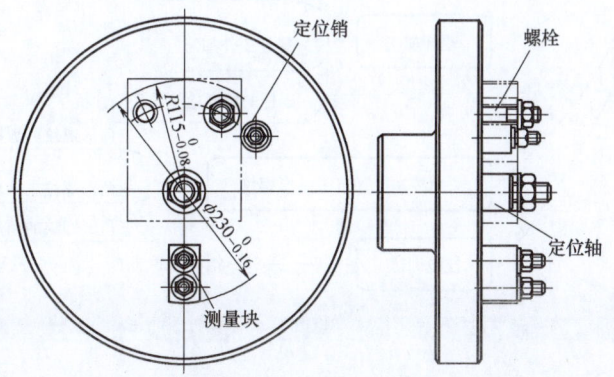

图 5-40 在花盘上车削圆弧面

项目 6

螺 纹 加 工

思维导图：

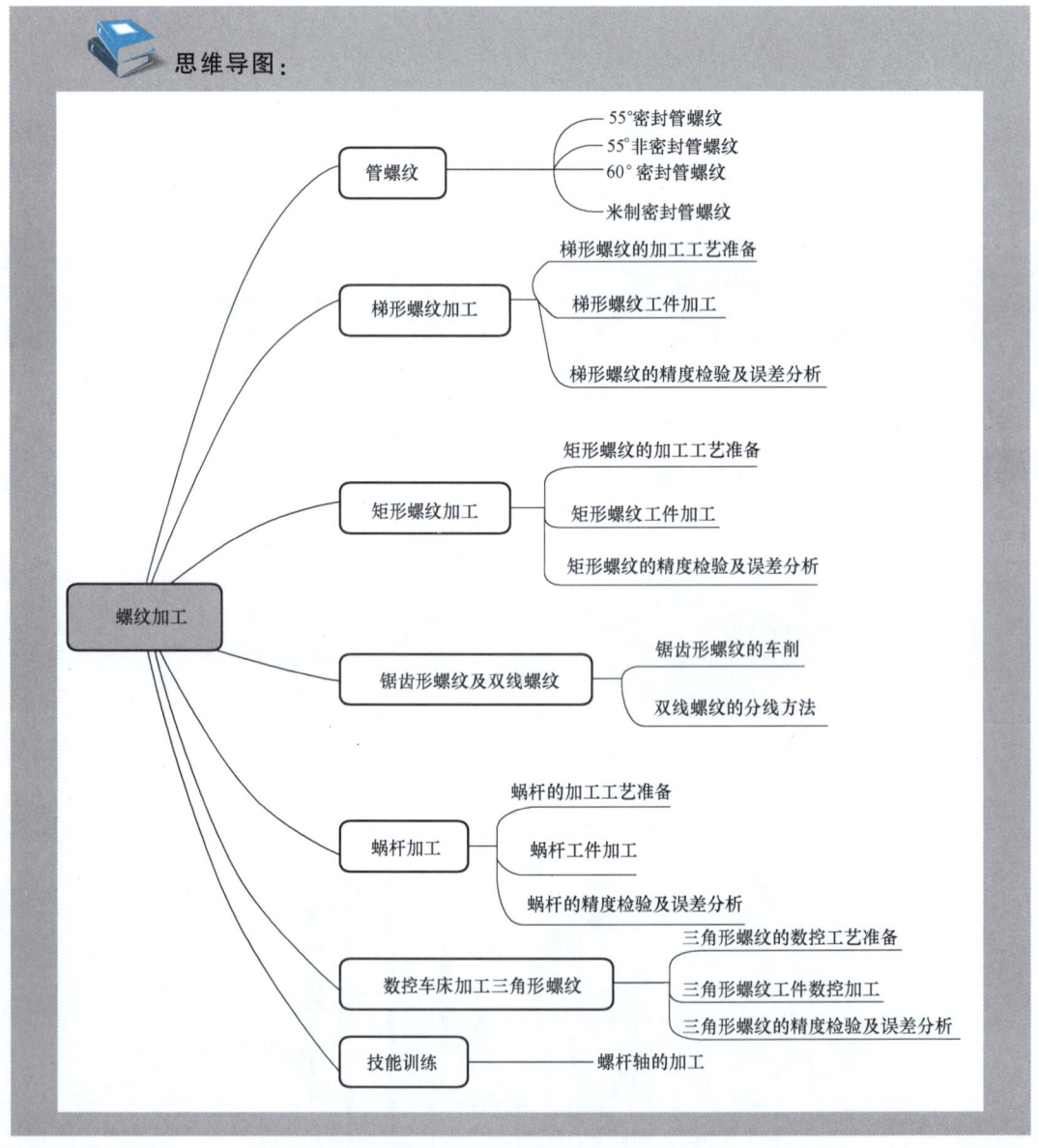

6.1 管螺纹

管螺纹用在输送气体或液体的管子及管接头上。根据螺纹部分的母体形状，管螺纹可分为圆柱管螺纹和圆锥管螺纹。圆锥管螺纹有1∶16的锥度,它的密封性要比圆柱管螺纹好,常用于压力较高的接头处。管螺纹的尺寸代号是指管子孔径的公称直径。常用的管螺纹有55°密封管螺纹、55°非密封管螺纹和60°密封管螺纹。

6.1.1　55°密封管螺纹

它是螺纹副本身具有密封性的管螺纹。标准规定,55°密封管螺纹包括圆柱内螺纹与圆锥外螺纹(GB/T 7306.1)和圆锥内螺纹与圆锥外螺纹(GB/T 7306.2)两种连接形式。它适用于管子、管接头、旋塞、阀门和其他螺纹连接的附件。必要时,允许在螺纹副内添加密封物,以保证连接的密封性。

(1) 55°密封管螺纹的基本牙型和尺寸(表6-1)。

表6-1　55°密封管螺纹的基本牙型和尺寸　　　　　　　　　(单位:mm)

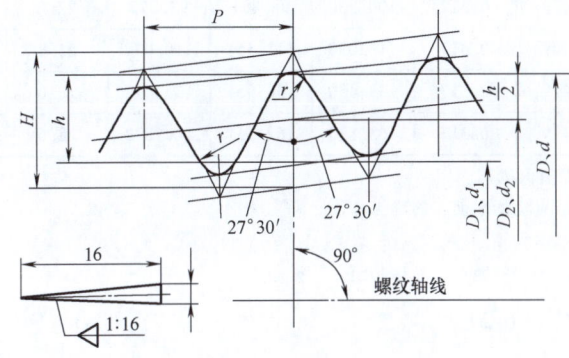

$P = 25.4/n$
$H = 0.960237P$
$h = 0.640327P$
$r = 0.137278P$
$D_2 = d_2 = d - 0.640327P$
$D_1 = d_1 = d - 1.280654P$

尺寸代号	每25.4mm内的牙数 n	螺距 P	牙高 h	圆弧半径 $r \approx$	基面上的直径			基准距离(基本)	有效螺纹长度(基本)
					大径(基准直径) $d=D$	中径 $d_2=D_2$	小径 $d_1=D_1$		
1/16	28	0.907	0.581	0.125	7.723	7.142	6.561	4.0	6.5
1/8	28	0.907	0.581	0.125	9.728	9.142	8.566	4.0	6.5
1/4	19	1.337	0.581	0.184	13.157	12.301	11.445	6.0	9.7
3/8	19	1.337	0.856	0.184	16.662	15.806	14.950	6.4	10.1
1/2	14	1.814	1.162	0.249	20.955	19.793	18.631	8.2	13.2

（续）

尺寸代号	每25.4mm内的牙数 n	螺距 P	牙高 h	圆弧半径 $r \approx$	基面上的直径			基准距离（基本）	有效螺纹长度（基本）
					大径（基准直径）$d=D$	中径 $d_2=D_2$	小径 $d_1=D_1$		
3/4	14	1.814	1.162	0.249	26.441	25.279	24.117	9.5	14.5
1	11	2.309	1.479	0.317	33.249	31.770	30.291	10.4	16.8
1¼	11	2.309	1.479	0.317	41.910	40.431	38.952	12.7	19.1
1½	11	2.309	1.479	0.317	47.803	46.324	44.845	12.7	19.1
2	11	2.309	1.479	0.317	59.614	58.135	56.656	15.9	23.4
2½	11	2.309	1.479	0.317	75.184	73.705	72.226	17.5	26.7
3	11	2.309	1.479	0.317	87.884	86.405	84.926	20.6	29.8
3½	11	2.309	1.479	0.317	100.330	98.851	97.372	22.2	31.4
4	11	2.309	1.479	0.317	113.030	111.551	110.072	25.4	35.8
5	11	2.309	1.479	0.317	138.430	136.951	135.472	28.6	40.1
6	11	2.309	1.479	0.317	163.830	162.351	160.872	28.6	40.1

注：1. 尺寸代号为3½的螺纹，限用于蒸汽机车。
2. 基面指垂直于螺纹轴线具有基准直径的平面，简称为基面。
3. 基准直径指内螺纹或外螺纹的基本大径。
4. 基准距离指从基准平面到外螺纹小端的距离，简称基距。

（2）55°密封管螺纹的公差（表6-2）

表6-2　55°密封管螺纹的公差　　　　　　　　　　　　　　（单位：mm）

1	2	3	4	5	6	7	8	9	10	11
尺寸代号	每25.4mm内的牙数 n	基准距离				圆锥内螺纹基准平面轴向位移的极限偏差 $\pm T_2/2$		装配余量	有效螺纹长度不小于	
		基本	极限偏差 $\pm T_1/2$							
			≈	圈数	最大	最小	≈	圈数	≈	圈数	基本	最大	最小
1/16	28	4	0.9	1	4.9	3.1	1.1	1¼	2.5	2¾	6.5	7.4	5.6
1/8	28	4	0.9	1	4.9	3.1	1.1	1¼	2.5	2¾	6.5	7.4	5.6
1/4	19	6	1.3	1	7.3	4.7	1.7	1¼	3.7	2¾	9.7	11.0	8.4
3/8	19	6.4	2.3	1	7.7	5.1	1.7	1¼	3.7	2¾	10.1	11.4	8.8
1/2	14	8.2	1.8	1	10.0	6.4	2.3	1¼	5.0	2¾	13.2	15.0	11.4
3/4	14	9.5	2.8	1	11.3	7.7	2.3	1¼	5.0	2¾	14.5	16.3	12.7
1	11	10.4	2.3	1	12.7	8.1	2.9	1¼	6.4	2¾	16.8	19.1	14.5
1¼	11	12.7	2.3	1	15.0	10.4	2.9	1¼	6.4	2¾	19.1	21.4	16.8
1½	11	12.7	2.3	1	15.0	10.4	2.9	1¼	6.4	2¾	19.1	21.4	16.8
2	11	15.9	2.3	1	18.2	13.6	2.9	1¼	7.5	3¼	23.4	25.7	21.1
2½	11	17.5	3.5	1½	21.0	14.0	3.5	1½	9.2	4	26.7	30.2	23.2
3	11	20.6	3.5	1½	24.1	17.1	3.5	1½	9.2	4	29.88	33.3	26.3

(续)

1	2	3	4		5	6	7		8	9	10	11
尺寸代号	每25.4mm内的牙数 n	基准距离					圆锥内螺纹基准平面轴向位移的极限偏差 ±T_2/2		装配余量	有效螺纹长度不小于		
		基本 ≈	极限偏差 ±$T_{1/2}$		最大	最小	≈	圈数	≈	基本	最大	最小
			≈	圈数								
3½	11	22.2	3.5	1½	25.7	18.5	3.5	1½	9.2	4	31.4	34.9	27.9
4	11	25.4	3.5	1½	28.9	21.9	3.5	1½	10.4	4½	35.8	39.3	32.3
5	11	28.6	3.5	1½	32.1	25.1	3.5	1½	11.5	5	40.1	43.6	36.6
6	11	28.6	3.5	1½	32.1	25.1	3.5	1½	11.5	5	40.1	43.6	36.6

注: 1. 与圆锥外螺纹配合的圆柱内螺纹, 其各直径的极限偏差均为圆锥内螺纹基面轴向位移 (表第7栏) 的1/16。

2. 内、外螺纹有效长度的最小值 = 基准距离+装配余量。第9、10、11栏内的数值是相对三种基准距离而规定的有效螺纹长度的最小值。为了容纳外螺纹, 当内螺纹的有效长度小于第10栏的数值时, 内螺纹的有效螺纹长度应不小于外螺纹的有效螺纹长度。

(3) 55°密封管螺纹标记 螺纹标记由螺纹特征代号和尺寸代号组成。

1) 螺纹特征代号: Rp 表示圆柱内螺纹; Rc 表示圆锥内螺纹; R_1 表示与圆柱内螺纹相配合的圆锥外螺纹; R_2 表示与圆锥内螺纹相配合的圆锥外螺纹。如尺寸代号为2½的圆锥内螺纹的标记为Rc2½。

2) 当螺纹为左旋时, 在尺寸代号之后加注 "LH" (右旋不注), 如 R_2¾-LH。

3) 内、外螺纹装配在一起时, 内、外螺纹的标记用斜线分开, 左边表示内螺纹, 右边表示外螺纹。如尺寸代号为2的左旋圆柱内螺纹与圆锥外螺纹的配合标记为 Rp/$R_1$2-LH。

圆柱内螺纹的牙型及尺寸与55°非密封管螺纹相同 (表6-3)。圆锥管螺纹牙型半角为27°30′, 牙顶和牙底处倒圆, 螺纹有1∶16的锥度。螺纹的大径、中径及小径是基面 (指垂直于螺纹轴线且具有基准直径的平面) 上的直径。

6.1.2 55°非密封管螺纹

牙型半角为27°30′的圆柱管螺纹, 螺纹的牙顶和牙底部都在 H/6 处倒圆, 密封性没有圆锥管螺纹好。

(1) 55°非密封管螺纹的基本牙型和尺寸 根据国家标准 (GB/T 7307), 55°非密封管螺纹的基本牙型和尺寸见表6-3。

表6-3 55°非密封管螺纹的基本牙型和尺寸 (单位: mm)

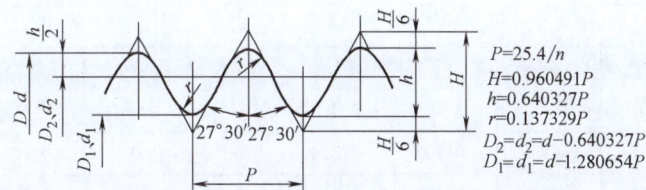

(续)

尺寸代号	每25.4mm内的牙数 n	螺距 P	牙高 h	基本直径 大径 $d=D$	基本直径 中径 $d_2=D_2$	基本直径 小径 $d_1=D_1$
1/16	28	0.907	0.581	7.723	7.147	6.561
1/8	28	0.907	0.581	9.728	9.142	8.566
1/4	19	1.337	0.856	13.157	12.301	11.445
3/8	19	1.337	0.856	16.662	15.806	14.950
1/2	14	1.814	1.162	20.955	19.793	18.631
5/8	14	1.814	1.162	22.911	21.749	20.587
3/4	14	1.814	1.162	26.441	25.279	24.117
7/8	14	1.814	1.162	30.201	29.039	27.877
1	11	2.309	1.479	33.249	31.770	30.291
1⅛	11	2.309	1.479	37.897	36.418	34.939
1¼	11	2.309	1.479	41.910	40.431	38.952
1½	11	2.309	1.479	47.803	46.324	44.845
1¾	11	2.309	1.479	53.746	52.267	50.788
2	11	2.309	1.479	59.614	58.135	56.656
2¼	11	2.309	1.479	65.710	64.231	62.752
2½	11	2.309	1.479	75.184	73.705	72.226
2¾	11	2.309	1.479	81.534	80.055	78.576
3	11	2.309	1.479	87.884	86.405	84.926
3½	11	2.309	1.479	100.33	98.851	97.372
4	11	2.309	1.479	113.03	111.551	110.072
4½	11	2.309	1.479	125.73	124.251	122.772
5	11	2.309	1.479	138.43	136.951	135.472
5½	11	2.309	1.479	151.13	149.651	148.172
6	11	2.309	1.479	163.83	162.351	160.872

注：本标准适用于管接头、旋塞、阀门及其附件。

(2) 55°非密封管螺纹公差（见表6-4）

表6-4 55°非密封管螺纹公差　　　　　　　　　　　　（单位：mm）

尺寸代号	外螺纹 大径公差 T_d 下极限偏差	外螺纹 大径公差 T_d 上极限偏差	外螺纹 中径公差 T_{d_2} 下极限偏差 A级	外螺纹 中径公差 T_{d_2} 下极限偏差 B级	外螺纹 中径公差 T_{d_2} 上极限偏差	内螺纹 中径公差 T_{D_2} 下极限偏差	内螺纹 中径公差 T_{D_2} 上极限偏差	内螺纹 小径公差 T_{D_1} 下极限偏差	内螺纹 小径公差 T_{D_1} 上极限偏差
1/16	−0.214	0	−0.107	−0.214	0	0	+0.107	0	+0.282
1/8	−0.214	0	−0.107	−0.214	0	0	+0.107	0	+0.282
1/4	−0.250	0	−0.125	−0.250	0	0	+0.125	0	+0.445

(续)

尺寸代号	外螺纹					内螺纹			
	大径公差 T_d		中径公差 T_{d_2}			中径公差 T_{p_2}		小径公差 T_{D_1}	
	下极限偏差	上极限偏差	下极限偏差		上极限偏差	下极限偏差	上极限偏差	下极限偏差	上极限偏差
			A 级	B 级					
3/8	−0.250	0	−0.125	−0.250	0	0	+0.125	0	+0.445
1/2	−0.284	0	−0.142	−0.284	0	0	+0.142	0	+0.541
5/8	−0.284	0	−0.142	−0.284	0	0	+0.142	0	+0.541
3/4	−0.284	0	−0.142	−0.284	0	0	+0.142	0	+0.541
7/8	−0.284	0	−0.142	−0.284	0	0	+0.142	0	+0.541
1	−0.360	0	−0.180	−0.360	0	0	+0.180	0	+0.640
1⅛	−0.360	0	−0.180	−0.360	0	0	+0.180	0	+0.640
1¼	−0.360	0	−0.180	−0.360	0	0	+0.180	0	+0.640
1½	−0.360	0	−0.180	−0.360	0	0	+0.180	0	+0.640
1¾	−0.360	0	−0.180	−0.360	0	0	+0.180	0	+0.640
2	−0.360	0	−0.180	−0.360	0	0	+0.180	0	+0.640
2¼	−0.434	0	−0.217	−0.434	0	0	+0.217	0	+0.640
2½	−0.434	0	−0.217	−0.434	0	0	+0.217	0	+0.640
2¾	−0.434	0	−0.217	−0.434	0	0	+0.217	0	+0.640
3	−0.434	0	−0.217	−0.434	0	0	+0.217	0	+0.640
3½	−0.434	0	−0.217	−0.434	0	0	+0.217	0	+0.640
4	−0.434	0	−0.217	−0.434	0	0	+0.217	0	+0.640
4½	−0.434	0	−0.217	−0.434	0	0	+0.217	0	+0.640
5	−0.434	0	−0.217	−0.434	0	0	+0.217	0	+0.640
5½	−0.434	0	−0.217	−0.434	0	0	+0.217	0	+0.640
6	−0.434	0	−0.217	−0.434	0	0	+0.217	0	+0.640

注：内、外螺纹中径公差，对薄壁管件，此公差适用于平均中径，该中径是测量两个互相垂直直径的算术平均值。

（3）55°非密封管螺纹标记　螺纹标记由螺纹特征代号、尺寸代号和公差等级代号组成。螺纹特征代号用 G 表示。螺纹中径公差等级代号，对外螺纹分 A、B 两级标记，因其内螺纹中径只有一种公差带，故无等级代号，也不标注。

标记示例：尺寸代号为½的螺纹，内螺纹标记为 G½；A 级外螺纹为 G½A；B 级外螺纹为 G½B。当螺纹为左旋时，在外螺纹中径公差等级代号或内螺纹尺寸代号后加注"LH"（右旋不注），如 G½A-LH。

表示螺纹副时，仅需标注外螺纹的标记代号。如尺寸代号为右旋、非密封圆柱内螺纹与 B 级圆柱外螺纹组成的螺纹副标记为 G⅞B。

6.1.3　60°密封管螺纹

60°密封管螺纹为螺纹牙型角为 60°，螺纹副本身具有密封性的管螺纹。内螺纹有圆锥内螺纹和圆柱内螺纹两种,外螺纹仅有圆锥外螺纹一种。

内、外螺纹可组成两种密封配合形式:圆锥内螺纹与圆锥外螺纹组成"锥/锥"配合,圆柱内螺纹与圆锥外螺纹组成"柱/锥"配合,适用于管道、阀门、管接头、旋塞及其他管路附件的密封螺纹连接。为确保螺纹连接密封的可靠性,应在螺纹副内添加合适的密封介质,如在螺纹表面上缠胶带、涂密封胶等。

(1) 60°圆锥管螺纹的牙型及尺寸 根据标准 GB/T 12716 规定,60°圆锥管螺纹的设计牙型和尺寸见表 6-5。

表 6-5 60°圆锥管螺纹的设计牙型和尺寸

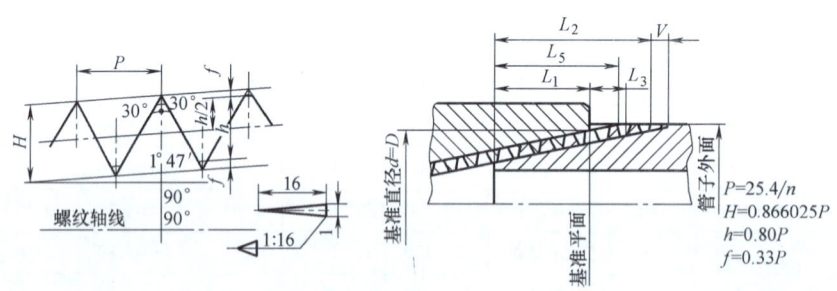

1	2	3	4	5	6	7	8	9	10	11	12
螺纹的尺寸代号	每25.4mm内包含的牙数 n	螺距 P	牙型高度 h	基准平面内的基本直径			基准距离 L_1		装配余量 L_3		外螺纹小端面内的基本小径
				大径 $d=D$	中径 $d_2=D_2$	小径 $d_1=D_1$					
		mm		mm			圈数	mm	圈数	mm	mm
1/16	27	0.941	0.752	7.894	7.142	6.389	4.32	4.064	3	2.822	6.137
1/8	27	0.941	0.752	10.242	9.489	8.737	4.36	4.102	3	2.822	8.481
1/4	18	1.411	1.129	13.616	12.487	11.358	4.10	5.785	3	4.233	10.996
3/8	18	1.411	1.129	17.055	15.926	14.797	4.32	6.096	3	4.233	14.417
1/2	14	1.814	1.451	21.224	19.772	18.321	4.48	8.128	3	5.443	17.813
3/4	14	1.814	1.451	26.569	25.117	23.666	4.75	8.618	3	5.443	23.127
1	11.5	2.209	1.767	33.228	31.461	29.694	4.60	10.160	3	6.626	29.06
1¼	11.5	2.209	1.767	41.985	40.218	38.451	4.83	10.668	3	6.626	37.785
1½	11.5	2.209	1.767	48.054	46.287	44.52	4.83	10.668	3	6.626	43.853
2	11.5	2.209	1.767	60.092	58.325	56.558	5.01	11.065	3	6.626	55.867
2½	8	3.175	2.540	72.699	70.159	67.619	5.46	17.335	2	6.35	66.535
3	8	3.175	2.540	88.608	86.068	83.528	6.13	19.463	2	6.35	82.311
3½	8	3.175	2.540	101.316	98.776	96.236	6.57	20.860	2	6.35	94.932
4	8	3.175	2.540	113.973	111.433	108.893	6.75	21.431	2	6.35	107.554
5	8	3.175	2.540	140.952	138.412	135.872	7.50	23.812	2	6.35	134.384
6	8	3.175	2.540	167.792	165.252	162.712	7.66	24.320	2	6.35	161.191
8	8	3.175	2.540	218.441	215.901	213.361	8.50	26.988	2	6.35	211.673
10	8	3.175	2.540	272.312	269.772	267.232	9.68	30.734	2	6.35	265.311

（续）

1	2	3	4	5	6	7	8	9	10	11	12
螺纹的尺寸代号	每25.4mm 内包含的牙数 n	螺距 P	牙型高度 h	基准平面内的基本直径			基准距离 L_1		装配余量 L_3		外螺纹小端面内的基本小径
				大径 $d=D$	中径 $d_2=D_2$	小径 $d_1=D_1$					
				mm			圈数	mm	圈数	mm	mm
12	8	3.175	2.540	323.032	320.492	317.952	10.88	34.544	2	6.35	315.793
14	8	3.175	2.540	354.904	352.364	349.824	12.5	39.688	2	6.35	347.345
16	8	3.175	2.540	405.784	403.244	400.704	14.5	46.038	2	6.35	397.828
18	8	3.175	2.540	456.565	454.025	451.485	16.00	50.800	2	6.35	448.310
20	8	3.175	2.540	507.246	504.706	502.166	17.00	53.975	2	6.35	498.792
24	8	3.175	2.540	608.608	606.068	603.528	19.00	60.325	2	6.35	599.758

注：1. 可参照表中第12栏数据选择攻螺纹前的麻花钻直径。

2. 螺纹收尾长度（V）为$3.47P$。

（2）圆柱内螺纹的设计牙型和极限尺寸（表6-6）

表6-6　圆柱内螺纹的设计牙型和极限尺寸

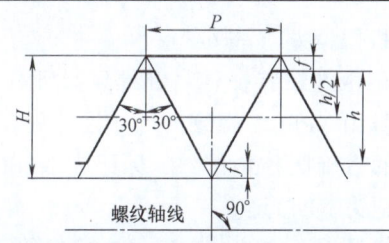

螺纹尺寸代号	在25.4mm长度内所包含的牙数 n	中径/mm		小径/mm
		max	min	min
1/8	27	9.578	9.401	8.636
1/4	18	12.618	12.355	11.227
3/8	18	16.057	15.794	14.656
1/2	14	19.941	19.601	18.161
3/4	14	25.288	24.948	23.495
1	11.5	31.668	31.255	24.489
1¼	11.5	40.424	40.010	38.252
1½	11.5	46.494	46.081	44.323
2	11.5	58.531	58.118	56.363
2½	8	70.457	69.860	67.310
3	8	86.365	85.771	83.236
3½	8	99.072	98.479	95.936
4	8	111.729	111.135	108.585

注：1. 圆柱内螺纹大径、中径和小径的基本尺寸应分别与圆锥螺纹在基准平面内大径、中径和小径的基本尺寸相等，具体数值见表6-5。

2. 圆柱内螺纹基准平面的轴向位置极限偏差为$±1.5P$。

（3）牙顶高和牙底高公差（表6-7）

表6-7 牙顶高和牙底高公差

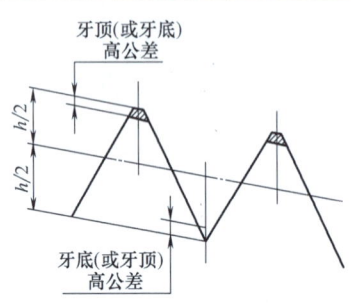

25.4mm轴向长度内所包含的牙数 n	牙顶高和牙底高公差/mm
27	0.059
18	0.077
14	0.081
11.5	0.088
8	0.092

（4）圆锥螺纹的单项要素极限偏差（表6-8）

（5）螺纹标记 管螺纹的标记由螺纹特征代号和螺纹尺寸代号组成。圆锥管螺纹特征代号为NPT，圆柱内螺纹特征代号为NPSC。螺纹的尺寸代号见表6-5、表6-7中的第1栏。

标记示例：尺寸代号为¾的右旋圆柱内螺纹，标记为NPSC¾。尺寸代号为1½的右旋圆锥内螺纹或圆锥外螺纹的标记为NPT1½。

当螺纹为左旋时，在尺寸代号后面加注"LH"（右旋螺纹不标注），如NPT14-LH。

表6-8 圆锥螺纹的单项要素极限偏差

在25.4mm轴向长度内所包含的牙数 n	中径线锥度 （1/16）	有效螺纹的导程累积偏差/mm	牙侧角偏差/(°)
27			±1.25
18、14	+1/96	±0.076	±1.00
11.5、8	-1/192		±0.75

注：1. 对有效螺纹长度大于25.4mm的螺纹，其导程累积误差的最大测量跨度为25.4mm。
2. 圆锥螺纹基准平面的轴向位置极限偏差为±P。

6.1.4 米制密封管螺纹

目前市场上使用的一般均为55°密封管螺纹、55°非密封管螺纹和60°密封管螺纹，米制管螺纹使用较少。

米制密封管螺纹有圆锥内螺纹和圆柱内螺纹两种，外螺纹仅有圆锥外螺纹一种。内、外螺纹可以组成两种密封配合形式：圆锥内螺纹与圆锥外螺纹组成"锥/锥"配合；圆柱内螺纹与圆锥外螺纹组成"柱/锥"配合。它适用于管道、阀门、管接头、旋塞等产品上的一般密封螺纹连接。使用时要在螺纹副内加入密封填料。

根据标准GB/T 1415，螺纹牙型角为60°，螺纹牙顶和牙底处削平，削平高度为$H/8$及

$H/4$。螺纹锥度为 1∶16,圆锥半角为 1°47′24″。圆锥外螺纹基准平面的理论位置位于垂直于螺纹轴线,与小端面相距一个基准距离的平面内;内螺纹基准平面的理论位置位于垂直于螺纹轴线的端面内,见表 6-9 中的图。

螺纹中径和小径的基本尺寸按下列公式计算

$$D_2 = d_2 = d - 0.6495P$$
$$D_1 = d_1 = d - 1.0825P$$

1) 米制圆锥管螺纹的基本牙型及尺寸具体见表 6-9。

2) 圆锥螺纹公差。圆锥螺纹基准平面位置的极限偏差见表 6-10,螺纹牙顶高和牙底高的极限偏差见表 6-11,螺纹其他单项要素的极限偏差见表 6-12。

3) 圆柱内螺纹公差。螺纹中径公差带为 5H,其公差值应符合 GB/T 197 的规定。牙顶高和牙底高极限偏差应符合表 6-11 中的规定。

4) 螺纹标记。米制密封螺纹的完整标记由螺纹特征代号、尺寸代号和基准距离组别代号组成。

表 6-9 米制圆锥管螺纹的基本牙型及尺寸　　　　　　　　　　（单位:mm）

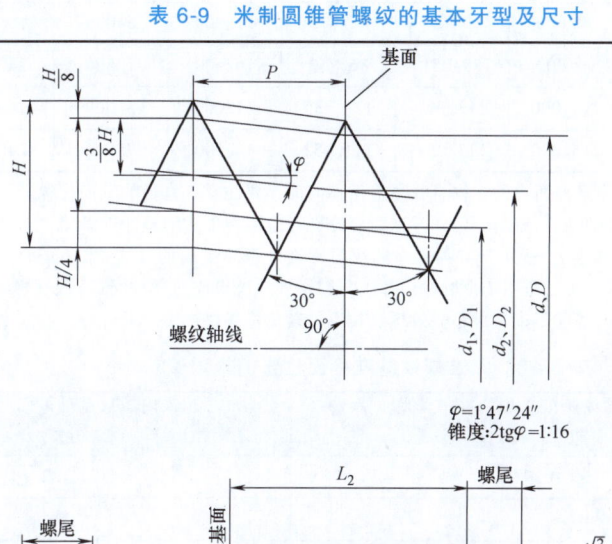

公称直径 D,d	螺距 P	基准平面内的直径①			基准距离②		最小有效螺纹长度②	
		大径 D,d	中径 D_2,d_2	小径 D_1,d_1	标准型 L_1	短型 $L_{1短}$	标准型 L_2	短型 $L_{2短}$
8	1	8.000	7350.000	6.917	5.500	2.500	8.000	5.500
10	1	10.000	9.350	8.917	5.500	2.500	8.000	5.500
12	1	12.000	11.350	10.917	5.500	2.500	8.000	5.500
14	1.5	14.000	13.026	12.376	7.500	3.500	11.000	8.500

（续）

公称直径 D,d	螺距 P	基准平面内的直径①			基准距离②		最小有效螺纹长度②	
		大径 D,d	中径 D_2,d_2	小径 D_1,d_1	标准型 L_1	短型 $L_{1短}$	标准型 L_2	短型 $L_{2短}$
16	1	16.000	15.350	14.917	5.500	2.500	8.000	5.500
	1.5	16.000	15.026	14.376	5.500	3.500	11.000	8.500
20	1.5	20.000	19.026	18.376	5.500	3.500	11.000	8.500
27	2	27.000	25.701	24.835	11.000	5.000	16.000	12.000
33	2	33.000	31.701	30.835	11.000	5.000	16.000	12.000
42	2	42.000	40.701	39.835	11.000	5.000	16.000	12.000
48	2	48.000	46.701	45.835	11.000	5.000	16.000	12.000
60	2	60.000	58.701	57.835	11.000	5.000	16.000	12.000
72	3	72.000	70.051	68.752	16.500	7.500	24.000	18.000
76	2	76.000	74.701	73.835	11.000	5.000	16.000	12.000
90	2	90.000	88.701	87.835	11.000	5.000	16.000	12.000
	3	90.000	88.051	86.752	16.500	7.500	24.000	18.000
115	2	115.000	113.701	112.835	11.000	5.000	16.000	12.000
	3	115.000	113.051	111.752	16.500	7.500	24.000	18.000

① 对于圆锥螺纹，不同轴向位置平面内的螺纹直径数值是不同的，要注意各直径的轴向位置。
② 基准距离有两种形式，即标准型和短型。两种基准距离分别对应两种形式的最小有效螺纹长度，标准型基准距离 L_1 和标准型最小有效螺纹长度 L_2 适用于由圆锥内螺纹与圆锥外螺纹组成的"锥/锥"配合螺纹；短型基准距离 $L_{1短}$ 和短型最小有效螺纹长度 $L_{2短}$ 适用于由圆柱内螺纹与圆锥外螺纹组成的"柱/锥"配合螺纹，选择时要注意两种配合形式对应两组不同的基准距离和最小有效螺纹长度，避免选择错误。

表 6-10　圆锥螺纹基准平面位置的极限偏差　　　　（单位：mm）

螺距 P	圆锥外螺纹基准平面的极限偏差 （$±T_1/2$）	圆锥内螺纹基准平面的极限偏差 （$±T_2/2$）
1	0.7	1.2
1.5	1	1.5
2	1.4	1.8
3	2	3

表 6-11　螺纹牙顶高和牙底高的极限偏差　　　　（单位：mm）

螺距 P	外螺纹极限偏差		内螺纹极限偏差	
	牙顶高	牙底高	牙顶高	牙底高
1	0 −0.032	−0.015 −0.050	±0.030	±0.030
1.5	0 −0.048	−0.020 −0.065	±0.040	±0.040
2	0 −0.050	−0.025 −0.075	±0.045	±0.045
3	0 −0.055	−0.030 −0.085	±0.050	±0.050

项目6 螺纹加工

表 6-12 螺纹其他单项要素的极限偏差

螺距 P/mm	牙侧角/(′)	螺距累积/mm		中径锥角/(′)	
		在 L_1 范围内	在 L_2 范围内	外螺纹	内螺纹
1	±45	±0.04	±0.07	+24 −12	+12 −24
1.5					
2					
3					

注:测量中径锥角时的测量跨度为 L_1。

圆锥螺纹的特征代号为"Mc";圆柱内螺纹的特征代号为"Mp"。螺纹尺寸代号为"公称直径×螺距",单位为 mm。当采用标准型基准距离时,可以省略基准距离组别代号(N);短型基准距离的组别代号为"S"。如公称直径为 42mm,螺距为 2mm,短型基准距离、右旋的圆柱内螺纹的标记为 Mp42×2-S。

对左旋螺纹,应在基准距离组别代号之后标注"LH"(右旋不标注),如 Mc12×1-LH。

对螺纹副"锥/锥"配合螺纹(标准型),其内螺纹、外螺纹和螺纹副三者的标注方法相同,如 Mc12×1。对"柱/锥"配合螺纹(短型),螺纹副的特征代号为"Mp/Mc",前者为内螺纹的特征代号,后面为外螺纹的特征代号,中间用斜线分开。如公称直径为 20mm,螺距为 15mm,短型基准距离、右旋的圆柱内螺纹与圆锥外螺纹副的标记为 Mp/Mc20×1.5-S。

6.2 梯形螺纹加工

6.2.1 梯形螺纹的加工工艺准备

1. 螺纹升角对车刀角度的影响

(1)螺纹升角 φ 在中径圆柱或中径圆锥上,螺旋线的切线与垂直于螺纹轴线的平面夹角称为螺纹升角,如图 6-1 所示。螺纹升角 φ 可按下式计算

$$\tan\phi = P_h / \pi d_2 \quad (6-1)$$

式中 P_h——导程(mm);
d_2——螺纹中径(mm)。

(2)螺纹升角对车刀工作角度的影响 车削螺纹时,切削平面和基面的位置受螺纹升角的影响会发生变化,使车削时前角和后角发生变化。

1)车刀两侧后角的变化,从图 6-2 中可以看出,在车削右旋螺纹时,车刀左侧的静止后角(刃磨后角)α_{fL} 应等于工作后角(一般取 3°~5°)加上螺纹升角;车刀右侧静止后角 α_{fR} 应等于工作角度减去螺纹升角,即

$$\alpha_{fL} = (3° \sim 5°) + \phi$$

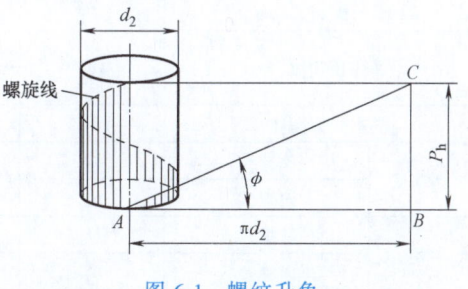

图 6-1 螺纹升角

$$\alpha_{fR} = (3° \sim 5°) - \phi \quad (6\text{-}2)$$

2）车刀两侧前角的变化 车削螺纹时，由于螺旋运动的影响，基面位置的变化引起车刀前角的变化。从图6-2中看出，车削右螺纹时，左侧工作前角 γ_{feL} 为静止前角 γ_{fL} 加上螺纹升角；右侧工作前角 γ_{feR} 为静止前角 γ_{fR} 减去螺旋升角，即

$$\gamma_{feL} = \gamma_{fL} + \phi$$
$$\gamma_{feR} = \gamma_{fR} - \phi \quad (6\text{-}3)$$

图6-2 螺纹升角对车刀工作角度的影响

2. 梯形螺纹的车削及测量方法

梯形螺纹是传动螺纹中应用最广泛的一种，机床丝杠上的螺纹大多是梯形螺纹。梯形螺纹有米制和英制两种，我国采用的是牙型角为30°的米制梯形螺纹（GB/T5796.1~4）。英制梯形螺纹牙型角为29°，我国很少使用，这里不作介绍。这节主要讲的梯形螺纹是指米制梯形螺纹。

（1）梯形螺纹各部分尺寸的计算 梯形螺纹的设计牙型与尺寸计算见表6-13。

表6-13 梯形螺纹的设计牙型与尺寸计算 （单位：mm）

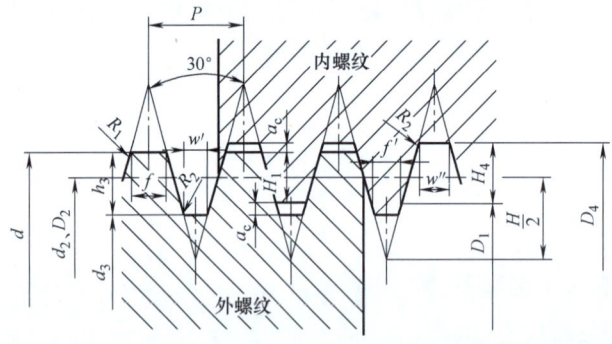

名称		代号	计算公式				
牙型角		α	$\alpha = 30°$				
螺距		P	由螺纹标准确定				
牙顶间隙		a_c	P	1.5	2~5	6~12	14~44
			a_c	0.15	0.25	0.5	1
基本牙型高度		H_1	$H_1 = 0.5P$				
牙型高度	外螺纹	h_3	$h_3 = H_1 + a_c = 0.5P + a_c$				
	内螺纹	H_4	$H_4 = H_1 + a_c = 0.5P + a_c$				
大径	外螺纹	d	公称直径				
	内螺纹	D_4	$D_4 = d + 2a_c$				
中径		d_2、D_2	$d_2 = D_2 = d - 0.5P$				
小径	外螺纹	d_3	$d_3 = d - 2h_3$				
	内螺纹	D_1	$D_1 = d - 2H_1 = d - P$				
外螺纹牙顶圆角		R_1	$R_{1max} = 0.5a_c$				
牙底圆角		R_2	$R_{2max} = a_c$				
牙顶宽		f	$f = 0.366p$				
齿根槽宽		w	$w = 0.366p - 0.536a_c$				

（2）梯形螺纹车刀

1）螺纹车刀背前角对牙型角的影响。用高速钢车刀低速车螺纹时，如果采用背前角 $\gamma_p = 0°$ 的车刀（图6-3a），车出的牙型准确，但切屑排出困难，很难把螺纹齿面粗糙度值减小。如用磨有背前角的车刀（图6-3b），车螺纹时切削比较顺利，并可以减少积屑瘤现象，能车出表面粗糙度较小的螺纹，但由于切削刃不通过工件轴线，因此被切削的螺纹牙型（轴向剖面）不是直线，而是曲线，这种误差对一般要求不高的螺纹来说，可以忽略不计，但对牙型角的影响较大，特别是具有较大背前角的螺纹车刀。这时应修正刀尖角来补偿牙型角误差，如图6-4所示。刀尖角 ε'_r 按下式修正。

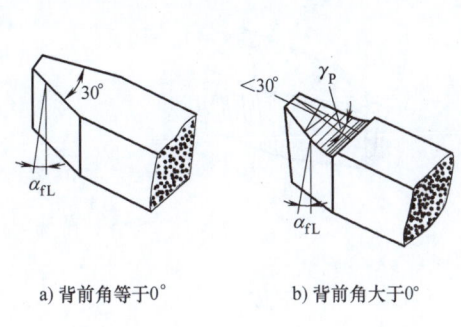

图6-3 螺纹车刀
a）背前角等于0°
b）背前角大于0°

图6-4 螺纹车刀刀尖角 ε'_r 的修正计算

$$\tan(\varepsilon'_r/2) = \tan(\alpha/2) \times \cos\gamma_p \tag{6-4}$$

式中　α——牙型角（°）；

γ_p——螺纹车刀背前角（°）。

2）梯形螺纹车刀的分类。梯形螺纹车刀有高速钢螺纹车刀和硬质合金螺纹车刀两类。

① 高速钢梯形螺纹车刀。为了提高螺纹牙型的质量，加工时可分为粗车和精车。

a. 高速钢梯形螺纹粗车刀，刃磨时其角度应按下列原则选择：车刀的刀尖角要略小于牙型角。

为了便于左右切削并留有精加工余量，刀头宽度应小于牙槽底宽（刀头宽$<w$）；切削钢料时，应磨有10°~15°背前角；背后角 $\alpha_p = 6°\sim 8°$；车削右螺纹时，侧后角 $\alpha_{fL} = (3°\sim 5°)+\phi$；$\alpha_{fR} = (3°\sim 5°)-\phi$；刀尖适当倒圆。

图6-5所示为高速钢梯形螺纹粗车刀，其特点有：具有较大的背前角，便于排屑；刀具两侧后角小，有一定的刚性，适用于粗车丝杠及螺距不大的梯形螺纹。

车削碳素钢或合金钢时，切削用量：$v_c = 15\sim 18\mathrm{m/min}$；$a_p = 0.2\sim 0.4\mathrm{mm}$。

刀具为整体高速钢，装夹于弹簧刀杆上，根据被加工工件的材料选用切削液。

b. 高速钢梯形螺纹精车刀，车刀几何形状如图6-6所示。刀具特点：车刀前面沿两侧切削刃磨有 $R2\sim R3\mathrm{mm}$ 的分屑槽，并磨有较大的前角（$\gamma_o = 15°\sim 20°$），使切屑排出顺利。刃磨时，切削刃要求平直、光洁，车削时可获得很小的表面粗糙度和很高的牙型精度，适用于梯形螺纹的精加工。

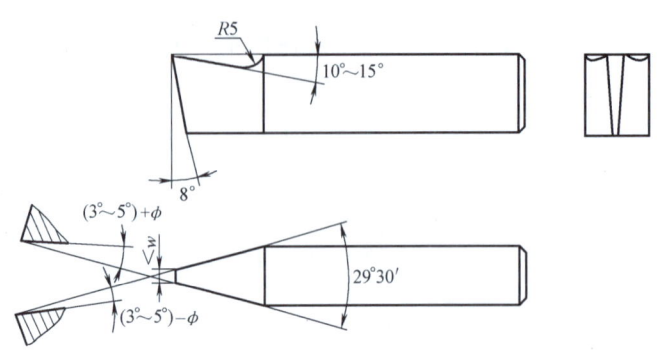

图 6-5　高速钢梯形螺纹粗车刀

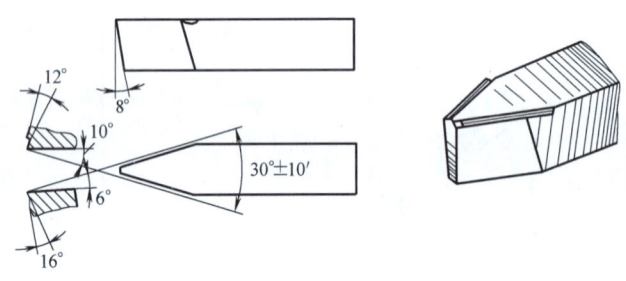

图 6-6　高速钢梯形螺纹精车刀

车削时应注意：车刀前端横切削刃不能参加切削，只能精车齿形两侧。

加工碳素钢、合金钢等材料时，切削用量选用 $v_c = 1 \sim 5\text{m/min}$；$a_p = 0.02 \sim 0.05\text{mm}$。

② 硬质合金梯形螺纹车刀。为了提高生产效率，在加工一般精度的梯形螺纹时，可采用硬质合金螺纹车刀进行高速切削。下面介绍两种硬质合金梯形螺纹车刀。

a. 硬质合金梯形螺纹车刀，如图 6-7 所示，刀具特点如下：刀片材料：P10 或 M10 牌号硬质合金。

加工材料：碳素钢、合金钢等。

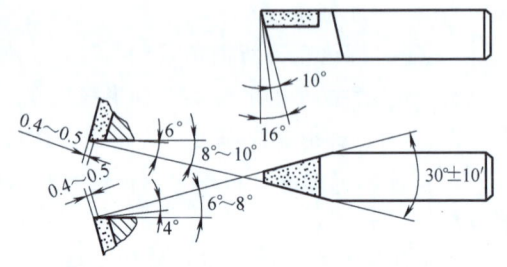

图 6-7　硬质合金梯形螺纹车刀

刀具特点：车刀前角 $\gamma_o = 0°$，两侧切削刃后角磨有 $0.4 \sim 0.5\text{mm}$ 的切削刃带，增强了刀头的强度。刃磨时，要求切削刃的表面粗糙度值较小，在车削刚性较好情况下，适用于高速精车梯形螺纹。但前面为平面，切屑呈带状流出，操作很不安全。

b. 双圆弧硬质合金梯形螺纹车刀，如图 6-8 所示。刀具特点如下：

刀片材料：P10 牌号硬质合金。

加工材料：碳素钢、合金钢等。

刀具特点：在车刀前面磨出两个 $R7\text{mm}$ 的圆弧，使背前角增大，切削轻快，不易引起振动；两侧切削刃磨出 $-5° \sim -3°$ 的倒棱，刀具在 A-A 剖面内为屋脊形。一方面加强了切削刃的强度，另一方面使两侧切削刃的切屑变形加大，切屑流出时卷曲半径减少，带动中间切削刃

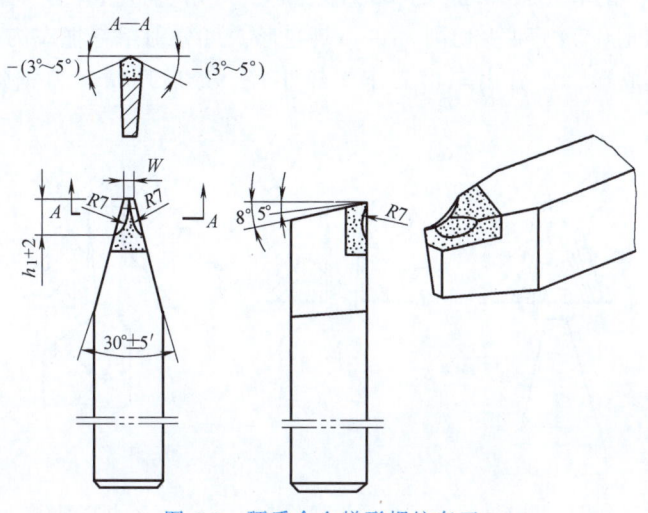

图 6-8 硬质合金梯形螺纹车刀

切屑一齐向上翻卷而呈球状切屑。切屑排出呈球状,保证安全,排屑时又不易碰伤工件螺纹牙面。在车削刚性较好的条件下,适用于高速粗车梯形螺纹。

切削用量:$v_c = 60 \sim 80 \text{m/min}$;$a_p = 0.25 \sim 0.5 \text{mm}$。

③ 整体式内螺纹车刀。车刀的几何形状如图 6-9 所示。刀头材料为 W18Cr4V。刀杆的直径与长度根据被加工工件的孔径与长度选定。切削用量 $v_c = 1 \sim 5 \text{m/min}$;$a_p = 0.05 \sim 0.2 \text{mm}$。

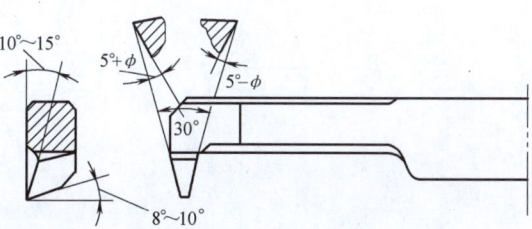

图 6-9 整体式内螺纹车刀

3. 梯形螺纹的车削方法

梯形螺纹的车削方法分低速和高速切削两种。对于精度要求较高的梯形螺纹以及单件生产时,低速车削应用较多。

(1) 低速切削法 在低速切削螺距较小($P < 4\text{mm}$)的梯形螺纹时,可用一把梯形螺纹车刀,并用少量的左右进给直接车削成形。在粗车螺距 $P > 4\text{mm}$ 的梯形螺纹时,可采用以下几种方法:

1) 左右切削法(图 6-10a)。粗车螺距 $P < 8\text{mm}$ 的梯形螺纹,常用这种切削方法,可以防止因三个切削刃同时参加切削而产生振动和"扎刀"现象。

2) 切直槽法(图 6-10b)。粗车时,可先用矩形螺纹车刀(刀头宽度应等于齿根槽宽 w),车出螺旋直槽,槽底直径应等于螺纹的小径,然后用梯形螺纹车刀精车齿面。

3) 切阶梯槽法(图 6-10c)。粗车螺距 $P > 8\text{mm}$ 的梯形螺纹时,可先用刀头宽度小于 $P/2$ 的矩形螺纹车刀,用车直槽法将螺纹车至中径处,再用刀头宽度等于齿根槽宽(w)的矩形螺纹车刀把槽车至小径尺寸,然后用带卷屑槽的精车刀将齿面车削至要求。

(2) 高速车削方法 高速切削梯形螺纹时,为了防止切屑倾斜排出擦伤螺纹牙侧,不能使用左右切削法，在车削 $P<8$mm 的梯形螺纹时，可用直进法车削（图 6-11a）。在车削 $P>8$mm 的梯形螺纹时，为了减少切削力和牙型变形，可分别用三把车刀依次车削，首先用粗车刀把螺纹粗车成形，然后用车槽刀车螺纹小径，最后用精车刀把螺纹车至规定要求（图 6-11b）。

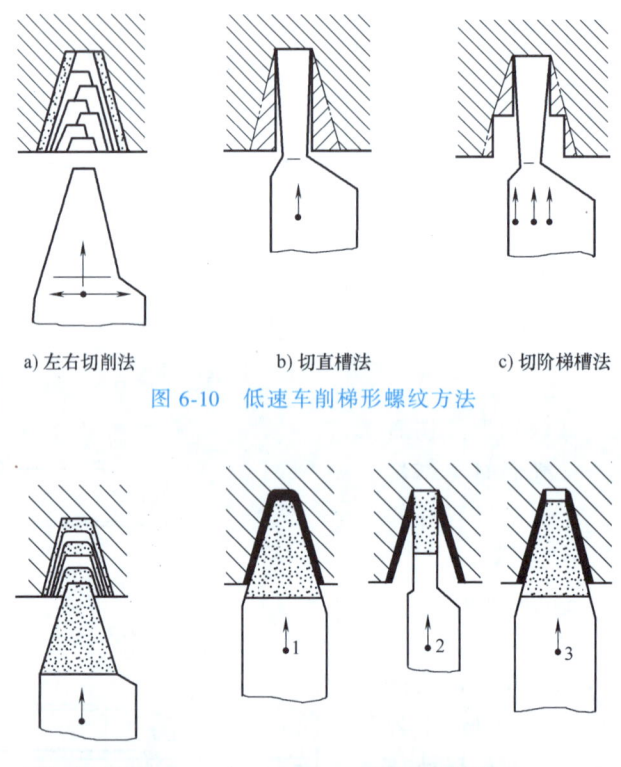

a) 左右切削法　　b) 切直槽法　　c) 切阶梯槽法

图 6-10　低速车削梯形螺纹方法

a) 用一把刀车削　　b) 用三把刀车削

图 6-11　高速车削方法

（3）攻梯形内螺纹的方法　由于梯形内螺纹车刀刀杆刚性较差，车削时切削面积又较大，所以加工出的内螺纹很难达到较高的精度，尤其是车削较小直径的内螺纹时更困难，因此，对较小直径、精度要求较高的梯形内螺纹可采用梯形螺纹丝锥攻出。

1）梯形螺纹丝锥的结构如图 6-12a 所示。它的工作部分由导向部分、切削部分和校正部分组成。导向部分直径略小于内螺纹小径，只起导向作用；切削部分承担主要切削工作；校正部分主要起整形作用。丝锥上有四条容屑槽，以形成前角 $\gamma_o = 10° \sim 12°$ 的切削刃。用这种丝锥攻螺纹时，齿顶齿侧同时切削，如图 6-12b 所示。

2）攻梯形内螺纹的方法如图 6-13 所示。操作时，必须严格校正丝锥轴线与工件回转轴线的同轴度。根据工件螺距调整好交换齿轮和进给箱手柄位置。选择较低的主轴转速，把丝锥导向部分插入工件孔内，开动车床，按下开合螺母，丝锥就攻入工件，一次攻削成形。当丝锥的工作部分穿过工件后，提起开合螺母，停机把丝锥和工件一起从卡盘中取下。

4. 梯形螺纹的测量

梯形螺纹一般采用三针测量、单针测量或用量规综合测量，有时还采用游标齿厚卡尺测量梯形螺纹中径处牙厚。

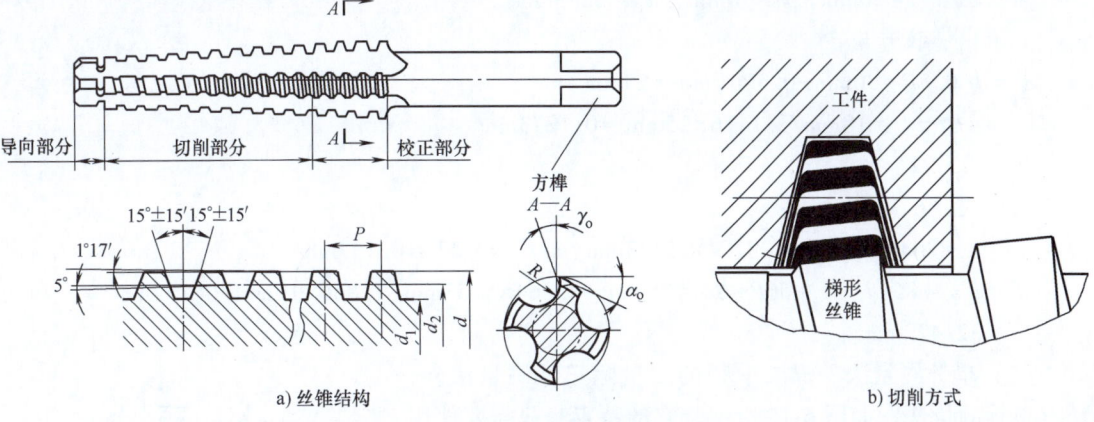

图 6-12 梯形螺纹丝锥和切削方式

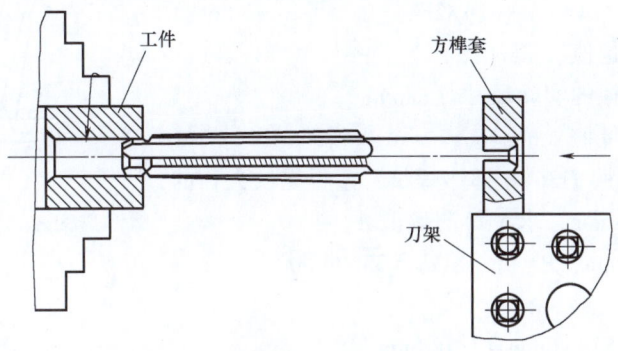

图 6-13 攻梯形内螺纹的方法

(1) 三针测量法 三针测量是测量梯形外螺纹中径的一种比较精密的方法。

1) 量针测量距计算公式

梯形螺纹牙型角 $\alpha = 30°$ $M = d_2 + 4.864 d_D - 1.866 P$ (6-5)

2) 量针直径计算公式

$$d_D = 0.518 P \quad (6-6)$$

3) 三针测量公式的修正。三针测量时，三针不可能和被测螺纹的牙型在轴向截面内接触，而是与法向牙型相切，如图 6-14 所示。因此测量时产生了误差，当螺纹升角大于 $3°30'$ 时，误差较大，应将三针测量公式修正，修正公式为

$$M = d_2 + 4.864 d_D - 1.866 P + \Delta \phi$$

$$\Delta \phi = 1.8204 d_D \tan^2 \phi \quad (6-7)$$

式中 $\Delta \phi$ ——三针测量时，因螺纹升角引起的修正值（mm）；

ϕ——螺纹升角（°）。

例 1 用三针测量 Tr30×10 螺杆，选用量针直径 d_D 为 5.33mm，用修正公式求测量值 M。

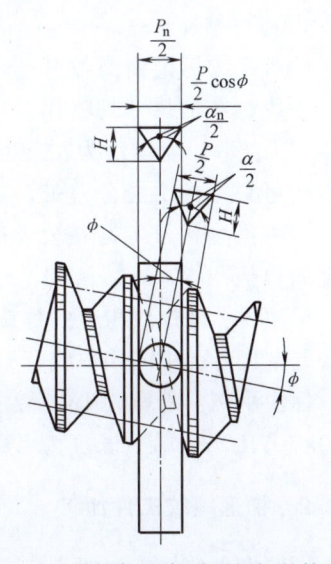

图 6-14 量针与法向牙型相切的情况

解 已知 $d=30\text{mm}$，$P=10\text{mm}$，$d_D=5.33\text{mm}$

先求出螺纹升角

$d_2 = d - 0.5P = 30\text{mm} - 0.5 \times 10\text{mm} = 25\text{mm}$

$\tan\phi = P/\pi d_2 = 10\text{mm}/3.1416 \times 25\text{mm} \approx 0.1273\text{mm}$

$\phi = 7°15'22''$

代入式（6-7）

$\Delta\phi = 1.8204 d_D \tan^2\phi = 1.8204 \times 5.33\text{mm} \times \tan^2 7°15'22'' = 0.157\text{mm}$

$M = d_2 + 4.864 d_D - 1.866P + \Delta\phi = 25\text{mm} + 4.864 \times 5.33\text{mm} - 1.866 \times 10\text{mm} + 0.157\text{mm}$

$\approx 32.422\text{mm}$

（2）单针测量法　螺纹中径的测量除三针测量法外，还有单针测量法，如图6-15所示。它的特点是只需要使用一根量针，测量时比较简便。其计算公式为

$$A = (M+d_0)/2 \qquad (6-8)$$

式中　A——单针测量值（mm）；

　　　d_0——螺纹大径的实际尺寸（mm）；

　　　M——三针测量值（mm）。

例2　用单针测量 Tr36×6 梯形螺纹，量得螺纹大径的实际尺寸 d_0 为35.94mm，求单针测量值 A。

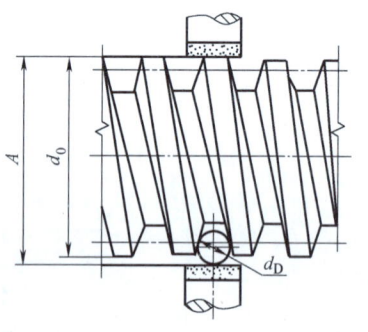

图6-15　单针测量法

解　已知 $d=36\text{mm}$，$P=6\text{mm}$，$d_0=35.94\text{mm}$

先计算出 M 值

$d_D = 0.518P = 0.518 \times 6\text{mm} = 3.108\text{mm}$

$d_2 = d - 0.5P = 36\text{mm} - 0.5 \times 6\text{mm} = 33\text{mm}$

$M = d_2 + 4.864 d_D - 1.866P = 33\text{mm} + 4.864 \times 3.108\text{mm} - 1.866 \times 6\text{mm} \approx 36.921\text{mm}$

代入单针测量式（6-8）

$A = (M+d_0)/2 = (36.921\text{mm} + 35.94\text{mm})/2 \approx 36.43\text{mm}$

5. 梯形螺纹标记

梯形螺纹标记由螺纹代号、公差带和旋合长度代号组成。梯形螺纹代号用"Tr"表示；单线螺纹的尺寸规格用"公称直径×螺距"表示；多线螺纹用"公称直径×导程（P螺距）"表示；当螺纹为左旋时，需在尺寸规格之后加注"LH"，右旋不注。梯形螺纹公差带代号只标注中径公差带。旋合长度为N组时，不标注旋合代号；当旋合长度为L组时，应将组别代号L写在公差带的后面，并用"-"隔开。特殊需要时，可直接标出旋合长度的数值。

标注内、外螺纹组合的螺旋副的公差代号时，前面的是内螺纹公差带代号，后面是外螺纹公差带代号，中间用斜线分开。

标注示例：外螺纹 Tr40×7-7h；内螺纹 Tr40×7-7C；左旋外螺纹 Tr40×7LH-7e；螺旋副 Tr40×7-7H/7c；旋合长度为L组的多线螺纹 Tr40×14（P7）-8e-L。

6.2.2　梯形螺纹工件加工

梯形螺母的加工如图6-16所示。

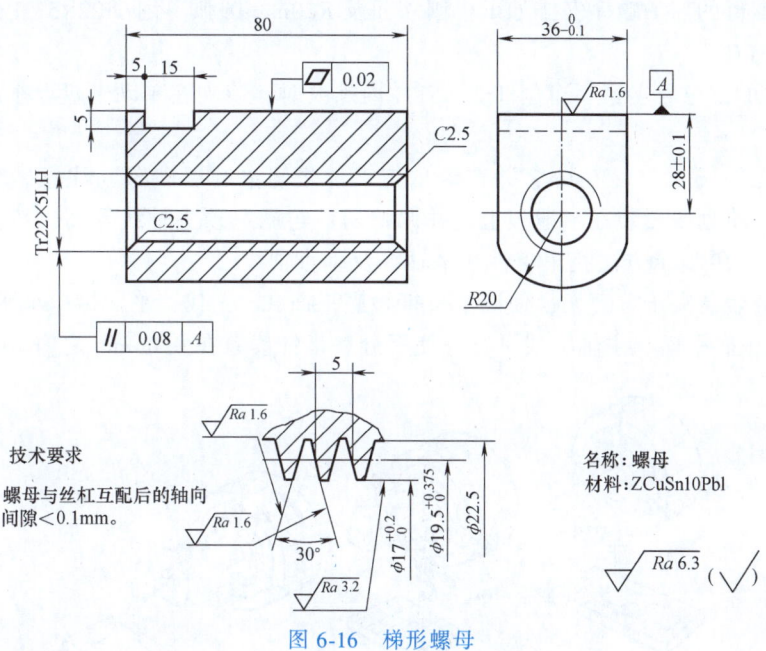

图 6-16 梯形螺母

1. 工艺准备

(1) 分析图样 加工图 6-17 所示梯形螺母，每批加工数量为 1~2 件。毛坯为铸件，材料为铸造锡青铜（牌号：ZCuSn10Pb1）。对图样分析如下：

1) Tr22×5LH 轴线到底平面 A 的距离为（28±0.1）mm，其平行度公差为 0.08mm。
2) 底平面的平面度公差为 0.02mm。
3) Tr22×5LH 螺纹与丝杠互配后的轴向间隙不大于 0.1mm。
4) Tr22×5LH 螺纹齿面和底平面的表面粗糙度值均为 $Ra1.6\mu m$。

(2) 制订加工工艺

1) 车削梯形内螺纹前应先划线，划出螺孔轴线及距离尺寸线，并打样冲眼，如图 6-17 所示。
2) 装夹梯形内螺纹车刀时，应使用对刀样板装正车刀，如图 6-18 所示，并使车刀刀尖对准工件中心。

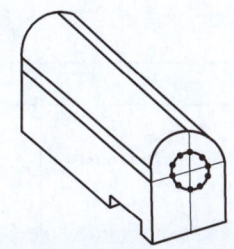

图 6-17 划出螺孔轴线及距离尺寸线

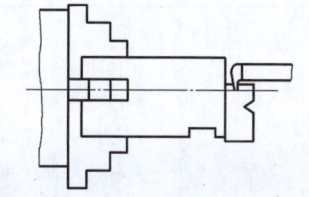

图 6-18 用对刀样板装夹梯形内螺纹车刀

3) 精车齿形时，选择切削速度 v_c<5m/min，背吃刀量 a_p = 0.02~0.1mm。
4) C6140 型车床丝杠螺距为 12mm，车削工件螺距为 5mm，故用倒顺车方法车削，以免乱扣。

5）梯形螺母的加工顺序安排如下：刨六面及 $R20$mm 圆弧→划 Tr22×5LH 螺孔轴线→车内螺纹 Tr22×5LH。

（3）工件的定位与夹紧　车削 Tr22×5LH 内螺纹时，装夹在单动卡盘上车削。装夹与找正方法如下：

1）夹住工件长度 25~30mm，并在卡爪与工件之间垫两层砂布（注意砂粒面不能与工件表面接触）。将划线盘装在中滑板上，并调整划针与尾座顶尖轴线等高，然后移动床鞍及中滑板，按图 6-19 所示方法找正工件水平轴线及垂直轴线。

2）将百分表装夹于方刀架，使测量头接触底平面 A，先找正平面横向呈水平，然后左、右移动床鞍找正底平面与主轴轴线平行，使百分表指针读数在 0.05mm 之内。

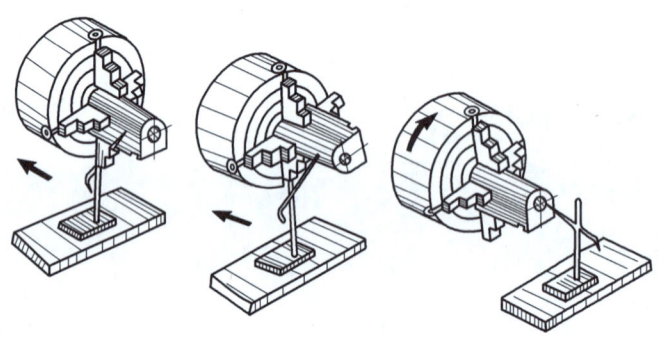

图 6-19　找正螺孔轴线的方法

3）重复步骤 1）、2），并夹紧工件，确保螺孔轴线与底平面的平行度要求及距离尺寸。

（4）选择刀具　选用整体式内螺纹车刀，车刀的几何形状及主要角度如图 6-20 所示。由于刀杆比较细长，所以先用直槽刀车槽深至内螺纹大径尺寸 $\phi22.5$mm，然后用内螺纹车刀精车齿面。

（5）选择设备　选用 C6140 型卧式车床。

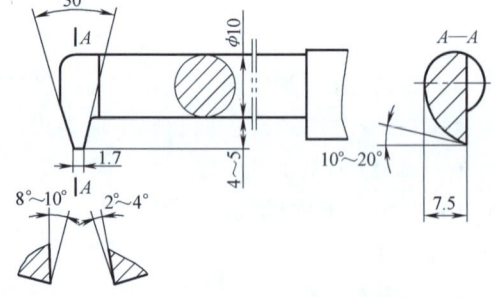

图 6-20　梯形内螺纹车刀

2. 工件加工

梯形螺母的加工步骤见表 6-14。

表 6-14　梯形螺母的加工步骤

工序号	工种	工序内容	备注
1	牛刨	工件装夹于机用虎钳，找正，多次装夹 1）刨底平面 A，注意平面度公差 0.02mm 及表面粗糙度值 $Ra1.6\mu m$ 2）刨两侧面至 $36_{-0.1}^{0}$mm 3）刨两端面至 80mm 4）刨高度尺寸 48.5mm（48.5mm = 28mm + 20mm + 0.5mm） 5）刨平 1.5mm×5mm 6）划圆弧线 7）刨 $R20$mm	
2	钳工	划线：划出 Tr22×5LH 轴线并引至外形，在端面上打样冲眼（图 6-17）	

(续)

工序号	工种	工序内容	备注
3	车	用单动卡盘夹住工件外形，夹住长度 25~30mm，找正 1）钻孔 $\phi15mm$（钻通） 2）车孔至 $\phi16mm$，用游标卡尺测量孔壁至底平面的距离。如测量值为 19.95mm，孔径尺寸为 $\phi16.1mm$，则底面至螺纹轴线的距离为 19.95mm+16.1mm/2 = 28mm，符合图样（28±0.1）mm 要求。如不符要求，则应重新找正 3）车内螺纹小径至 $\phi17_0^{+0.2}$mm 4）在一端孔口车 $\phi22.5mm\times1mm$ 台阶孔，用于掌握背吃刀量和控制内螺纹大径 5）用直槽车刀车大径 $\phi22.5mm$ 6）两端孔口倒角 $C2.5mm$ 7）用梯形内螺纹车刀精车齿面，与丝杠单配，互配后的轴向间隙不大于 0.10mm 8）在原背吃刀量的基础上再进给 1~2 次，以提高齿面质量	

6.2.3 梯形螺纹的精度检验及误差分析

（1）螺母与丝杠互配后的轴向间隙的检验 将螺母旋到丝杠上，并把丝杠装夹于两顶尖之间，使百分表测头接触螺母的端面（图 6-21），左右轴向推动螺母，百分表指针摆动值不大于 0.1mm 即为合格。

（2）Tr22×5LH 轴线对底平面 A 的平行度误差 0.08mm 的检验 仍将丝杠和螺母装夹在两顶尖之间，使百分表测头接触底平面 A，如图 6-22 所示，先找正底平面横向水平位置（必要时可用调节支承螺母，以防止螺母水平位置变动）。然后移动床鞍，使百分表测头从 a 点移动到 b 点，百分表指针的最大、最小读数之差不大于 0.08mm 即为合格。

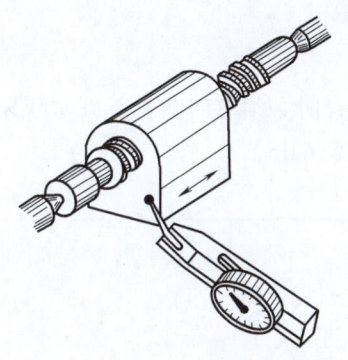

图 6-21 轴向间隙的测量

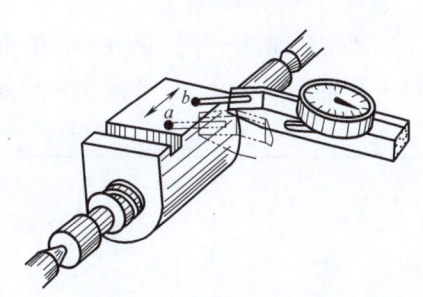

图 6-22 平行度误差的测量

（3）车梯形螺纹时的误差分析
1）中径尺寸不正确。
① 中滑板刻度不准。
② 高速切削时，切入深度未掌握好。
2）螺距不正确。
① 交换齿轮在计算或搭配时错误和进给箱手柄位置放错。

② 局部螺距不正确的原因：车床丝杠和主轴的窜动较大；溜板箱手轮转动时轻重不均匀；开合螺母间隙太大。

3）牙型不正确。

① 车刀装夹不正确，产生螺纹的半角误差。

② 车刀刀尖角刃磨得不正确。

③ 车刀磨损。

4）牙侧表面粗糙度值大。

① 高速切削螺纹时，切屑厚度太小或切屑倾斜排出，拉毛牙侧表面。

② 产生积屑瘤。

③ 刀杆刚性不够，切削时引起振动。

④ 车刀刃口磨得不光洁，或在车削中损伤了刃口。

5）牙型纹乱。

① 车床丝杠螺距不是工件螺距的整数倍时，直接起动开合螺母车削螺纹。

② 用倒顺车法车螺纹时，开合螺母抬起。

6）"扎刀"和顶弯工件。

① 车刀前角太大，中滑板丝杠间隙较大。

② 工件刚性差，而切削用量选择太大。

6.3 矩形螺纹加工

6.3.1 矩形螺纹的加工工艺准备

矩形螺纹属于非标准螺纹，所以在工件图上的螺纹标记不用代号表示，须注明"矩"及"公称直径×螺距"，如矩 30×6。

1. 矩形螺纹的尺寸计算

矩形螺纹的理论牙型为正方形，但由于内外螺纹配合时必须有间隙，所以实际牙型不是正方形的，而是矩形的。矩形螺纹各部分尺寸计算，见表 6-15。

表 6-15 矩形螺纹各部分尺寸计算 （单位：mm）

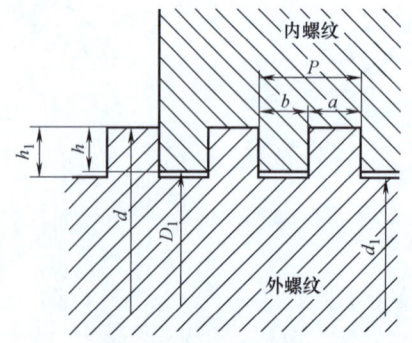

（续）

名称	代号	计算公式
大径	d	由设计决定
螺距	P	
外螺纹牙底宽	b	$b=0.5P+(0.02\sim0.04\text{mm})$
外螺纹牙宽	a	$a=P-b$
螺纹接触高度	h_1	$h_1=0.5P$
牙型高度	h	$h=0.5P+(0.1\sim0.2\text{mm})$
外螺纹小径	d_1	$d_1=d-2h$
内螺纹小径	D_1	$D_1=d-P$

2. 矩形螺纹车刀

（1）矩形螺纹车刀的刃磨要求　矩形螺纹车刀的几何形状如图 6-23 所示。在刃磨矩形螺纹车刀时，应注意以下几点：

1）精车刀的刀头宽度应刃磨准确，其宽度 $b=0.5P+(0.02\sim0.04\text{mm})$。

2）为了使刀头有足够的强度，刀头长度一般取 $L=0.5P+(2\sim4\text{mm})$。

3）刃磨两侧后角时，应考虑到螺纹升角的影响，必须根据计算出的数值刃磨。

4）为了减小牙侧的表面粗糙度值，精车刀的两侧副切削刃应磨有 $b_\varepsilon'=0.3\sim0.05\text{mm}$ 的修光刃。

（2）矩形螺纹精车刀　车刀几何形状如图 6-24 所示。刀具特点如下：

1）刀头材料：W18Cr4V。

2）刀具特点：车刀的前角为圆弧形（半径为 $R7\sim R9\text{mm}$），两侧后角具有 $1.5\sim2\text{mm}$ 的过渡刃。车刀强度高，便于排屑，适用于精车。

3）切削用量：$v_c=1.5\sim2\text{m/min}$；$a_p=0.05\sim0.1\text{mm}$。

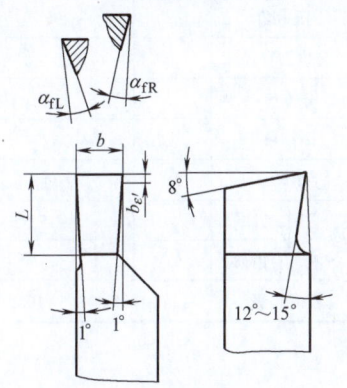

图 6-23　矩形螺纹车刀

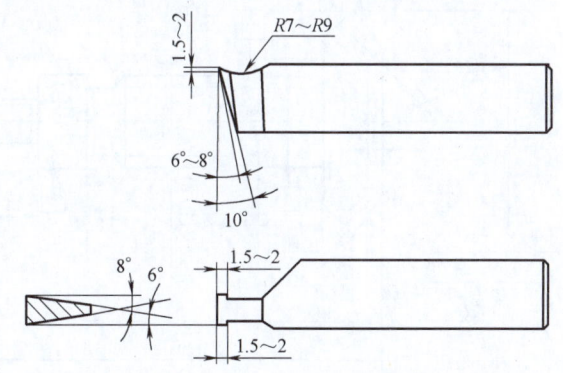

图 6-24　矩形螺纹精车刀

3. 矩形螺纹的车削方法

车削螺距 $P<4\text{mm}$ 的矩形螺纹，一般不分粗、精车，用直进法以一把车刀切削。车削螺距在 $4\sim8\text{mm}$ 的螺纹时，先用粗车刀以直进法粗车，两侧各留 $0.2\sim0.4\text{mm}$ 余量，再用精车刀采用直进法精车（图 6-25a）。

车削螺距较大（$P>8$mm）的矩形螺纹时，粗车一般用直进法，精车用左右切削法（图6-25b）。粗车时，刀头宽度要比牙底槽宽（b）小 0.5～1mm，采用直进法把小径（d_1）车到尺寸，然后采用较大前角的两把精车刀左右切削螺纹槽的两侧面。但是在切削过程中，要严格测量和控制牙底槽宽，以保证内、外螺纹规定的配合间隙。

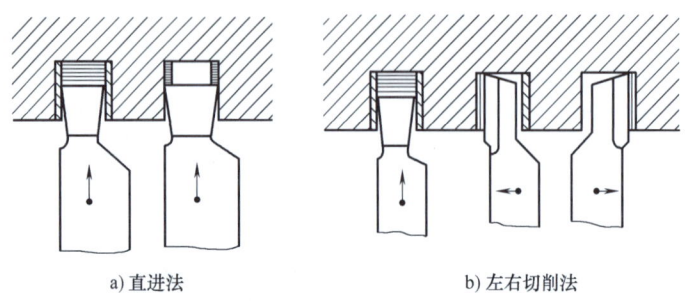

a) 直进法 　　　　b) 左右切削法

图 6-25　矩形螺纹车削方法

4. 矩形螺纹的测量

外螺纹牙厚可用公法线千分尺测量。但应注意，测量到的尺寸是法向齿厚，需通过换算再判断是否符合图样要求。螺纹小径尺寸可用游标卡尺或外卡钳测量。

6.3.2　矩形螺纹工件加工

1. 工艺准备

（1）分析图样　加工图 6-26 所示带矩形螺纹锥齿轮传动轴，数量为 15～20 件，毛坯为锻件，材料为 45 钢。图样分析如下：

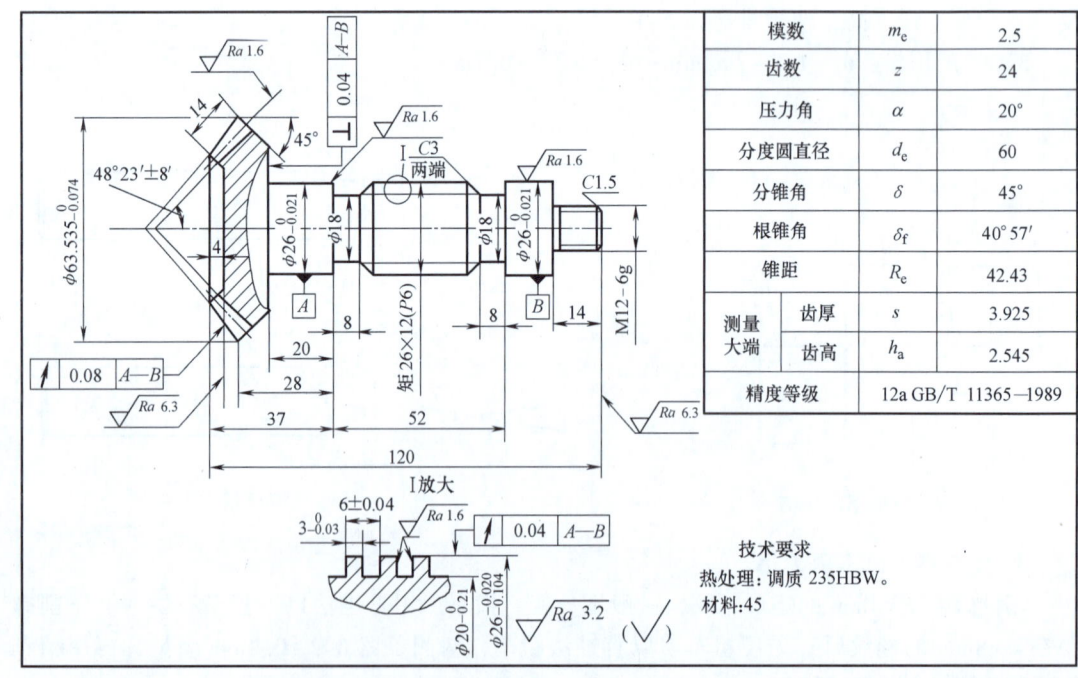

模数		m_e	2.5
齿数		z	24
压力角		α	20°
分度圆直径		d_e	60
分锥角		δ	45°
根锥角		δ_f	40°57′
锥距		R_e	42.43
测量大端	齿厚	s	3.925
	齿高	h_a	2.545
精度等级		12a GB/T 11365—1989	

技术要求
热处理：调质 235HBW。
材料：45

图 6-26　带矩形螺纹锥齿轮传动轴

1)左端为直齿锥齿轮,齿顶圆直径为 $\phi 63.535_{-0.074}^{0}$ mm。

2)$2\times\phi 26_{-0.021}^{0}$ mm 公共轴线为设计基准。

3)中间矩形螺纹矩 26×12（$P6$）起快速传动作用,螺距分线误差为 (6 ± 0.04) mm,牙顶宽度为 $3_{-0.03}^{0}$ mm,大径为 $\phi 26_{-0.104}^{-0.020}$ mm,小径为 $\phi 20_{-0.021}^{0}$ mm。

4)锥齿轮顶锥面对外圆 $2\times\phi 26_{-0.021}^{0}$ mm 公共轴线的径向圆跳动公差为 0.08mm。

5)矩形螺纹大径表面相对于外圆 $2\times\phi 26_{-0.021}^{0}$ mm 公共轴线的径向圆跳动公差为 0.04mm。

6)外圆 $\phi 26_{-0.021}^{0}$ mm 肩平面对外圆 $2\times\phi 26_{-0.021}^{0}$ mm 公共轴线的垂直度公差为 0.01mm。

7)锥齿轮齿面、矩形螺纹牙侧面和基准外圆的表面粗糙度值为 $Ra1.6\mu m$,其余为 $Ra3.2\mu m$ 及 $Ra6.3\mu m$。

（2）制订加工工艺

1)矩形螺纹的导程为 12mm、螺距为 6mm 双线分线。粗车时,可用小滑板刻度分线,如在 C620-1 型车床上加工,小滑板刻度每格 $S=0.05$ mm 分线时小滑板应转过的格数为

$$K=P/S=6/0.05=120(格)$$

精车时,可利用百分表控制小滑板的移动距离。

2)车削顶锥角时,可用转动小滑板的方法车削。

3)外圆 $\phi 26_{-0.021}^{0}$ mm 端面到齿顶尖的长度尺寸 28mm,应每批工件保持一致,误差不大于 0.05mm,否则会影响铣削锥齿轮时的大端模数的大小。

4)带矩形螺纹锥齿轮传动轴的加工顺序安排。热处理:调质→车端面、钻中心孔→调头,取对长度尺寸、钻中心孔→车螺纹大径及各级外圆→粗、精车矩形螺纹→车锥齿轮坯→铣锥齿轮→修去毛刺→清洗、涂防锈油。

（3）工件的定位与夹紧　由于锥齿轮顶锥面、肩平面及矩形螺纹大径对基准外圆公共轴线有较高的位置精度,所以装夹在两顶尖之间车削。

（4）选择刀具　根据图 6-26,26×12（$P6$）螺纹的牙顶宽 $a=3_{-0.03}^{0}$ mm、螺纹牙侧面的表面粗糙度值为 $Ra1.6\mu m$、要求比较高,一般选用高速钢车刀进行粗车和精车。螺纹粗车刀及精车刀的几何形状及角度如图 6-27 所示。

（5）选择设备　选用 C620-1 型卧式车床。

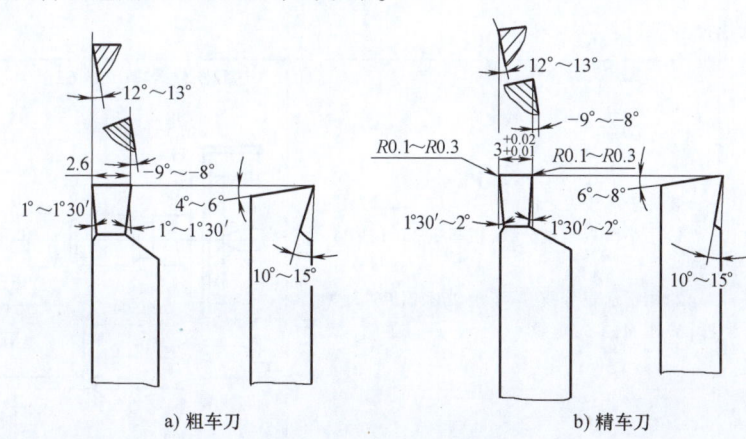

图 6-27　矩形螺纹车刀

2. 工件加工

带矩形螺纹锥齿轮传动轴的加工步骤见表 6-16。

表 6-16　带矩形螺纹锥齿轮传动轴的加工步骤

工序号	工种	工序内容	简图
1	锻	锻造	
2	热处理	退火并调质至硬度 235HBW	
3	车	用自定心卡盘夹住小端毛坯外圆 1）车端面，车出光面即可 2）车齿顶圆直径至 $\phi66$mm 3）车内肩圆，尺寸 $\phi24$mm，深度为 $4_{-0.2}^{0}$mm 4）钻中心孔 $\phi3.15$mm A 型	
4	车	调头，用软卡爪夹住外圆 $\phi66$mm 1）车端面，取对总长尺寸 120mm 2）钻中心孔 $\phi2$mm A 型，用活顶尖顶住 3）粗车外圆 $2\times\phi26_{-0.021}^{0}$mm 及矩形螺纹大径 $\phi26_{-0.104}^{-0.020}$mm 至 $\phi28$mm 4）粗车 M12-6g 大径至 $\phi15$mm$\times$12mm	
5	车	工件装夹于两顶尖之间 1）控制齿坯长度尺寸 17mm（即 17mm＝37mm−20mm），车 $2\times\phi26_{-0.021}^{0}$ 外圆 2）控制尺寸 20mm、37mm 及 52mm，车外沟槽 $2\times\phi18$mm$\times8$mm 3）车矩 26$\times$12（P6）螺纹大径 $\phi26_{-0.104}^{-0.020}$mm 4）车 M12-6g 螺纹大径至 $\phi12_{-0.2}^{-0.1}$mm 5）倒角 $2\times C3$mm、C1.5mm，其余锐角倒钝	
6	车	达到图样要求, $P=(6\pm0.04)$mm 装夹于两顶尖之间 1）用小滑板刻度分线，粗车矩 26$\times$12（P6）牙型 2）用指示表分线，精车矩 26$\times$12（P6）牙型 3）车 M12-6g 螺纹	

(续)

工序号	工种	工序内容	简图
7	车	装夹于两顶尖之间 1）车齿顶圆直径 $\phi63.535_{-0.074}^{0}$ mm 2）转动小滑板，车顶锥角 48°23′±8′、齿宽尺寸 14mm 至要求（顶锥角的测方法见图 6-28）工艺要求：尺寸 28mm 每批误差小于 0.05mm 3）转动小滑板，车背锥角 45° 至要求，保持尖宽 0.2mm	该工序锥齿轮坯的车削尺寸，是找正、铣削、测量锥齿轮的重要依据 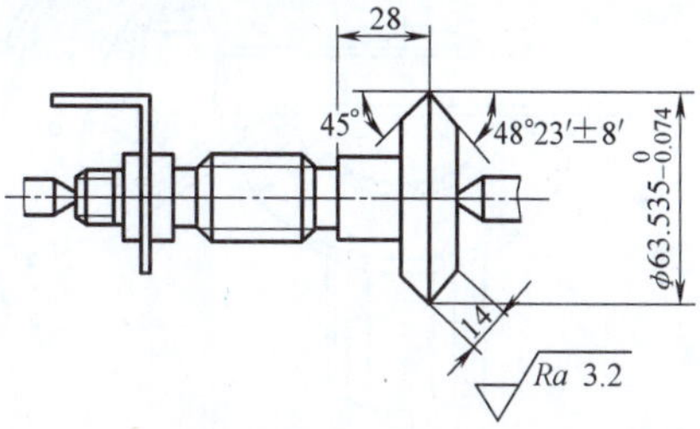
8	车	软卡爪，夹住外圆 $\phi26_{-0.021}^{0}$ mm 车内锥角 45°，深度为 4mm，并控制齿宽尺寸 14mm	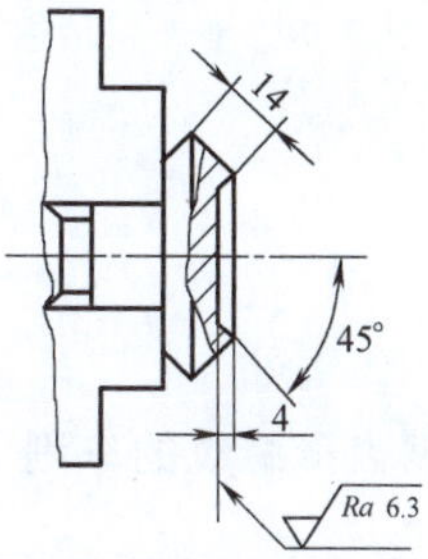
9	铣	将工件装夹于分度头中，找正铣锥齿轮 $m_e=2.5$mm、$\alpha=20°$、$z=14$ 至尺寸	
10	钳工	1）修去各处毛刺 2）修去矩 26×12（P6）螺纹 1/3 处不完整牙	
11	普	清洗、涂防锈油、入库	

6.3.3 矩形螺纹的精度检验及误差分析

（1）顶锥角 48°23′±8′ 的检验 用分度值为 2′ 的游标万能角度尺测量，方法如图 6-28 所示。测量时以小端内、外锥面交点为基准，将直尺测量面紧贴两交点，基尺测量面与顶锥面相贴合，其夹角应为 90°+48°23′=138°23′±8′。

（2）外圆 $\phi26_{-0.021}^{0}$ mm 肩平面对基准外圆公共轴线垂直度误差的检验 将工件置于测量平板上的 V 形架中，用杠杆百分表测量。测量时，将百分表测量头接触轴肩平面，如图 6-29 所示。百分表测量整个轴肩平面，并记录读数，百分表最大读数差值不大于 0.01mm 即为合格。

（3）矩 26×12（P6）螺纹大径表面对基准外圆公共轴线径向圆跳动误差的检验 由于外圆上有螺旋槽，所以在车床上两顶尖之间测量，使百分表触头接触被测外圆。工件回转一周过程中，百分表读数最大差值即为单个测量截面上的径向圆跳动。测量若干个截面，各截面上测得的跳动量中最大值不大于 0.04mm 即为合格。

（4）牙宽 $a=3_{-0.03}^{0}$ mm 的检验 用公法线千分尺测量，但应注意测得的数值为法向值，与图样标注的牙宽 a 有一螺纹升角的关系。若公法线千分尺测得牙宽为 2.96mm，螺纹大径处螺纹升角为 8°21′28″，则图样标注牙宽。

$$a = 2.96\text{mm}/\cos 8°21′28″ = 2.96\text{mm}/\cos 0.98938 = 2.99\text{mm}$$

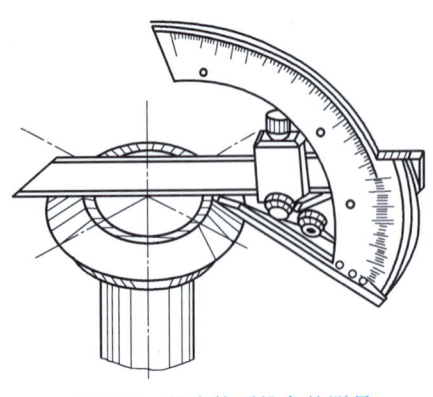

图 6-28　锥齿轮顶锥角的测量

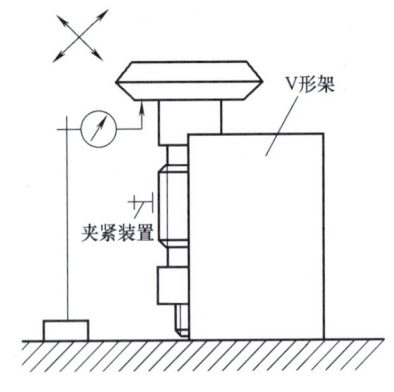

图 6-29　垂直度误差的测量

6.4　锯齿形螺纹及双线螺纹

6.4.1　锯齿形螺纹的车削

锯齿形螺纹的牙型角有 33°和 45°两种。内外螺纹配合时，小径之间有间隙，大径之间没有间隙。这种螺纹能承受较大的单向压力，通常用于起重和压力机械设备上。

1. 锯齿形螺纹的尺寸计算

锯齿形螺纹的牙型角分别是 3°、30°。根据标准 GB/T13576.1 锯齿形螺纹的设计牙型与尺寸计算见表 6-17。

表 6-17　锯齿形螺纹的设计牙型与尺寸计算

基本牙型	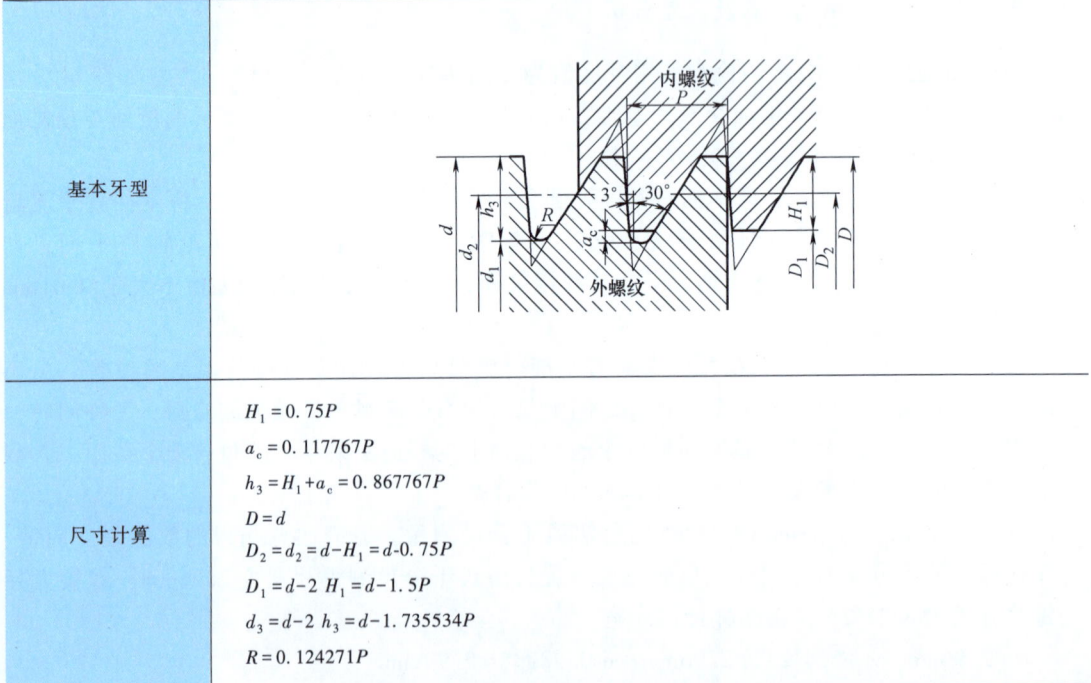
尺寸计算	$H_1 = 0.75P$ $a_c = 0.117767P$ $h_3 = H_1 + a_c = 0.867767P$ $D = d$ $D_2 = d_2 = d - H_1 = d - 0.75P$ $D_1 = d - 2H_1 = d - 1.5P$ $d_3 = d - 2h_3 = d - 1.735534P$ $R = 0.124271P$

尺寸计算	式中 H_1——基本牙型牙高和设计牙型上的内螺纹牙高 P——螺距 D、d——基本牙型和设计牙型上内、外螺纹大径（d 为公称直径） D_2、d_2——基本牙型和设计牙型上内、外螺纹中径 D_1、d_3——设计牙型上内、外螺纹小径 h_3——设计牙型上外螺纹牙高 a_c——小径间隙 R——外螺纹牙底圆弧半径

2. 锯齿形螺纹的车削方法

锯齿形内、外螺纹的车削方法和梯形螺纹相似，所不同的是锯齿形螺纹的牙型是一个不等腰梯形牙型的一侧面与轴线垂直面的夹角为 30°，另一侧面的夹角为 3°。在刃磨车刀和装夹车刀时，必须注意不能将车刀的两侧刃角度位置搞错（图 6-30），并做出一块锯齿形螺纹角度样板（图 6-31），用来检查和校正车刀刃磨的角度和装夹位置。

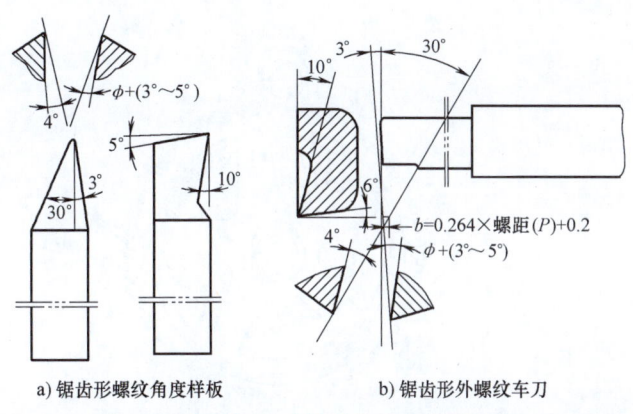

a) 锯齿形螺纹角度样板　　b) 锯齿形外螺纹车刀

图 6-30　车削锯齿形外螺纹和内螺纹的车刀

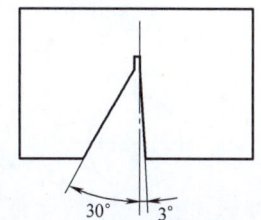

图 6-31　锯齿形螺纹角度样板

对于锯齿形螺纹的测量，一般采用量规综合测量或使用专用样板检查。

3. 锯齿形螺纹的标记

完整的锯齿形（3°、30°）螺纹标记应包括螺纹特征代号、尺寸代号、公差带代号和旋合长度代号。锯齿形螺纹的标记见表 6-18。

表 6-18　锯齿形螺纹的标记

锯齿形螺纹	特征代号	公称直径/mm	导程/mm	螺距/mm	旋向	中径公差带代号	旋合长度代号	标记示例
内螺纹	B	36	12	6	右（不标）	7A	N（不标）	B36×12（P6）-7A
外螺纹		36	6	6	左	9c	设特殊旋合长度110mm	B36×6LH-9c-110
螺纹副	B	48	8	8	右（不标）	内螺纹 8A 外螺纹 8c	L	B48×8-8A/8c-L

注：1. 单线螺纹的导程与螺距相同，只标一个。
　　2. 右旋不标，左旋标以"LH"。
　　3. 中等旋合长度 N 不标；旋合长度有特殊需要时可标数值。

6.4.2 双线螺纹的分线方法

双线螺纹是指沿两条螺旋线所形成的螺纹，该螺旋线在轴向等距（180°）分布，如图 6-32 所示。双线螺纹每旋转一周时，能移动单线螺纹的双倍螺距。车削双线螺纹时，主要解决分线方法，如果分线出现误差，使所车的双线螺纹的螺距不等，就会影响内外螺纹的配合性能，降低使用寿命。车双线螺纹的分线方法如下：

（1）**用单动卡盘分线** 当工件在两顶尖之间装夹时，可用单动卡盘对双线螺纹分线。分线时，只需把后顶尖松开，将工件连同夹头转 180°，顶好后顶尖，通过对面的一个卡爪拨动工件，即可车削另一条齿槽。

用这种分线方法较简便，但精度不高，适用于一般精度的双线螺纹。

（2）**用交换齿轮分线** 当车床交换齿轮 z_1 齿数是偶数时，就可以在交换齿轮上进行分线（图 6-33）。分线方法如下：

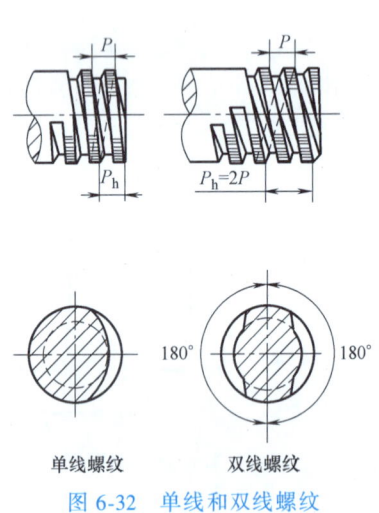

图 6-32 单线和双线螺纹

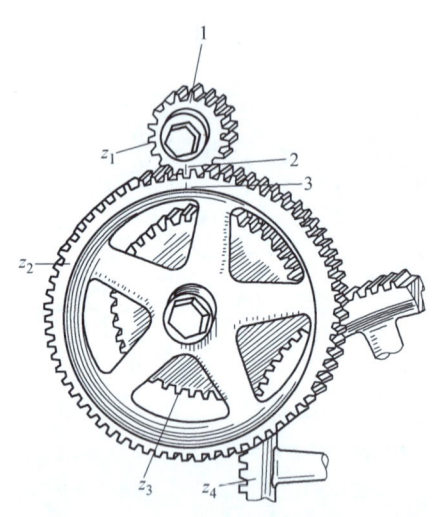

图 6-33 用交换齿轮分线车削双线螺纹
1、2、3—记号

当车好第一条螺旋槽后，分线时，在交换齿轮 z_1 上用粉笔做好二等分记号 1、2（设主轴到 z_1 的传动比为 1）。随后把 z_2 齿轮与 z_1 齿轮脱开，用手动使卡盘转 180°，使记号 1 的那一个齿转到原来 2 的位置上，并跟 z_2 上的记号 3 处啮合，就可以车削另一条螺旋槽。

使用这种分线方法，不需要其他装置，但交换齿轮 z_1 的齿数必须是偶数才可分线。

（3）**用小滑板刻度分线** 先把小滑板导轨校准到与主轴轴线平行。在车好第一条螺旋槽后，利用小滑板刻度，使车刀沿轴向移动的距离等于一个螺距，即可车削另一条螺旋槽。小滑板刻度转过的格数 K 可用下式计算，即

$$K = P/S \tag{6-9}$$

式中 P——螺距（mm）；

S——小滑板刻度盘每格移动的距离（mm）。

例 3 在小滑板刻度每格为 0.05mm 的车床上，用小滑板刻度分线法车削 Tr36×12（P6）双线螺纹，求分线时，小滑板应转过的格数。

解 已知 $P = 6\text{mm}$，$S = 0.05\text{mm/格}$

$$K = P/S = 6\text{mm}/(0.05\text{mm/格}) = 120 \text{ 格}$$

答：小滑板应转过 120 格。

用小滑板刻度分线比较简便，不需其他辅助工具，且分线精度不高，故适用于精度要求双线螺纹。

（4）用百分表分线 对精度要求较高的双线螺纹，可利用百分表控制小滑板的移动距离（图 6-34）。当车好第一条螺旋槽后，将磁性表座装于床鞍上，使百分表触头与小滑板接触，并把百分表指针调节到零位，移动小滑板，百分表指示的读数就是小滑板移动的距离。

（5）用量块分线 对于螺距较大的双线螺纹，分线时，因受百分表行程的限制，可用量块控制小滑板移动距离，达到分线的目的，如图 6-35 所示。其方法是在床鞍和小滑板上各装置一个固定挡铁和触头及量块，当车第一条螺旋槽时，小滑板的触头与挡铁之间放入厚度等于两倍螺距（2P）的量块。当车好第一条螺旋槽后，移动小滑板，调一块厚度为一个螺距的量块（P）、垫在和触头之间，这是车刀就向左移动了一个螺距，即可车削另一条螺旋槽。

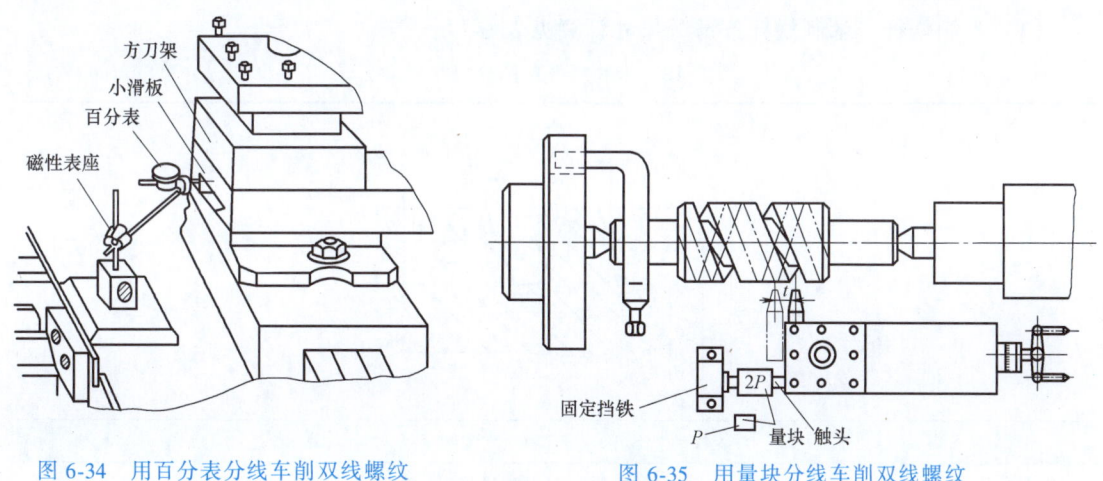

图 6-34 用百分表分线车削双线螺纹　　　　图 6-35 用量块分线车削双线螺纹

6.5　蜗杆加工

6.5.1　蜗杆的加工工艺准备

蜗杆蜗轮常用于传递两轴交错 90° 的传动，即直角传动。蜗杆蜗轮适用于减速运动的传递机构中。为了提高传动效率，减少齿面磨损，蜗轮材料采用青铜制造，蜗杆材料采用中碳钢或中碳合金钢，齿面淬硬至 45~50HRC。蜗轮齿形一般在齿轮机床上加工，而蜗杆齿形在车床上进行车削加工。

1. 蜗杆的各部分尺寸计算

蜗杆与蜗轮的啮合原理如图 6-36 所示。蜗杆、蜗轮的参数和尺寸都规定在主平面内计算（主平面就是通过蜗杆轴线的平面）。由于主平面剖面中的蜗杆相当一个齿条，蜗轮相当于一个齿轮。因此，在啮合传动时，可看作相当齿条与齿轮啮合，这样蜗杆、蜗轮的参数和尺寸就可以模仿齿轮传动的参数和尺寸来计算。蜗杆、蜗轮分米制和英制两种。

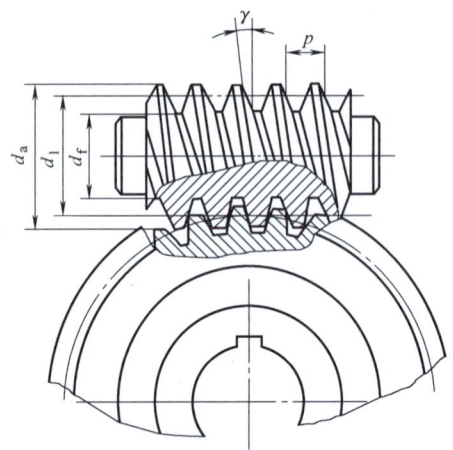

图 6-36　蜗杆与蜗轮的啮合

（1）米制蜗杆　米制蜗杆各部分尺寸计算见表 6-19。

表 6-19　米制蜗杆各部分尺寸计算　　　　　　　　　　（单位：mm）

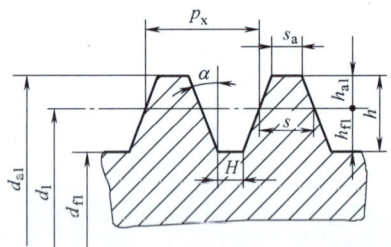

名称	代号	计算公式
轴向模数	m_x	（基本参数）
齿形角（压力角）	α	$\alpha = 20°$
轴向齿距	p_x	$p_x = \pi m_x$
导程	p_z	$p_z = z_1 p_x = z_1 \pi m_x$
全齿高	h	$h = 2.2 m_x$
齿顶高	h_{a1}	$h_{a1} = m_x$
齿根高	h_{f1}	$h_{f1} = 1.2 m_x$
分度圆直径	d_1	$d_1 = d_{a1} - 2m_x = m_x q$
齿顶圆直径	d_{a1}	$d_{a1} = d_1 + 2m_x$
齿根圆直径	d_{f1}	$d_{f1} = d_1 - 2.4 m_x$ 或 $d_{f1} = d_{a1} - 4.4 m_x$
齿顶宽	s_a	$s_a = 0.843 m_x$
齿根槽宽	w	$w = 0.697 m_x$

(续)

名称	代号	计算公式
导程角	γ	$\tan\gamma = p_z/\pi d_1 = z_1\pi/d_1$
轴向齿厚	s_x	$s_x = p_x/2$
法向齿厚	s_n	$s_n = (p_x/2)\cos\gamma$
直径系数	q	$q = d_1/m_x$

（2）英制蜗杆各部分尺寸计算　英制蜗杆的齿形角为 $14°30'$，它的径节以 DP 表示。英制蜗杆各部分的尺寸计算见表 6-20。

表 6-20　英制蜗杆各部分尺寸计算　　　　　　（单位：mm）

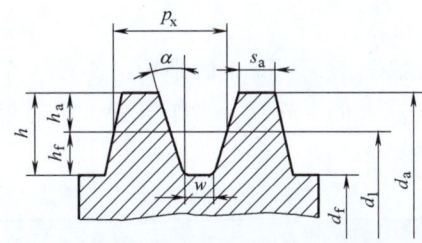

名称	代号	计算公式
径节	DP	$m_x = 25.4/DP$（基本参数）
压力角	α	$\alpha = 14°30'$
轴向齿距	p_x	$p_x = \pi \times 25.4/DP = 79.8/DP$
导程	p_z	$p_z = z_1 p_x = z_1 \times 79.8/DP$
全齿高	h	$h = 2.157 m_x = 54.79/DP$
齿顶高	h_{a1}	$h_{a1} = m_x = 25.4/DP$
齿根高	h_{f1}	$h_{f1} = 1.157 m_x = 29.39/DP$
分度圆直径	d_1	$d_1 = d_{a1} - 2m_x$
齿顶圆直径	d_{a1}	$d_{a1} = d_1 + 2m_x$
齿根圆直径	d_{f1}	$d_{f1} = d_1 - 2h_{f1} = d_1 - (58.78/DP)$ 或 $d_{f1} = d_{a1} - 2h_{a1} = d_{a1} - (109.58/DP)$
齿顶宽	s_a	$s_a = 1.054 m_x = 26.77/DP$
齿根槽宽	w	$w = 0.697 m_x = 24.71/DP$
导程角	γ	$\tan\gamma = p_z/\pi d_1$
轴向齿厚	s_x	$s_x = p_x/2 = 39.9/DP$
法向齿厚	s_n	$s_n = s_x\cos\gamma = (39.9/DP)\cos\gamma$

2. 车蜗杆时交换齿轮的计算

在卧式车床上车削蜗杆，一般不需要进行交换齿轮计算。如在 C620-1 型车床上车削蜗杆时，使用 32 齿、100 齿、97 齿的齿轮即可，在 CA6140 型车床上使用 64 齿、100 齿、97 齿的齿轮即可，如图 6-37 所示。然后，根据被加工蜗杆的模数选择进给箱铭牌（模数螺纹一栏）中所标注的各手柄位置即可进行车削。

在无进给箱的车床上车削蜗杆时，或有时为了提高蜗杆的精度，由主轴通过交换齿轮直接带动车床丝杠，这时就需要进行交换齿轮计算。车蜗杆时的交换齿轮计算方法与车削一般螺纹时相同，其计算公式为

$$i = p_z / p_{丝} = (z_1 \pi m_x) / p_{丝} = z_1 / z_2 \times z_3 / z_4 \quad (6\text{-}10)$$

式中　p_z——蜗杆导程（mm）；

　　　$p_{丝}$——丝杠螺距（mm）。

计算出的复式交换齿轮，不一定都能安装在交换齿轮架上，有时会发生干涉现象。所以复式交换齿轮必须符合下列配轮规则

$$z_1 + z_2 > z_3 + 15$$
$$z_3 + z_4 > z_2 + 15$$

由于蜗杆的导程是蜗杆头数 z_1 与 m_x 和 π 的乘积，不是一个整数值，因此给交换齿轮的计算带来很多麻烦。为了方便，π 值可用表 6-21 所列的近似分式来代替。

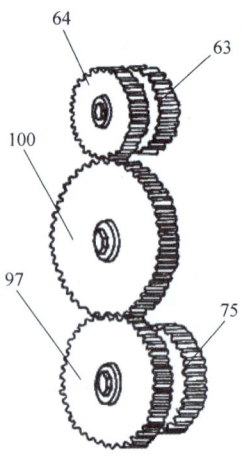

图 6-37　车蜗杆时的交换齿轮

表 6-21　π 的近似分式

π 值	误差
$\pi \approx 3.14159$	
$\pi \approx 3.14268 = 22/7$	+0.0012644
$\pi \approx 3.14182 = 32 \times 27 / 25 \times 11$	+0.0002254
$\pi \approx 3.14173 = 19 \times 21 / 127$	+0.0001395
$\pi \approx 3.1415929 = 5 \times 71 / 113$	+0.0000002

3. 蜗杆车刀

蜗杆车刀与梯形螺纹车刀基本相同。但是一般蜗杆的导程角较大，在刃磨蜗杆车刀时，更应考虑导程角对车刀前角和两侧后角的影响。另外，蜗杆的精度一般要求较高，因此，目前蜗杆车刀大部分用高速钢制成。

（1）蜗杆粗车刀　为了提高蜗杆的质量，加工时应分粗车和精车，蜗杆（右旋）粗车刀的几何形状如图 6-38 所示。

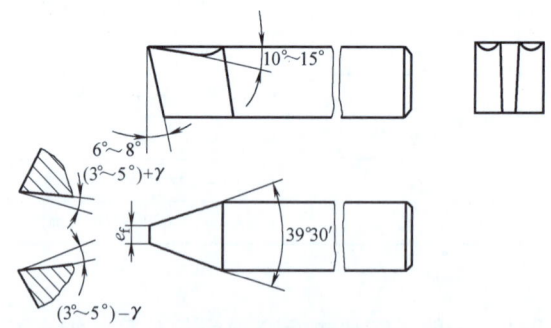

图 6-38　蜗杆粗车刀

蜗杆粗车刀的角度及形状应按下列原则选择：

1）车刀左右切削刃之间的夹角应小于两倍齿形角。

2）为了便于左右切削并留有精加工余量，刀头宽度应小于齿根槽宽。

3）切削钢料时，应磨有 10°~15° 的背前角，即：$\gamma_p = 10° \sim 15°$。

4）背后角 $\alpha_p = 6° \sim 8°$。

5）左刃后角 $\alpha_{fL} = (3° \sim 5°) + \gamma$；右刃后角 $\alpha_{fR} = (3° \sim 5°) - \gamma$。

6）刀尖适当倒圆。

（2）蜗杆精车刀 蜗杆精车刀的几何形状如图 6-39 所示。车刀的刃磨原则是：

1）车刀左右切削刃之间的夹角应等于两倍齿形角。

2）刀头宽度应等于齿根槽宽。

3）为保证切削顺利，两侧切削刃应磨有较大前角（$\gamma_o = 15° \sim 20°$）的卷屑槽，并要求切削刃平直、表面粗糙度值小（必要时刀具刃磨后进行研磨两侧后角及前角，保证切削刃平直光滑）。

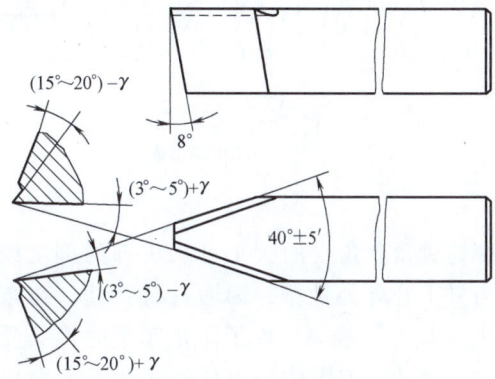

图 6-39 蜗杆精车刀

4）车削右旋蜗杆时，左刃后角 $\alpha_{fL} = (3° \sim 5°) + \gamma$；右刃后角 $\alpha_{fR} = (3° \sim 5°) - \gamma$。

根据上述原则刃磨的车刀，切削时省力，排屑顺利，齿面可获得较细的表面粗糙度值和较高的齿形精度。但车削时必须注意：车刀前端切削刃不能进行切削，只能精车两侧齿面。

（3）米制蜗杆车刀刀头宽度 刃磨蜗杆精车刀时，刀头宽度可从表 6-22 查出。

表 6-22 米制蜗杆车刀刀头宽度　　　　　　　　　　　（单位：mm）

计算公式：$w = 0.697 m_x$（当 $h = 2.2 m_x$ 时）

模数 m_x	刀头最大宽度 W	模数 m_x	刀头最大宽度 W
1	0.679	5	3.485
1.25	0.871	6	4.182
1.5	1.046	8	5.576
2	1.394	10	6.970
2.5	1.743	12	8.364
3	2.091	14	9.758
4	2.788	16	11.152

4. 蜗杆的车削方法

（1）蜗杆车刀的装夹对齿形的影响 米制蜗杆的齿形分轴向直廓（阿基米德螺纹，ZA 蜗杆）和法向直廓（ZN 蜗杆）两种，如图 6-40 所示。

装刀时，若将蜗杆车刀左右切削刃组成的平面与工件轴线重合，这样加工出来的蜗杆为轴向直廓蜗杆，其齿形在蜗杆轴平面内为直线，法平面内为曲线，在端平面内为阿基米德螺旋线，因此又称阿基米德蜗杆，如图 6-40a 所示。若将车刀左右切削刃组成的平面垂直于齿面，则加工出来的蜗杆为法向直廓蜗杆，其齿形在蜗杆齿部的法平面内为直线，在蜗杆轴平面内为曲线，如图 6-40b 所示。所以车削法向直廓蜗杆时，刀头必须倾斜，可使用根据导程角调节的刀杆（图 6-41）进行车削。刀头体可相对于刀杆转一个所需的导程角，然后用两

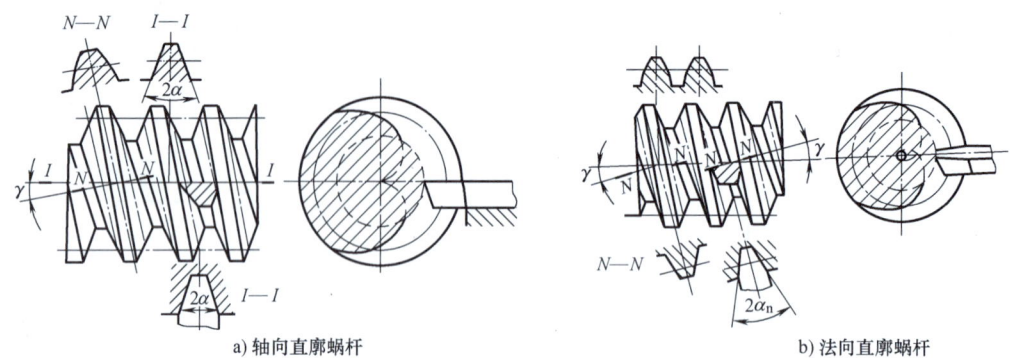

a) 轴向直廓蜗杆　　　　　　　　　b) 法向直廓蜗杆

图 6-40　蜗杆车刀的装夹对齿形的影响

只螺钉锁紧。角度的大小可从头部的刻度线上看出。这种刀杆上开有弹性槽,因而具有弹性,在车削时不容易产生"扎刀"现象。为了防止车削时刀头受切削力作用而产生转动,刀头体与刀杆的接触面上做成端面用细齿结合的形式。

车削轴向直廓蜗杆时,由于蜗杆的导程角较大,车削时使车刀前角和后角发生很大变化,切削时产生一定困难。为使切削顺利,粗车时也可用调节刀杆进行车削。但精车时,为了保证齿形正确,刀头应水平装夹。

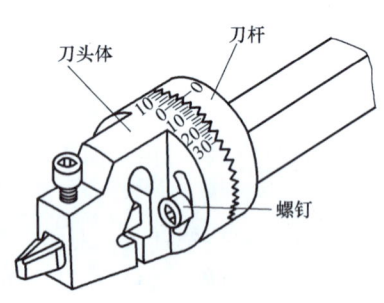

图 6-41　可根据导程角调节的刀杆

(2) 蜗杆的车削方法　蜗杆因导程较大,一般采用低速切削。车削时应分为粗车和精车两个阶段进行。

1) 粗车蜗杆齿形时主要有以下几种方法:

① 左右切削法。粗车时为防止三个切削刃同时参加切削而造成"扎刀"现象,一般可采用左右切削法,如图 6-42a 所示。

② 车槽法。粗车 $m_x>3mm$ 的蜗杆时,可先用略小于蜗杆齿根槽宽的车槽刀,将蜗杆车到齿根圆直径,如图 6-42b 所示。

③ 分层切削法。当粗车 $m_x>5mm$ 的蜗杆时,可采用分层切削法,此方法可减少车刀的切削面积,使切削顺利进行,如图 6-42c 所示。

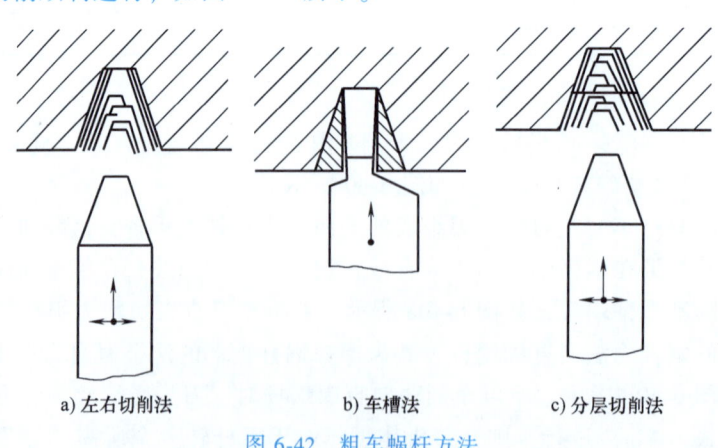

a) 左右切削法　　　b) 车槽法　　　c) 分层切削法

图 6-42　粗车蜗杆方法

2）精车蜗杆齿形的方法如图 6-43 所示。精车时，用带卷屑槽的精车刀用直进法将齿面车削成形。但精车前，必须先用车槽刀车蜗杆的齿根圆直径，防止三个切削刃同时参加切削。

5. 蜗杆的测量

（1）三针测量法　用于测量蜗杆的分度圆直径。

1）量针测量距的计算公式为

$$M = d_1 + d_D(1 + 1/\sin\alpha) - (p_x/2)\cot\alpha \quad (6\text{-}11)$$

式中　M——量针测量距（mm）；
　　　d_1——分度圆直径（mm）；
　　　d_D——量针直径（mm）；
　　　α——压力角（°）；
　　　p_x——轴向齿距（mm）。

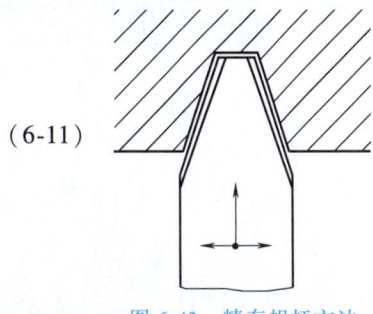

图 6-43　精车蜗杆方法

2）量针直径的选择　量针直径 d_D 可用下面公式计算

$$d_D = p_x/2\cos\alpha \quad (6\text{-}12)$$

将 $\alpha = 14°30′$、$\alpha = 20°$ 代入式（6-11）、式（6-12），M 值及 d_D 的计算式见表 6-23。

表 6-23　量针测量距及量针直径计算公式

压力角 $\alpha/(°)$	量针测量距 M	量针直径 d_D
14½	$M = d_1 + 4.994d_D - 1.933p_x$	$d_D = 0.516p_x$
20	$M = d_1 + 3.924d_D - 1.374p_x$	$d_D = 0.533p_x$

在测量模数较大的蜗杆时，若用公法线千分尺测量不能同时跨住两个量针，这时可在外径千分尺测量杆与两量针之间垫进一块量块。在计算 M 值时，必须注意减去量块厚度尺寸。

3）三针测量公式的修正　当导程角大于 $3°30′$ 时，量针测量距修正公式见表 6-24。

表 6-24　量针测量距修正公式

修正公式 $M = d_1 + d_D(1 + 1/\sin\alpha) - (p_x/2)\cot\alpha + \Delta\psi$		
蜗杆齿形	修正值 $\Delta\psi$	量针测量距修正实用公式
轴向直廓蜗杆	$\Delta\psi = 1.2909\, d_D \tan^2\gamma$	$M = d_1 + 3.924d_D - 4.316m_x + 1.2909d_D\tan^2\gamma$
法向直廓蜗杆		$M = d_1 + 3.924d_D - 4.316m_x\cos\gamma$

（2）测量齿厚　测量精度要求不高的蜗杆时，可采用游标齿厚卡尺测量（图 6-44）。测得的读数是蜗杆在分度圆直径 d_1 处的法向齿厚。

游标齿厚卡尺由互相垂直的齿高卡尺与齿厚卡尺组成（图 6-44a）。测量时，将齿高卡尺读数调整到齿顶高，法向卡入齿廓，由于在测量时卡尺的测量面必须与蜗杆的牙侧平行（图 6-44b），测量出的是法向齿厚。

图样上一般会标明法向齿厚的尺寸，若标注的是轴向齿厚，在测量时，必须换算成法向齿厚 $s_n [s_n = (p_x/2)\cos\gamma]$。

若蜗杆精度要求较高，在图样上标注的是齿厚偏差，为了提高测量精度，可将齿厚偏差换算成量针测量距偏差，用三针测量法来测量（图 6-45），其换算方法如下

$$\Delta M/2 = (\Delta s/2)\cot\alpha$$

$$\Delta M = \Delta s \cot\alpha \quad (6\text{-}13)$$

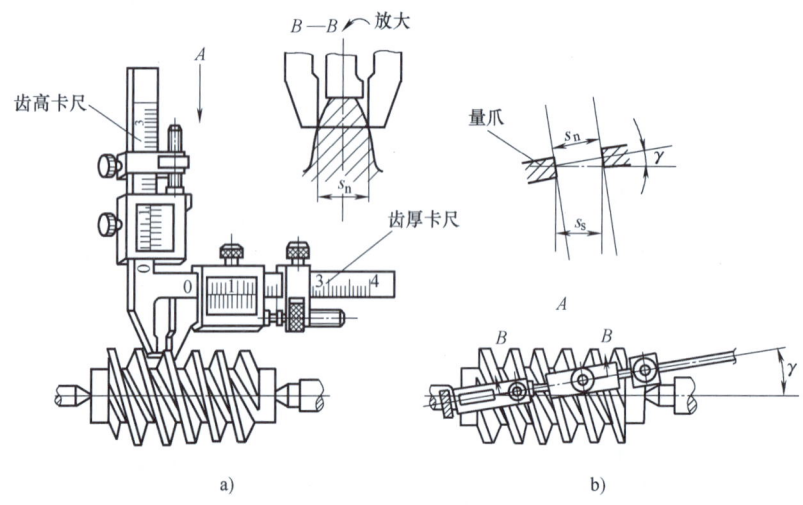

图 6-44 齿厚测量法

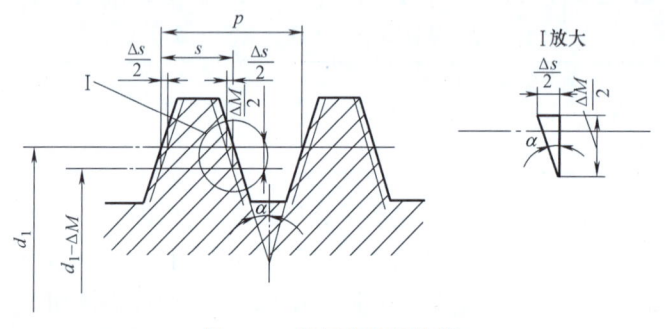

图 6-45 齿厚偏差的换算

当 α = 20°时

$$\Delta M = 2.7475 \Delta s \tag{6-14}$$

式中　ΔM——三针测量时，量针测量距偏差（mm）；

　　　Δs——齿厚偏差（mm）；

　　　α——蜗杆压力角（°）。

6.5.2 蜗杆工件加工

1. 工艺准备

（1）分析图样　加工图 6-46 所示的蜗杆轴，加工数量为 1～2 件，材料为 40Cr，毛坯种类为热轧圆钢，毛坯尺寸为 φ65mm×310mm。图样分析如下：

1）根据齿形蜗杆类型为法向直廓蜗杆，轴向模数 $m_x = 3$mm，头数 $z_1 = 1$，蜗杆轴向齿距 $p_x = 9.425$mm，法向齿厚 $s_n = 4.704_{-0.565}^{-0.210}$mm，齿面的表面粗糙度值为 $Ra1.6$μm。

2）蜗杆齿顶圆直径对两端中心孔公共轴线径向圆跳动公差为 0.032mm。

3）外圆 φ35f7、φ30f7、2×φ25k6 轴线对两端中心孔公共轴线的径向圆跳动公差为 0.01mm。

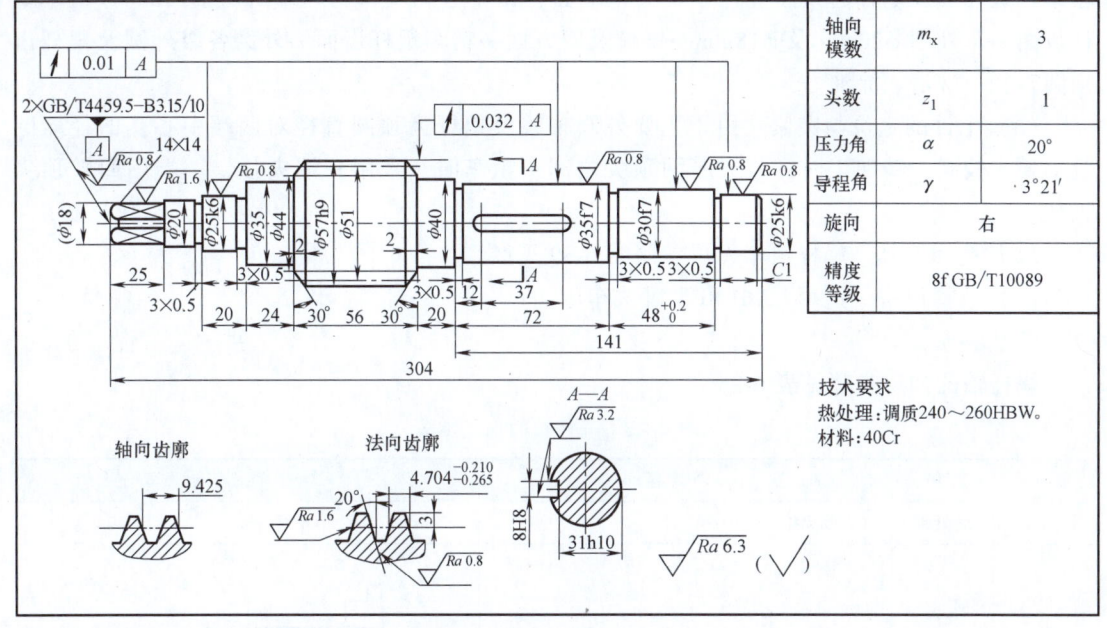

图 6-46 蜗杆轴

4) 主要各级外圆的表面粗糙度值为 $Ra0.8\mu m$。

(2) 制订加工工艺

1) 蜗杆类型为法向直廓蜗杆，车削时，应把车刀左右切削刃组成的平面垂直于齿面装夹，可使用按导程角调节的刀杆（图 6-41）将车刀倾斜。

2) 车齿槽时，可采用车槽法车削，为了提高切削效率，可先用较宽的直槽车刀车至分度圆直径（图 6-47a），再用等于齿根槽宽的直槽刀车至齿根圆直径（图 6-47b），最后用精车刀车至图样要求（图 6-47c）。

a) 用宽直槽刀车削　　b) 用齿根槽宽直槽刀车削　　c) 精车蜗杆齿面

图 6-47 用车槽法车削蜗杆

3) 齿面粗糙度值为 $Ra1.6\mu m$，要求较高，精车两侧齿面时，取切削速度 $v_c<5m/min$；背吃刀量 $a_p=0.02\sim0.04mm$。

4) 精车蜗杆齿面时，切削液可选用乳化液进行冷却与润滑。

5) 由于蜗杆左端直径较小，为了不降低工件装夹刚性，因此先粗车蜗杆齿形后，再车外圆 $\phi25k6$、$\phi20mm$、$\phi18mm$（$14mm\times14mm$ 四方头）。

6) 蜗杆轴的加工顺序安排如下：热处理调质→车端面、钻中心孔→端夹住、一端顶住粗车各级外圆及蜗杆齿顶圆直径→调头车端面、钻中心孔→车另一端外圆 φ35mm→粗车蜗杆齿面→车外圆 φ20mm 及 φ18mm→铣槽及四方面→精车蜗杆齿面→外磨各级外圆及蜗杆齿顶圆直径→洗清、涂油。

（3）工件的定位与夹紧　由于主要外圆轴线及蜗杆齿顶圆直径对两端中心孔的径向圆跳动要求较高，精加工时，装夹于两顶尖之间；粗车时，采用一端夹住，一端用回转顶尖顶住。

（4）选择刀具　蜗杆精车刀可参照图 6-39 刃磨。

（5）选择设备　选用 CA6140 型卧式车床。

2. 工件加工

蜗杆轴的加工步骤见表 6-25。

表 6-25　蜗杆轴的加工步骤

工序号	工种	工序内容	简图
1	热处理	调质 240~260HBW	
2	车	自定心卡盘夹住毛坯毛圆，找正 1）车端面、光出即可 2）钻中心孔 φ3.15mm B 型	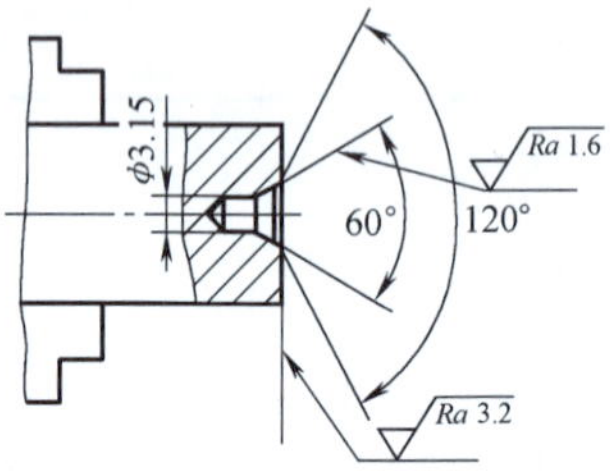
3	车	一端夹住，另一端用回转顶尖支承 1）车齿顶圆直径 φ57h9 至 $\phi 57^{+0.4}_{+0.3}$mm 2）车外圆 φ40mm，长度尺寸 161mm（即 161mm=141mm+20mm） 3）控制尺寸 20mm、141mm，车外圆 φ35f7 至 $\phi 35^{+0.4}_{+0.3}$mm 4）控制尺寸 72mm，车外圆 φ30f7 至 $\phi 30^{+0.4}_{+0.3}$mm 5）控制尺寸 $48^{+0.2}_{0}$mm，车外圆 φ25k6 至 $\phi 25^{+0.4}_{+0.3}$mm 6）车槽 3×3mm×0.7mm（已去除外圆留磨余量） 7）倒角 C1.2mm、倒角 φ44mm×30°、其余倒角 C1mm	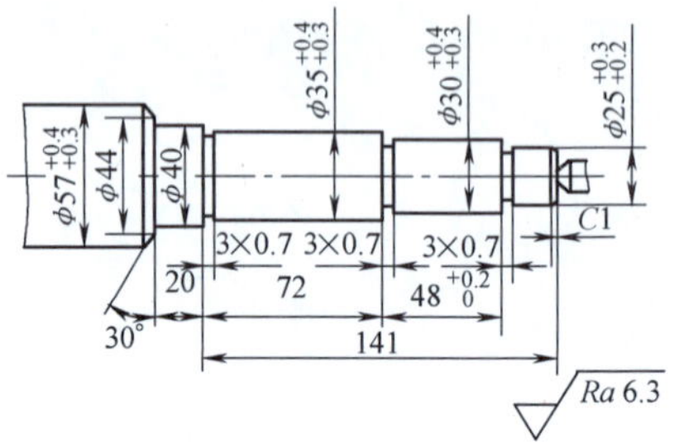
4	车	调头，一端夹住，另一端用中心架支承 1）车端面、控制总长尺寸 304mm 2）钻中心孔 φ3.15mm B 型	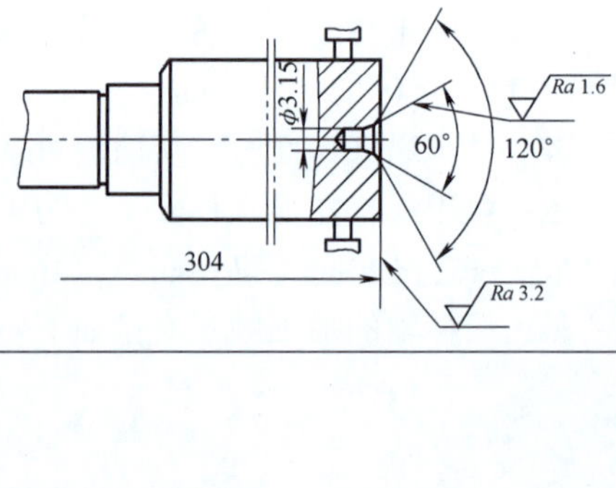

(续)

工序号	工种	工序内容	简图
5	车	软卡爪夹住 $\phi30f7$ 磨外圆，一端用回转顶尖顶住 1）控制蜗杆长度尺寸 56mm，车外圆 $\phi35$mm、$\phi25k6$、$\phi20$mm、$\phi18$mm 均车至 $\phi35$mm 2）倒角 $\phi44$mm×30°、$C1.5$mm	
6	车	仍按上述装夹方法 1）先用 $b=4.5$mm 宽直槽刀车齿槽至蜗杆分度圆直径 $\phi51$mm 2）再用 $b=2.09$mm（查表 6-19 中 w）宽直槽刀车槽至齿根圆直径 43.8mm（即 $d_f=d_a-4.4m_x=57$mm-4.4×3mm$=43.8$mm） 3）粗车蜗杆齿面，量针直径 $d_D=5.46$mm，量针测量距 $M=59.565^{+0.8}_{+0.7}$mm	
7	车	一端夹住，另一端用回转顶尖顶住 1）控制尺寸 24mm，车外圆 $\phi25k6$ 至 $\phi25^{+0.4}_{+0.3}$mm 2）控制尺寸 20mm，车外圆 $\phi20$mm 至 $\phi20^{+0.4}_{+0.3}$mm 3）车外圆 $\phi18$mm，长度尺寸 25mm 4）车槽 2×3mm×0.7mm	
8	铣	工件装夹于机床用机用虎钳，轴向定位 1）铣键槽 8H8($^{+0.022}_{0}$)×31h10($^{0}_{-0.10}$) 工件改装于分度头，找正，顶住 2）铣四方面 $14^{0}_{-0.24}$mm×$14^{0}_{-0.24}$mm 至尺寸	
9	车	修正两端中心孔，装夹于两顶尖之间 精车 $m_x=3$mm 蜗杆齿面 量针直径 $d_D=\phi5.46$mm，量针测量距 $M=59.565^{-0.577}_{-0.728}$mm	
10	钳工	1）修去蜗杆两端不完整牙 2）修去四方面处毛刺	

(续)

工序号	工种	工序内容	简图
11	磨	工件装夹于两顶尖之间 1）磨蜗杆齿顶圆直径 $\phi 59h9 \binom{0}{-0.074}$ 2）磨外圆 $\phi 35f7 \binom{-0.025}{-0.050}$ 3）磨外圆 $\phi 30f7 \binom{-0.025}{-0.041}$ 4）磨外圆 $\phi 25k6 \binom{+0.015}{+0.002}$ 5）光出以上各肩平面,注意尺寸 $48^{+0.2}_{0}$ mm	
12	磨	调头,工件装夹于两顶尖之间 1）磨外圆 $\phi 25k6 \binom{+0.015}{+0.002}$ 并光出肩平面 2）磨外圆 $\phi 20$ mm 至 $\phi 20^{-0.05}_{-0.10}$ mm	
13	普	清洗、涂防锈油、入库	

6.5.3 蜗杆的精度检验及误差分析

（1）法向齿厚（$4.625^{-0.210}_{-0.265}$ mm）的检验　可用游标齿厚卡尺测量。测量时,把游标齿高卡尺读数调整到齿顶高尺寸（等于模数 $m_x=3$ mm）,将游标齿厚卡尺法向卡入齿廓,调节微调螺钉,使两卡爪测量面轻轻接触齿面,量得的读数在 4.36～4.415mm 范围内即合格。

（2）齿顶圆直径对两端中心孔公共轴线径向圆跳动误差 0.032mm 的检验　将工件装夹在车床两顶尖之间,用两顶尖模拟公共基准轴线,把百分表装夹在方刀架上,使百分表触头接触齿顶圆直径,同时按齿距 $p_X=\pi m_X$ 将开合螺母闭合,使百分表按螺旋线进给。在工件回转一周的过程中,百分表读数最大值与最小值之差即为单个测量截面上的径向圆跳动。按此方法测量若干截面,所测得的径向圆跳动值不得大于 0.032mm。

（3）车制蜗杆时误差分析

1）轴向齿距不准确。

① 交换齿轮或手柄位置调整错误。

② 丝杠窜动。

③ 床鞍移动时,手柄运转不均匀。

④ 车削双头蜗杆时,分头不准确；小滑板移动方向与主轴轴线不平行,使小滑板实际移动距离小于齿距。

2）压力角不准确。

① 车刀刀尖角刃磨不正确。

② 车刀装得歪斜。

3）法向齿厚超差。

① 没有及时测量,或测量不正确。

② 背吃刀量太大。

③ 用三针测量时,计算错误。

4）齿面粗糙度值达不到要求。

① 车刀切削刃刃磨粗糙。

② 车刀磨损。
③ 切削用量选择不当。
④ 精车余量太少。

6.6 数控车床加工三角形螺纹

6.6.1 三角形螺纹的数控工艺准备

1. 三角形螺纹的车削方法

(1) 车削三角形螺纹主要方法 有直进法、左右切削法、斜进法,如图 6-48 所示。

1) 直进法。车削时只朝 X 向进给,在几次行程后,把螺纹加工到所需尺寸和表面粗糙度。适合于螺距 $P<3mm$ 螺纹的高速切削、脆性材料的螺纹切削和用硬质合金刀具高速切削螺纹。

2) 左右切削法。车螺纹时,除了朝 X 方向进行切削外,同时还进行了 Z 方向的微量进给,经过几次切削后,把螺纹加工到尺寸。适合于螺距 $P \geq 3mm$ 螺纹的精车、刚度较低材料螺纹的粗、精车。

3) 斜进法。当螺距较大螺纹槽较深,切削余量较大时,粗车为了加工方便,除了朝 X 方向进行切削外,同时还进行了 Z 方向一个方向的微量进给,经过几次切削后,把螺纹加工到尺寸。斜进法适用于螺距 $P \geq 3mm$ 螺纹与塑性材料螺纹的粗车。

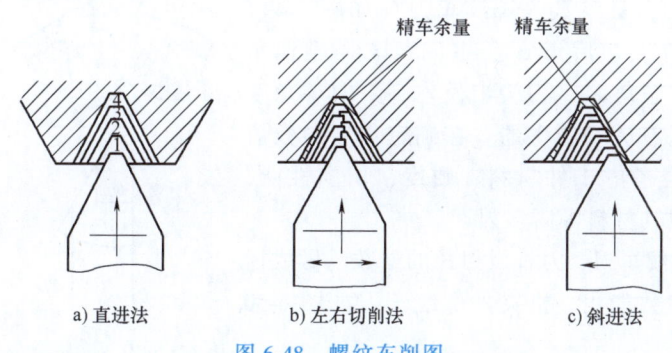

a) 直进法   b) 左右切削法   c) 斜进法

图 6-48 螺纹车削图

2. 车削三角形螺纹切削用量的选择

(1) 主轴转速 用高速钢车刀车削弹塑性材料的螺纹时,一般选择 12~150r/min 的低速;用硬质合金车刀车削铸铁等脆性材料的螺纹时,一般选择 360r/min 左右的中速;用硬质合金车刀车削塑性铸铁等脆性材料的螺纹时,一般选择 480r/min 左右的中速;螺纹直径小、螺距小 ($P<2mm$) 时,宜选用较高的转速;螺纹直径大、螺距大时,宜选用较低的转速。

(2) 背吃刀量 因为螺纹牙型较深,不能一次切削完成,所以在螺纹加工过程中,可分数次进给,直至把螺纹切削到要求的深度。这个要求深度也就是螺纹的牙型高度。实际加工螺纹时,由于车刀刀尖半径的影响,螺纹的实际切深有变化。根据 GB/T197 规定,螺纹车刀可在牙底最小削平高度 $H/8$ 处削平或倒圆。则螺纹实际牙型高度可按下式计算

牙型高度：$h = H - 2(H/8) = 0.6495P$

式中　H——螺纹原始三角形高度，$H = 0.866P$（mm）；

　　　P——螺距（mm）；

常用的进给的背吃刀量和切削次数见表6-26。

表6-26　常用的背吃刀量和切削次数　　　　　　　　　　（单位：mm）

米制螺纹								
螺距		1.0	1.5	2	2.5	3	3.5	4
牙深(半径量)		0.649	0.974	1.299	1.624	1.949	2.273	2.598
切削次数及背吃刀量(直径量)	1次	0.7	0.8	0.9	1.0	1.2	1.5	1.5
	2次	0.4	0.6	0.6	0.7	0.7	0.7	0.8
	3次	0.2	0.4	0.6	0.6	0.6	0.6	0.6
	4次		0.16	0.4	0.4	0.4	0.6	0.6
	5次			0.1	0.4	0.4	0.4	0.4
	6次				0.15	0.4	0.4	0.4
	7次					0.2	0.2	0.4
	8次						0.15	0.3
	9次							0.2

3. 三角外螺纹车刀

（1）螺纹车刀刀具参数　螺纹车刀（如图6-49）的刀具参数有前角 γ_o、后角 α_o、主偏角 κ_r、副偏角 κ'_r、刀尖角 ε_r、刃倾角 λ_s、刀尖半径 r_ε 等，具体角度的定义方法请参阅有关切削手册。在确定角度参数值的过程中，应综合考虑工件材料、硬度、切削性能、具体轮廓形状和刀具材料等诸多因素。

对于机夹外螺纹车刀，刀杆及刀片的参数已做成标准值，可直接按参数选用。机夹外螺纹车刀如图6-50所示。

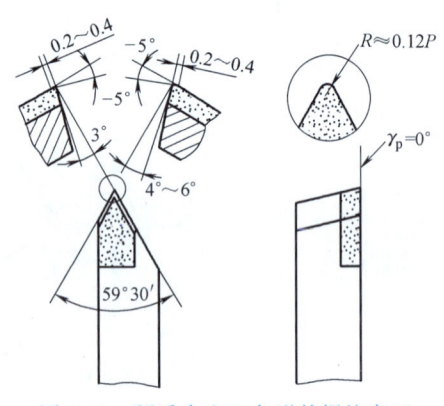

图6-49　硬质合金三角形外螺纹车刀

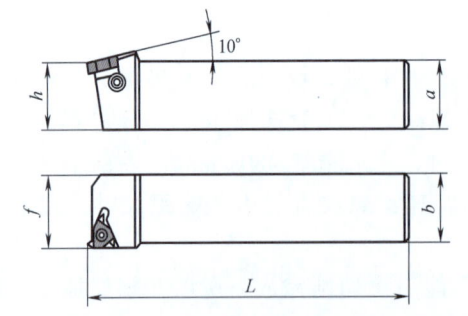
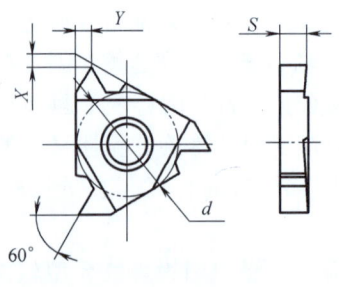

图6-50　机夹外螺纹车刀

（2）螺纹车刀安装　安装螺纹车刀时，应使刀尖对准工件中心，同时使两刃夹角中线垂直于工件轴线（图6-51）。

4. 螺纹切削指令 G32

格式：G32 X(U) Z(W) F Q

说明：

X、Z：为绝对编程时，有效螺纹终点在工件坐标系中的坐标值；

U、W：为增量编程时，有效螺纹终点相对于螺纹切削起点的坐标增量；

F：螺纹导程，即主轴每转一圈，刀具相对于工件的进给值；

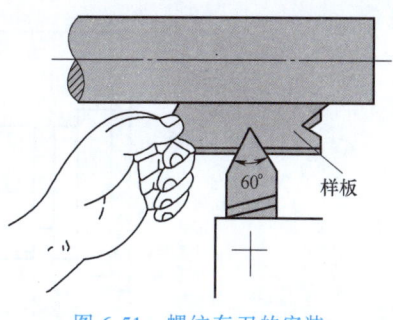

图 6-51 螺纹车刀的安装

Q：螺纹起始角。该值为不带小数点的非模态值，其单位为 0.001°。如果是单线螺纹，则该值不用指定，默认为 0。

在改指令格式中，当只有 Z 向坐标数据字 Z（W）时，指令加工等螺距圆柱螺纹，例如 G32 W-30.0 F4.0；当只有 X 向坐标数据字 X（U）时，指令加工等螺距端面螺纹。

使用 G32 指令能加工圆柱螺纹、锥螺纹和端面螺纹。

螺纹切削的注意事项：

1）螺纹粗车到精车时，主轴转速必须保持不变。

2）在主轴没有停止的情况下，停止切削螺纹将非常危险；因此螺纹切削时进给保持功能无效，如果按下进给保持按键，刀具在加工完螺纹后停止运动。

3）螺纹切削时，不能使用恒定线速度控制功能。

4）在螺纹的加工轨迹中应有足够的升速进刀段 δ 和降速退刀段 δ′，以消除伺服滞后造成的螺距误差。

5. G32 指令的其他用途

G32 指令的其他用途见表 6-27。

表 6-27 G32 指令的其他用途

用途	一般用法
多线螺纹	编制加工多线螺纹的程序时，只要用地址 Q 指定螺纹起始角
端面螺纹	执行端面螺纹的程序段时，刀具在指定螺纹切削距离内，以地址 F 指定每转速度，沿 X 向进给，而 Z 向不运动
连续螺纹切削	连续螺纹切削功能是为了保证程序段交界处的少量脉冲输出与下一个移动程序段的脉冲处理与输出相互重叠（程序段重叠）。因此，执行连续程序段加工时，由运动中断而引起的断续加工被消除，故可以完成那些需要中途改变其螺距和形状（如从直螺纹变锥螺纹）的特殊螺纹的切削

6.6.2 三角形螺纹工件数控加工

1. 螺纹切削指令 G32

本任务采用 G32 指令编写图 6-52 圆柱螺纹编程。螺纹导程为 1.5mm，δ = 1.5mm，δ′ = 1mm，分四次加工，每次吃刀量（直径值）分别为 0.8mm、0.6mm、0.4mm、0.16mm。螺纹加工程序见表 6-28。

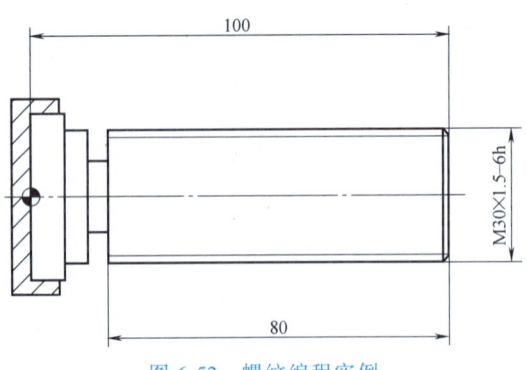

图 6-52 螺纹编程实例

表 6-28 螺纹加工程序

程 序	说 明
%0001;	程序号
N10 M03 S500 T0303;	主轴转速500r/min,选择3号刀及3号刀补
N20 G00 X29.2 Z101.5;	到螺纹起点
N30 G32 Z19.0 F1.5;	切削螺纹到螺纹切削终点,降速段1mm
N40 G00 X40.0;	X轴方向快退
N50 Z101.5;	Z轴方向快退到螺纹起点处
N60 X28.6;	X轴方向快进到螺纹起点处,背吃刀量0.6mm
N70 G32 Z19. F1.5 Q0;	切削螺纹到螺纹切削终点,螺纹起始角为0°
N80 G00 X40.0;	X轴方向快退
N90 Z101.5;	Z轴方向快退到螺纹起点处
N100 X18.2;	X轴方向快进到螺纹起点处,背吃刀量0.4mm
N110 G32 Z19. F1.5 Q0;	切削螺纹到螺纹切削终点,螺纹起始角为0°
N120 G00 X40.0;	X轴方向快退
N130 Z101.5;	Z轴方向快退到螺纹起点处
N140 U-11.96;	X轴方向快进到螺纹起点处,背吃刀量0.16mm
N150 G32 W-82.5 F1.5 Q0;	切削螺纹到螺纹切削终点,螺纹起始角为0°
N160 G00 X40.0;	X轴方向快退
N170 G00 X100.0 Z100.0;	快速退刀,刀具远离工件
N180 M05;	主轴停止
N190 M30;	程序结束并返回程序头

工厂提示:1. 螺纹切削循环同 G32 螺纹切削一样,在进给保持状态下,该循环在完成全部动作之后才停止运动。

2. 螺纹车削加工为成形车削,且切削进给量较大,刀具强度较差,一般要求分次进给加工。

2. 螺纹切削循环指令 G92

格式:G92 X(U)__ Z(W)__ F__ R__;

说明：

X、Z：绝对值编程时，为螺纹终点 C 在工件坐标系下的坐标；

U、W：增量值编程时，为螺纹终点 C 相对于循环起点 A 的坐标增量，图形中用 U、W 表示，其符号由轨迹 1 和 2 的方向确定；

R 的大小：圆锥螺纹的切削起点处的 X 坐标减去终点 X 坐标值的二分之一。

R 的方向：当切削起点处的半径小于终点处的半径时，R 为负值。

F：螺纹导程；

该指令执行图 6-53 所示 A→B→C→D→A 的轨迹动作。用 G92 指令进行编程，螺纹导程为 1.5mm，分四次加工，每次吃刀量（直径值）分别为 0.8mm、0.6mm、0.4mm、0.16mm。螺纹切削循环程序见表 6-29。

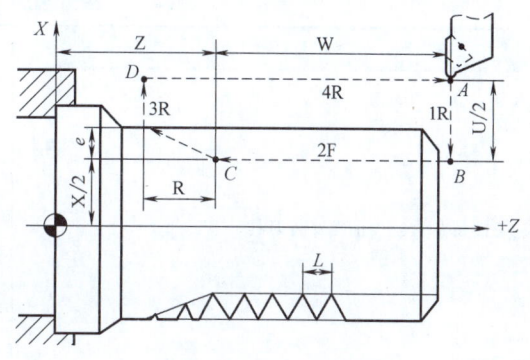

图 6-53 螺纹切削循环

表 6-29 螺纹切削循环程序

程序	说明
%0002；	程序号
N10 M03 S500 T0303；	主轴以 500r/min 旋转，选择 3 号刀及 3 号刀补
N20 G00 X32.0 Z101.5；	刀具快速定位到起刀点
N30 G92 X29.2 Z19.0 F1.5；	第一次循环切螺纹，背吃刀量 0.8mm
N40　　X28.6 ；	第二次循环切螺纹，背吃刀量 0.6mm
N50　　X28.2 ；	第三次循环切螺纹，背吃刀量 0.4mm
N60　　X28.04 ；	第四次循环切螺纹，背吃刀量 0.16mm
N70 G00 X100.0 Z100.0；	快速退刀，刀具远离工件
N80 M05；	主轴停止
N90 M30；	程序结束并返回程序头

3. 螺纹车刀对刀法

螺纹车刀的对刀方法与外圆车刀对刀法基本一样，在对 X 轴坐标时，可以轻轻蹭外圆车刀已加工好的工件外圆（图 6-54），然后在"刀补"界面输入外圆直径值。对 Z 轴坐标时，以轻轻蹭外圆车刀已加工的端面（图 6-55），然后在"刀补"界面输入 Z0。

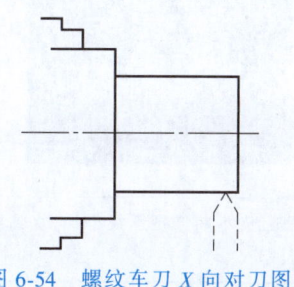

图 6-54 螺纹车刀 X 向对刀图

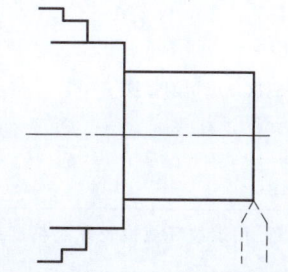

图 6-55 螺纹车刀 Z 向对刀图

车工（中级）

操作要点：换刀前，刀具必须移动到安全位置进行换刀，以防止超程或撞击现象发生。进给倍率要合理，一般车削倍率为 0.01；远离工件时的倍率取 0.1；手摇要均匀、平稳。

4. 工件加工

螺纹切削循环的加工步骤见表 6-30。

表 6-30　加工步骤

步骤	图例及说明
工件装夹、找正、正确安装刀具	
采用试切法依次完成三把刀具的对刀	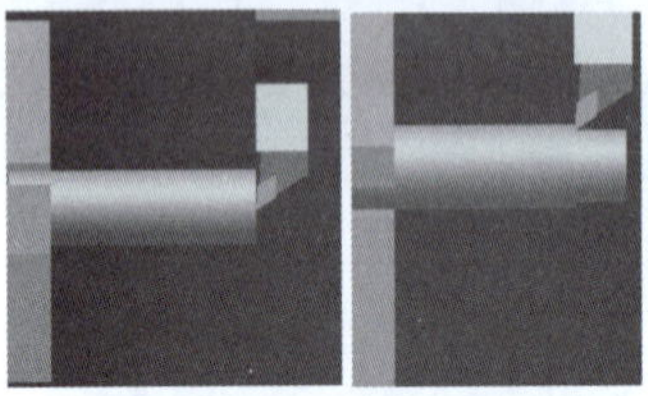
采用外圆粗车循环和精车指令加工工件的外圆轮廓	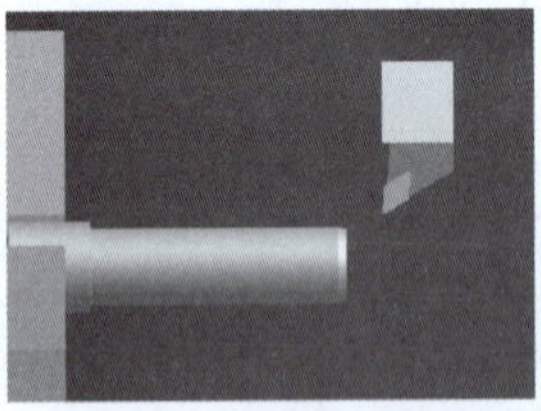
加工螺纹退刀槽	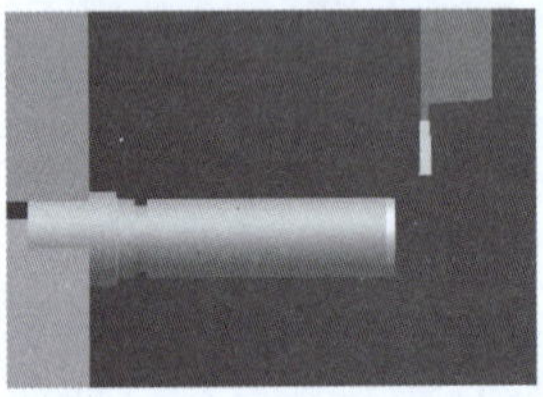
利用 G92 三次分层切削螺纹	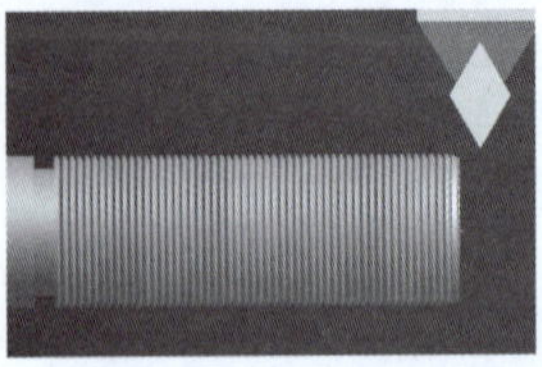
不拆除工件，用螺纹环规检查螺纹精度，并进行螺纹修正	通过改变磨耗值，不断修理螺纹小径，直到检验合格为止，图略

项目6 螺纹加工

工厂提示 螺纹数控车削加工注意事项：

1. 在螺纹切削过程中，进给速度倍率无效。

2. 在螺纹切削过程中，进给暂停功能无效，如果在螺纹切削过程中按了进给暂停按钮，刀具将在执行了非螺纹切削的程序段后停止。

3. 在螺纹切削过程中，不宜使用恒线速控制功能，而采用恒转速控制功能较为合适。

6.6.3　三角形螺纹的精度检验及误差分析

数控车床对螺纹加工过程中会遇到各种各样的加工误差问题，表6-31对螺纹加工中较常出现的问题、产生的原因、预防及解决方法进行了分析。

表6-31　螺纹加工误差分析

问题现象	产生原因	预防和消除
切削过程出现振动	1. 工件装夹不正确 2. 刀具安装不正确 3. 切削参数不正确	1. 检查工件安装，增加安装刚性 2. 调整刀具安装位置 3. 提高或降低切削速度
螺纹牙顶呈刀口状	1. 刀具角度选择错误 2. 螺纹外径尺寸过大 3. 螺纹切削过深	1. 选择正确的刀具 2. 检查并选择合适的工件外径尺寸 3. 减少螺纹切削深度
螺纹牙型过平	1. 刀具中心错误 2. 螺纹切削深度不够 3. 刀具牙型角度过小 4. 螺纹外径尺寸过小	1. 选择合适的刀具并调整刀具中心高度 2. 计算并增加切削深度 3. 适当增大刀具牙型角 4. 检查并选择合适的工件外径尺寸
螺纹牙型底部圆弧过大	1. 刀具选择错误 2. 刀具磨损严重	1. 选择正确的刀具 2. 重新刃磨或更换刀片
螺纹牙型底部圆弧过宽	1. 刀具选择错误 2. 刀具磨损严重 3. 螺纹有乱牙现象	1. 选择正确的刀具 2. 重新刃磨或更换刀片 3. 检查加工程序中有无导致乱牙的原因
螺纹牙型半角不正确	刀具安装角度不正确	调整刀具安装角度
螺纹表面质量差	1. 切削速度过低 2. 刀具中心过高 3. 切屑控制较差 4. 刀尖产生积屑瘤 5. 切削液选用不合理	1. 调高主轴转速 2. 调整刀具中心高度 3. 选择合理的进刀方式及背吃刀量 4. 选择合适的切削液并充分喷注
螺距误差	1. 伺服系统滞后效应 2. 加工程序不正确	1. 增加螺纹切削升、降速段的长度 2. 检查、修改加工程序

6.7　技能训练——螺杆轴的加工

1. 分析图样

加工图6-56所示螺杆轴，加工数量为1~2件。材料为45钢，毛坯种类为热轧圆钢，毛坯尺寸为φ50mm×155mm，图样分析如下：

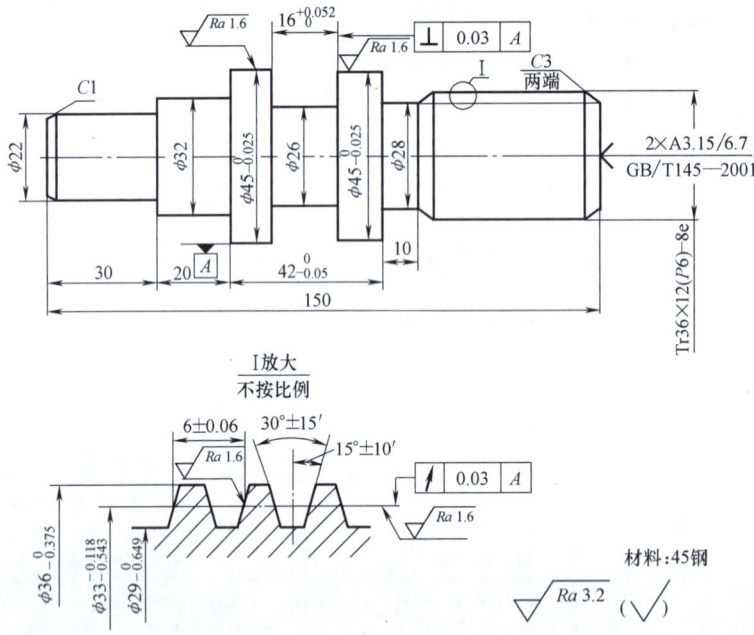

图 6-56 螺杆轴

1) 该工件为双线梯形螺纹,导程 $P_h = 12\text{mm}$,螺距 $P = 6\text{mm}$,分线误差为 $\pm 0.06\text{mm}$。
2) 外圆 $2 \times \phi 45_{-0.025}^{0} \text{mm}$ 为基准外圆。
3) 梯形螺纹轴线对基准外圆 A 的径向圆跳动公差为 0.03mm。
4) 槽宽 16mm 两肩平面对基准外圆 A 的垂直度公差为 0.03mm。
5) 基准外圆 A 和螺纹牙型面表面粗糙度为 $Ra1.6\mu\text{m}$,其余均为 $Ra3.2\mu\text{m}$。

2. 工件加工

螺杆轴的加工步骤见表 6-32。

表 6-32 螺杆轴的加工步骤

工序号	工种	工序内容	备注
1	车	自定心卡盘夹住毛坯外圆 1) 车端面 2) 钻中心孔 $\phi 3.15\text{mm}$ A 型 3) 车外圆 $\phi 45_{-0.025}^{0} \text{mm}$ 至 $\phi 46\text{mm}$ 4) 车外圆 $\phi 32\text{mm}$、$\phi 22\text{mm}$,长度分别为 20mm、30mm 5) 倒角	
2	车	调头,自定心卡盘夹住外圆 $\phi 46\text{mm}$,找正 1) 车端面,长度尺寸 150mm 2) 钻中心孔 $\phi 3.15\text{mm}$ A 型	
3	车	工件装夹于两顶尖之间 1) 精车外圆 $\phi 45_{-0.025}^{0} \text{mm}$ 2) 车螺纹大径至 $\phi 36_{-0.375}^{0} \text{mm}$ 3) 车外沟槽 $\phi 28\text{mm} \times 10\text{mm}$ 控制长度尺寸 $42_{-0.05}^{0} \text{mm}$ 4) 车外沟槽 $\phi 26\text{mm} \times 16_{0}^{+0.052} \text{mm}$ 5) 倒角	

（续）

工序号	工种	工序内容	备注
4	车	工件仍装夹于两顶尖之间 1）用直槽车刀车双线螺纹直槽至小径尺寸 $\phi 29_{-0.649}^{0}$ mm 2）粗车双线螺纹齿面，中径放精车余量 0.8~1mm 3）精车双线螺纹齿面，用三针测量，量针直径 $\phi 3.1$ mm，测量距读数为 $\phi 36.985_{-0.543}^{-0.118}$ mm 4）用半圆锉修去齿角毛刺	

附录

车工（中级）理论知识模拟试卷样例

一、判断题（对的画"√"，错的画"×"；每题0.5分，共35分）

1. 车削细长轴时，对刀具、机床精度、辅助工具精度、切削用量的选择，以及工艺安排都有较高的要求，这是一项工艺性较强的综合技术，所以对操作技能的要求就比较低。
（　　）

2. 片式摩擦离合器的间隙过小，在高速车削时，会因发热而"闷车"，从而损坏机床。
（　　）

3. 安全离合器的作用是在机动进给过程中，进给力过大或刀架运动受阻时，自动断开机动传动路线，使刀架停止进给，避免传动机构损坏。（　　）

4. 在立式车床上能够车削精度要求较高的圆锥半角，主要是依靠正弦规来找正立刀架的扳动角度。
（　　）

5. 用游标卡尺测量偏心套的最厚孔壁与最薄孔壁，游标卡尺的读数差即等于偏心距。
（　　）

6. 用游标齿厚卡尺测量蜗杆齿厚时，测得的读数是蜗杆在分度圆直径处的轴向齿厚。
（　　）

7. 在车床上用百分表与中滑板刻度配合测量偏心距，这时从中滑板的刻度盘所测出的中滑板移动距离，即等于偏心距的值。
（　　）

8. 由于渗氮温度高，工件变形小，渗氮层较薄，故其一般安排在粗磨之后、精磨之前进行。
（　　）

9. 刃磨米制蜗杆精车刀时，刀头宽度可用公式 $W = 0.697 m_x$（$h = 2.2 m_x$）计算。
（　　）

10. 螺纹千分尺一般用于中径公差等级在5级以下的螺纹的测量，它的刻线原理和读数方法与外径千分尺相同，所不同的是螺纹千分尺附有两套（60°和55°）适用于不同牙型和螺距的测量头。（　　）

11. 使用辅助支承或增加工艺肋车削薄壁工件，其目的是改善工件的装夹刚性。（　　）

12. 淬火的目的是提高低碳钢或低碳合金材料硬度、强度和耐磨性。（　　）

13. 对于线胀系数较大的金属薄壁工件，在半精车和精车的一次装夹中连续车削，所产生的切削热不会影响它的尺寸精度。（　　）

14. 立式车床与卧式车床相比，工件在卧式车床上的装夹是处于水平平面内，而立式车床主轴轴线为垂直布局，所以是在立面上进行装夹的。（　　）

15. 被加工表面的旋转轴线与定位基准面平行，外形比较复杂的工件，可装夹在花盘的角铁上加工。（　　）

16. 制动器的作用是在车床停机过程中，克服主轴箱内各运动件的旋转惯性，使主轴迅

速停止转动。 （   ）

17. 米制密封管螺纹有圆锥外螺纹和圆柱外螺纹两种，而内螺纹仅有圆锥内螺纹一种。
（   ）

18. 高速切削梯形螺纹时，为了防止切屑倾斜排出而擦伤螺纹牙侧，故不能使用左右切削的方法。 （   ）

19. 蜗轮蜗杆常用于传递两轴交错 90° 的传动，即直角传动，所以蜗轮蜗杆适用于增速运动的传递机构中。 （   ）

20. 使用跟刀架车削细长轴时，跟刀架支承爪与工件接触松紧的调节是关键。 （   ）

21. 用自定心卡盘装夹车削偏心工件时，若测得偏心距小了 0.1mm，则应将垫片再加厚 0.1mm。 （   ）

22. 梯形螺纹中径的计算公式为 $d_2 = d - 0.5P + 2a_c$。 （   ）

23. 使用双重卡盘车削偏心工件时，在找正偏心距的同时，还须找正自定心卡盘的端面。 （   ）

24. 在立式车床的立刀架和侧刀架都可以作垂向进给和水平进给运动。 （   ）

25. 在立式车床上用成形车刀车削型面时，关键是找正成形刀的正确装夹位置。 （   ）

26. 车削单拐曲轴的曲柄颈时，应保证曲柄颈轴线对主轴颈轴线的平行度要求，并保持要求的偏心距公差。 （   ）

27. 调质的目的是提高材料的综合力学性能，为以后热处理做准备，用于低碳结构钢或低碳合金钢。 （   ）

28. 车削薄壁工件时，最好应用径向夹紧的方法。 （   ）

29. 两个平面相交的角度大于或小于 90° 的角铁叫作角度角铁。 （   ）

30. 当工件材料的强度和硬度低时，可取较大的前角。 （   ）

31. 机床保养时，必须首先切断电源，确保在保养过程中的安全。 （   ）

32. CA6140 型车床主轴箱中的双向多片式摩擦离合器和制动器的操作手柄是单独操作的。 （   ）

33. 锯齿形内、外螺纹的车削方法和梯形螺纹相似，所不同的是锯齿形螺纹的牙型是一个不等腰梯形牙型。 （   ）

34. 用交换齿轮分线车双线螺纹时，交换齿轮 z_1 齿数必须是偶数，方可分线。 （   ）

35. 精车外圆时，刃倾角宜选用负值，使切屑流向待加工表面，防止划伤已加工表面。
（   ）

36. 前角太大，楔角变小，使切削刃和刀尖强度变弱，散热体积减小，切削温度提高，刀具磨损加剧，使刀具寿命降低，所以前角取值越小越好。 （   ）

37. 公称直径为 42mm、螺距为 2mm、短型基准距离、右旋的米制圆柱内螺纹的标记为 Mp42×2-S。 （   ）

38. 为了保证主轴具有较好的刚性和抗振性，采用前、中、后三个支承，中间用圆柱滚子轴承支承的目的是承受切削过程中产生的背向力和正反方向的进给力。 （   ）

39. 粗车蜗杆时，为了防止三个切削刃同时参加切削而造成"扎刀"现象，一般可采用左右切削法车削。 （   ）

40. 立式车床主轴轴线为垂直布局，工作台台面处于水平平面内。 （   ）

41. 机床的工作精度只能在一定程度上反映机床的加工精度,因此,还应通过切削加工出的工件精度来考核机床的加工精度,这称为机床的几何精度。   (   )

42. 检查花盘面平行度误差的方法是:使百分表测量头接触花盘的外端面,转动花盘,观察百分表指针的摆动量;将百分表移动到花盘中部,按上述方法,观察百分表的摆动量。   (   )

43. 技术检查卡是技术检验人员的重要文件,但它不属于工艺文件。   (   )

44. 溜板箱内设有互锁机构的目的是保证丝杠传动和机动进给(或快速移动)的接通。   (   )

45. 当导程角大于 $3°30'$ 时,应使用量针测量距离修正公式 $M = d_1 + 3.924 d_D - 4.316 m \times \cos\gamma$ 来测量法向或轴向直廓蜗杆的分度圆直径。   (   )

46. 在立式车床上精车端面时,车刀应由工件平面的外缘处向中心方向进给,使刀具磨损所造成端面的平面度误差呈凹形,不影响工件的使用。   (   )

47. 车削细长轴时,使用跟刀架的目的是防止工件弯曲变形及抵消背向力。   (   )

48. 工件在夹具中的六个自由度完全被限制了,即处于完全确定的位置,这种定位称为完全定位。   (   )

49. 钨钴类硬质合金中钴含量越高,其韧性越好,适用于粗加工;钴含量低的,适用于精加工。   (   )

50. 使用锥度心轴装夹工件时,心轴的锥度越大,定心精度越高。   (   )

51. 主轴箱主轴轴线与床鞍导轨的平行度超差,或床身导轨严重磨损,会使工件外圆的圆柱度超差。   (   )

52. 交换齿轮箱是用来把主轴的转动传给进给箱,调换箱内的齿轮时,必须保证齿侧的啮合间隙大于 0.2mm,否则在传动时会产生很大的噪声并损坏齿轮。   (   )

53. 所有表面都要加工的工件,应以加工余量较大的表面作为基准面。   (   )

54. 用弹性回转顶尖支承车削细长轴,可有效地补偿工件的热变形伸长。   (   )

55. 为了提高生产率,采用多刀同时加工几个表面的工步称为复合工步,在加工工艺上,复合工步应视作一个工步。   (   )

56. FANUC 0iT 系统的 G 代码 A 类中,螺纹车削指令 G32 不能车削的螺纹是端面螺纹。   (   )

57. FANUC 0iT 系统的 G 代码 A 类中,螺纹一次固定循环的指令是 G92。   (   )

58. 刚性攻螺纹与传统浮动攻螺纹的丝锥是一样的。   (   )

59. 数控车床能够实现每转进给,所以能够使用刚性攻螺纹的方法。   (   )

60. 数控车床刀尖圆弧,在加工倒角时不产生加工误差。   (   )

61. 斜床身后置刀架数控车床,刀位点位于刀尖圆弧的右下角时,则刀位点方位编号[假想刀尖号]为 4。   (   )

62. 斜床身后置刀架数控车床向 +Z 方向车削外圆轮廓,当刀尖圆弧半径为负值时,建立刀尖圆弧半径补偿的指令是 G41。   (   )

63. 在执行 G41 或 G42 过程中,不能有效建立刀尖圆弧半径补偿的原因不可能是假想刀尖方位编号为 0。   (   )

64. FANUC 0iT 系统,执行 "G54 G90 G00 X0 Z0;" 后,刀具所在位置为机床坐标系的

原点。( )

65. FANUC 0iT 系统,程序段"G50 X100.0 Z50.0;"的作用是将刀具当前点作为工件坐标系的点(100,50)。( )

66. 数控车床的默认加工平面是 XZ 平面。( )

67. 快速点定位指令使用 G01 功能字。( )

68. 如果在插补程序段之前或插补程序段中未指定 F 代码,则插补指令的进给速度为 0。( )

69. 表示主轴逆时针旋转的英文缩写是 SPDL CW。( )

70. 恒线速度控制的主要作用是为了提高加工质量。( )

二、选择题(将正确答案的序号填入空格内;每题1分,共50分)

1. 在车床的花盘上加工双孔工件(如双孔连杆)时,主要解决的问题应是两孔的( )公差。
   A. 尺寸　　　　　B. 形状　　　　　C. 位置　　　　　D. 中心距

2. 主轴箱主轴的径向圆跳动及轴向窜动误差一般不应超过( )。
   A. 0.015mm　　　B. 0.025mm　　　C. 0.035mm　　　D. 0.045mm

3. ( )类硬质合金是以 TiC 为硬质相,以镍(Ni)、钼(Mo)为结合剂的硬质合金。
   A. 钨钛钽(铌)　　B. 钨钴　　　　C. 碳化钛基　　　D. 钨钴钛

4. 工件一次安装中( )工位。
   A. 只能有一个　　　　　　　　　B. 一定要有几个
   C. 不可能有几个　　　　　　　　D. 可以有一个或几个

5. 尺寸代号为 3/4 的左旋、55°密封圆锥内螺纹的标记为( )。
   A. Rc3/4-LH　　B. Rp3/4-LH　　C. $R_1$3/4-LH　　D. $R_2$3/4-LH

6. 立式车床的主运动是( )。
   A. 立刀架的移动　　　　　　　　B. 工作台带动工件的转动
   C. 侧刀架的移动　　　　　　　　D. 横梁的移动

7. 低碳钢(如15钢、15Cr、20钢、20Cr等)经渗碳后,碳的质量分数增加到( ),经淬火、回火处理后使钢件表面层具有高硬度(≥59HRC)。
   A. 0.1%~0.2%　B. 0.2%~3%　　C. 0.3%~0.4%　　D. 0.85%~1.10%

8. 用硬质合金梯形螺纹车刀车削 P<8mm 的梯形螺纹时,一般使用( )进给。
   A. 左右切削法　　B. 切阶梯槽法　　C. 直进法　　　D. 用三把车刀依次车削

9. 在自定心卡盘上车削偏心工件时,用近似公式计算垫片厚度,先不考虑修正值,计算垫片厚度为( )偏心距。
   A. 0.5倍　　　　B. 1倍　　　　　C. 1.5倍　　　　D. 2倍

10. 在立式车床上工件的找正,是指使( )与工作台主轴轴线同轴。
    A. 刀尖位置　　B. 立刀架轴线　　C. 侧刀架轴线　　D. 工件轴线

11. 当车削一批长度较短而偏心距(e=30mm)较大的偏心套时,一般可装夹在( )上车削偏心孔。
    A. 单动卡盘　　B. 双重卡盘　　　C. 花盘　　　　D. 自定心卡盘

12. 在工艺过程卡片中，对（　　）一般不作严格区别。
    A. 工序和安装　　B. 工步和进给　　C. 工步和工位　　D. 安装和工位

13. （　　）是一种含钨、铝、铬、钒等合金元素较多的高合金工具钢。
    A. 碳素工具钢　　B. 合金工具钢　　C. 陶瓷材料　　D. 高速钢

14. 用三针测量法测量梯形螺纹中径，其量针测量距计算公式为 $M = d_2 + 4.864d_D - （　　）$。
    A. $0.866P$　　B. $1.866P$　　C. $2.866P$　　D. $3.866P$

15. 若将蜗杆车刀左右切削刃组成平面与工件轴线重合，这样加工出来蜗杆的齿形在蜗杆的法平面内为（　　）。
    A. 曲线　　B. 直线　　C. 渐开线　　D. 阿基米德螺旋线

16. 碳的质量分数大于0.7%的碳素钢和合金钢，为降低硬度便于切削加工采用（　　）处理。
    A. 正火　　B. 调质　　C. 退火　　D. 淬火

17. 螺纹升角 ϕ 的计算公式是（　　）。
    A. $\tan\phi = P_h / \pi d$
    B. $\tan\phi = P_h / \pi d_2$
    C. $\tan\phi = P_h / \pi d_3$
    D. $\tan\phi = P_h / \pi D_1$

18. 蜗轮蜗杆的参数和尺寸都规定在主平面内计算，是由于主平面剖面中的蜗杆相当于一个（　　）。
    A. 螺纹　　B. 齿轮　　C. 蜗轮　　D. 齿条

19. 在两顶尖之间检测偏心距，若偏心距大于百分表的量程范围，测量时，先用百分表找出偏心圆的最低点，记录百分表指针读数转动偏心轴180°，并在百分表底座部垫上（　　）倍于偏心距的量块后再测量。
    A. 0.5　　B. 1　　C. 1.5　　D. 2

20. 定位基准、测量基准和装配基准（　　）基准。
    A. 都是工艺
    B. 都是设计
    C. 统称定位
    D. 既是设计基准，又是工艺

21. 用三针测量法测量蜗杆时，量针直径的计算公式为（　　）。
    A. $d_D = p / [2\cos(\alpha/2)]$
    B. $d_D = p / 2\cos\alpha$
    C. $d_D = p_x / 2\cos\alpha$
    D. $d_D = p_x / [2\cos(\alpha/2)]$

22. 当车床累计运转（　　）h后，就需要进行一次一级保养。
    A. 300　　B. 400　　C. 500　　D. 600

23. 在小滑板刻度每格为0.05mm的车床上，用小滑板刻度分线法车削 Tr36×12（P6）双线螺纹，分线时小滑板应转过（　　）格。
    A. 80　　B. 100　　C. 120　　D. 150

24. 将一个连接盘工件装夹在分度头上钻六个等分孔，钻好一个孔后要分度一次钻第二个孔，钻削该工件的六个等分孔，就有（　　）。
    A. 六个工位　　B. 六道工序　　C. 六次安装　　D. 六次进给

25. 用两顶尖装夹车削轴类工件时，主轴顶尖可限制（　　）数目的自由度。
    A. 两个　　B. 三个　　C. 四个　　D. 五个

26. 限制部分自由度就能满足工件的加工要求，这种定位称为（　　）定位。

A. 完全   B. 不完全   C. 欠   D. 重复

27. 制动器调整后，开动车床使主轴以 $n=300r/min$ 的转速正转，然后把制动手柄置于中间位置停机，要求停机时主轴能在（　　）r 时间内制动。
   A. 15~20   B. 12~15   C. 8~10   D. 2~3

28. 螺纹标记 G1/2-LH，表示尺寸代号为 1/2 的（　　）公差等级为 A 级的左旋非密封管螺纹。
   A. 外螺纹大径   B. 外螺纹中径   C. 内螺纹中径   D. 内螺纹小径

29. （　　）列出了这个工件所需要经过的各工种，即在加工过程中的工艺路线。
   A. 工艺过程卡片   B. 工序卡片   C. 工艺卡   D. 技术检查卡片

30. 锻件、铸件和焊接件在毛坯制造之后、粗加工之前，一般都安排（　　）热处理。
   A. 调质   B. 退火或正火   C. 回火   D. 低温时效

31. 数控机床（　　）需要检查润滑油油箱的油标和油量。
   A. 不定期   B. 每天   C. 每半年   D. 每年

32. 数控机床滚珠丝杠每隔（　　）时间需要更换润滑脂。
   A. 1 天   B. 1 星期   C. 半年   D. 1 年

33. 坐标轴回零时，若该轴已在参考点位置，则（　　）。
   A. 不必回零   B. 移动该轴离开参考点位置后再回零
   C. 继续回零操作   D. 重启机床后再回零

34. 斜床身后置刀架数控车床向 +Z 方向车削外圆轮廓，当刀尖圆弧半径为正值时，建立刀尖圆弧半径补偿的指令是（　　）。
   A. G41   B. G42   C. G43   D. G44

35. 在使用 G41 或 G42 指令建立刀尖圆弧半径补偿的过程时，只能用（　　）运动指令。
   A. G00 或 G01   B. G00 或 G02   C. G01 或 G02   D. G02 或 G03

36. 下列建立刀尖圆弧半径补偿的程序段中，格式正确的是（　　）。
   A. G41 G1 U-30. F0.1;   B. G41 G2 X30. R5. F0.1;
   C. G41 G3 X30. R5. F0.1;   D. G41 G4 X30. F0.1;

37. 下列建立刀尖圆弧半径补偿的程序段中，格式正确的是（　　）。
   A. G41 G0 U0 F0.1;   B. G41 G0 W0 F0.1;
   C. G41 G0 U0 W0 F0.1;   D. G41 G0 U5. W5. F0.1;

38. 除用 G40 取消刀尖圆弧半径补偿外，当执行了（　　）指令后刀尖圆弧半径补偿也被取消。
   A. M01   B. M02   C. M03   D. M05

39. 下列选项中，除（　　）外，其余指令或功能执行后刀尖圆弧半径补偿被取消。
   A. M01   B. M02   C. M30   D. 复位

40. 数控车床的基本控制轴数是（　　）。
   A. 1 轴   B. 2 轴   C. 3 轴   D. 4 轴

41. 数控机床的标准坐标系是以（　　）来确定的。
   A. 右手笛卡儿直角坐标系   B. 绝对坐标系

C. 相对坐标系 D. 极坐标系

42. 右手直角坐标系中（　　）表示为 Z 轴。

A. 拇指　　　　B. 食指　　　　C. 中指　　　　D. 无名指

43. 不同结构布局、不同运动方式的数控机床，编程时都假定刀具相对于工件运动，该运动是指（　　）。

A. 切削主运动　　B. 进给运动　　C. 辅助运动　　D. 成形运动

44. 数控机床回转坐标轴的正方向由（　　）确定。

A. 右手法则　　B. 左手法则　　C. 右手螺旋法则　　D. 左手螺旋法则

45. 表示主轴反转的指令是（　　）。

A. M03　　　　B. M04　　　　C. M05　　　　D. M06

46. 表示主轴停转的指令是（　　）。

A. M03　　　　B. M04　　　　C. M05　　　　D. M06

47. 表示切削液关闭的指令是（　　）。

A. M06　　　　B. M07　　　　C. M08　　　　D. M09

48. 表示第二切削液打开的指令是（　　）。

A. M06　　　　B. M07　　　　C. M08　　　　D. M09

49. 表示第一切削液打开的指令是（　　）。

A. M06　　　　B. M07　　　　C. M08　　　　D. M09

50. 数控程序目前用得最多的控制介质是（　　）。

A. 穿孔纸带　　B. 磁盘　　　　C. 光盘　　　　D. CNC 存储器

三、简答题（每题 5 分，共 15 分）

1. 多线螺纹的分线方法有哪两大类？每一类中有哪些具体方法？每种方法有何特点？

2. 游标齿厚卡尺由哪两个主要部分组成？它适用于何种条件？测量的是什么圆上的何向齿厚？如何测量？

3. 工序余量选择不当会造成哪些后果？确定工序余量时，应考虑哪些因素？

附 录

车工（中级）理论知识模拟试卷样例参考答案

一、判断题

1. ×　2. √　3. √　4. √　5. ×　6. ×　7. ×　8. ×　9. √　10. √　11. √
12. ×　13. ×　14. ×　15. √　16. √　17. ×　18. √　19. ×　20. √　21. ×　22. ×
23. √　24. √　25. √　26. √　27. √　28. √　29. √　30. √　31. √　32. √　33. √
34. √　35. ×　36. √　37. √　38. √　39. √　40. √　41. √　42. ×　43. √　44. ×
45. √　46. √　47. √　48. √　49. √　50. √　51. √　52. √　53. √　54. √　55. √
56. ×　57. √　58. √　59. √　60. ×　61. √　62. √　63. √　64. ×　65. √　66. √
67. ×　68. √　69. √　70. √

二、选择题

1. D　2. A　3. C　4. D　5. A　6. B　7. D　8. C　9. C　10. D
11. C　12. C　13. D　14. B　15. A　16. C　17. B　18. D　19. D　20. A
21. C　22. C　23. C　24. A　25. B　26. B　27. C　28. B　29. A　30. B
31. B　32. C　33. B　34. A　35. A　36. A　37. D　38. D　39. A　40. B
41. A　42. C　43. B　44. C　45. B　46. C　47. C　48. B　49. C　50. D

三、简答题

1. 答：多线螺纹的分线方法有轴向分线法和圆周分线法两大类。

轴向分线法的具体方法有：1）小滑板刻度分线法的特点是简便，但分线精度较低。2）量块分线法的特点是车削螺距的精度较高，但须保证触头与量块每次接触时的松紧程度完全一致。3）百分表分线法的特点是既简便又精确，但分线齿距受到百分表量程的限制。

圆周分线法的具体方法有：1）交换齿轮齿数分线法的特点是比较精确，但分线数受交换齿轮齿数的限制。2）分度插盘分线法的特点是分线精度高，操作方便。

2. 答：游标齿厚卡尺由齿高卡尺和齿厚卡尺两部分组成，适用于测量精度要求不高的蜗杆，测量的是蜗杆分度圆处的法向齿厚。测量时，将齿高卡尺调整到齿顶高读数，使齿厚卡尺的测量面与蜗杆的牙侧平行，即游标齿厚卡尺应在相对蜗杆轴线偏转一个导程角的位置上进行测量。

3. 答：工序余量过大，会增加下道工序的工作量，降低生产效率和工件质量；工序余量过小，无法把上道工序的痕迹切除，影响工件质量或造成报废。

确定工序余量时，要考虑加工误差，热处理变形，定准基准误差以及切痕和缺陷等因素。

车工（中级）操作技能模拟试卷

1. 考件图样（附图1）

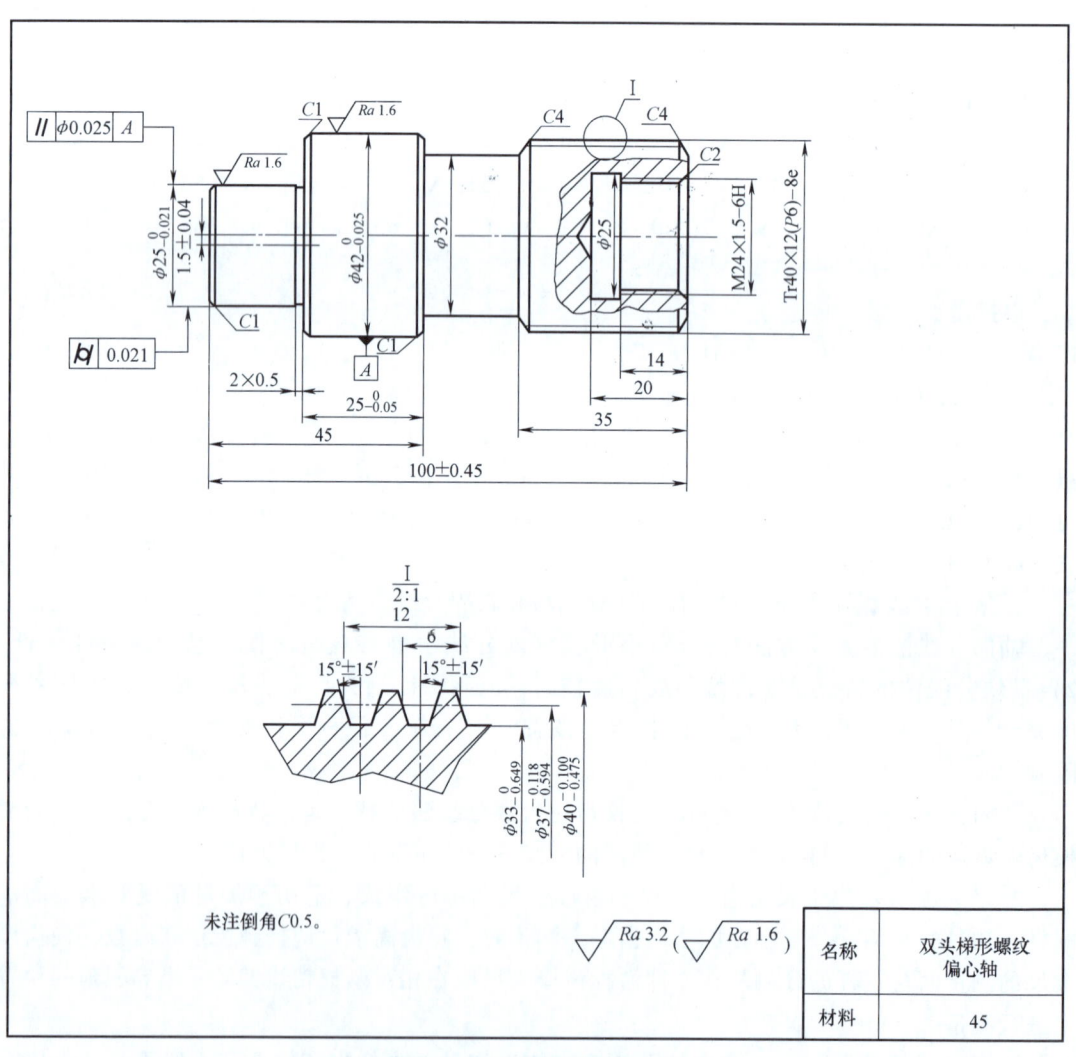

附图1　双头梯形螺纹偏心轴

2. 准备要求

1）考件材料为45热轧圆钢一根，锯断尺寸为 $\phi 45mm \times 105mm$。
2）钻孔用切削液。
3）精度较好的单动卡盘。
4）相关工、量、刃具的准备。

3. 考核内容

(1) 考核要求

1) 考件的各尺寸精度、形位精度、表面粗糙度达到图样规定要求。
2) 不准使用锉刀、砂布、磨石等辅助打光考件加工表面。
3) 不允许使用专用偏心夹具车偏心。
4) 不允许使用丝锥加工螺纹。
5) 未注公差尺寸的极限偏差按 IT12 公差等级加工。
6) 考件与图样严重不符的扣去该考件的全部配分。

(2) 时间定额 4h（不含考前准备时间） 提前完工不加分，超时间定额 10min 扣 5 分；超 20min 扣 10 分；30min 以上未完成则停止考试。

(3) 安全文明生产

1) 正确执行安全技术操作规程。
2) 按企业有关文明生产的规定，做到工作地整洁，工件、工量具摆放整齐。

4. 配分、评分标准（附表 1）。

附表 1 车双头梯形螺纹偏心轴评分标准

序号	作业项目	配分	考核内容	评分标准	考核记录	扣分	得分
1	车外圆	7	$\phi 42_{-0.025}^{0}$ mm	超差扣 5 分			
			45mm	超差扣 1 分			
			$Ra1.6\mu m$	不合格扣 1 分			
2	车偏心	25	$\phi 25_{-0.021}^{0}$ mm	超差扣 5 分			
			平行度公差 $\phi 0.025$mm	超差扣 5 分			
			圆柱度公差 0.021mm	超差扣 4 分			
			1.5±0.04mm	超差扣 7 分			
			$Ra1.6\mu m$	不合格扣 1 分			
			$25_{-0.05}^{0}$ mm	超差扣 3 分			
3	车梯形螺纹	22	大径 $\phi 40_{-0.475}^{-0.100}$ mm	超差扣 2 分			
			中径 $\phi 37_{-0.594}^{-0.118}$ mm	超差扣 10 分			
			小径 $\phi 33_{-0.649}^{0}$ mm	超差扣 2 分			
			$Ra1.6\mu m$	不合格扣 1 分			
			35mm	不合格扣 1 分			
			分线螺距(6、12)	不合格扣 4 分			
			牙型角 15°±15′	不合格扣 2 分			
4	车外圆	3	$\phi 32$mm	超差扣 3 分			
5	车内螺纹	12	M24×1.5-6H	超差 10 分			
			$Ra3.2\mu m$	不合格扣 2 分			
6	车长度	4	(100±0.45)mm	超差扣 2 分			
			$Ra3.2\mu m$(2 处)	一处不合格扣 1 分			

（续）

序号	作业项目	配分	考核内容	评分标准	考核记录	扣分	得分
7	车内孔	9	φ25mm	超差扣3分			
			20mm	超差扣3分			
			14mm	超差扣3分			
8	倒角、毛刺	8	倒角	一处不符合要求扣1分；扣完6分为止			
			毛刺	一处不符合要求扣0.5分；扣完2分为止			
9	安全文明生产	10	遵守安全操作规程，正确使用工、量具，操作现场整洁	按达到规定的标准程度评定，一项不符合要求在总分中扣2.5分			
			安全用电、防火，无人身设备事故	因违规操作发生重大人身设备事故，此题按0分计			
10	分数合计	100					